FPGA 软件测试技术

FPGA Software Testing Technology

罗文兵　主编

电子工业出版社

Publishing House of Electronics Industry

北京·BEIJING

内 容 简 介

本书从实践的角度对从FPGA软件开发到FPGA软件测试各阶段的测试思想、方法、活动、案例进行详细描述,并系统介绍FPGA软件测试的各种方法,从不同的角度分析FPGA软件测试的内容及具体要求,通过在各个测试阶段应用不同的测试方法来满足不同的FPGA软件测试需求。

本书首先对FPGA器件及软件进行概述,然后介绍FPGA软件开发工具与流程,最后着重论述FPGA软件测试技术(包括FPGA软件测试相关标准和方法、FPGA软件测试工具及使用方法、FPGA软件测试案例与分析)。

本书可作为FPGA软件测试工程师、对FPGA软件测试技术感兴趣的大学生及电子爱好者等的学习参考用书。

图书在版编目(CIP)数据

FPGA 软件测试技术 / 罗文兵主编 . 一北京:电子工业出版社,2022.8

ISBN 978-7-121-44185-1

Ⅰ.①F… Ⅱ.①罗… Ⅲ.①软件一测试 Ⅳ.①TP311.55

中国版本图书馆 CIP 数据核字(2022)第 154958 号

责任编辑:陈韦凯　　文字编辑:韩玉宏
印　　刷:北京虎彩文化传播有限公司
装　　订:北京虎彩文化传播有限公司
出版发行:电子工业出版社
　　　　　北京市海淀区万寿路173信箱　　邮编:100036
开　　本:720×1000　1/16　印张:20　字数:451.2千字
版　　次:2022年8月第1版
印　　次:2023年8月第3次印刷
定　　价:98.00元

凡所购买电子工业出版社图书有缺损问题,请向购买书店调换。若书店售缺,请与本社发行部联系,联系及邮购电话:(010) 88254888,88258888。

质量投诉请发邮件至zlts@phei.com.cn,盗版侵权举报请发邮件至dbqq@phei.com.cn。

本书咨询联系方式:chenwk@phei.com.cn,(010) 88254441。

编　委　会

主　编：罗文兵

编　委：（按姓氏笔画排序）

王　艺　付玉涛　李亚伟　杨苗苗

连雪飞　徐海波　高炽扬　陶新昕

21 世纪是信息化时代，随着 AI（Artificial Intelligence，人工智能）+5G（5th Generation Mobile Communication Technology，第五代移动通信技术，简称 5G）的应用在全球范围内逐步展开，FPGA（Field Programmable Gate Array，现场可编程门阵列）器件市场的规模也越来越大，年复合增长率超过了 10%。

近十年来，国外主要 FPGA 供应商（Intel 和 Xilinx 等公司）都相继推出了更多的新器件。例如，Xilinx 公司自 2011 年 12 月推出的 Zynq-7000 系列 SoC FPGA 均采用 ARM Cortex-A9 架构的高阶处理器模块。为契合机器学习算法等需求，2018 年 3 月，Xilinx 公司改革传统 FPGA 架构，又推出了一款超越 FPGA 功能的突破性产品 ACAP（Adaptive Compute Acceleration Platform，自适应计算加速平台）。ACAP 为高度集成的多核异构计算平台，采用台积电 7nm 工艺技术开发，可根据各种应用的需求从硬件层对其进行灵活修改。ACAP 的推出契合大数据、AI、机器学习等迅速发展的需求，可在视频转码、数据库、数据压缩、搜索、AI 推断、基因组学、机器视觉、计算存储及网络加速等多个领域实现应用。

国产 FPGA 器件已经经历了从反向设计走向正向设计的时代，目前国产 FPGA 器件多以中低密度产品为主，逐步拓展中高密度产品，这为国内 FPGA

软件测试行业的发展带来新的机遇和挑战。国内，深圳国微、紫光同创及上海复旦微电子等厂家都具备生产中高密度 FPGA 器件的能力。复旦微电子研制出拥有自主知识产权的千万门级 FPGA 产品，突破了在传统集成电路设计基础上的高可靠性设计，已成功应用于我国卫星导航、载人航天等国家级重大工程项目中。

通过 FPGA 器件实现的数字电路系统可以应用在通信、工业控制、航空航天、汽车电子、机器人、人工智能等领域，特别是在航空航天领域越来越重视 FPGA 器件的应用。在系统设计中，FPGA 器件可以作为 CPU 的协处理器，完成由传统嵌入式 CPU 系统软件所完成的控制与计算等功能。在这些领域的实际应用过程中，大量的 FPGA 软件设计越来越复杂，而在设计与实现上均可能会出现不同程度的缺陷或故障，有的甚至会直接导致相关产品的失败；同时，FPGA 在很多领域已经成为不可或缺的部分，且造价昂贵，设计复杂。很多工程师没有进行充分验证就将设计经综合与布局布线后生成目标代码直接下载至可编程逻辑器件内。由于硬件调试环境的复杂性，通过示波器、逻辑分析仪等设备进行探测，往往很难精确定位问题，更为关键的是很难全面发现所有潜在问题，导致反复修改代码和下载调试，从而浪费大量的开发时间并延长了任务周期。甚至是在硬件系统已经完成安装后，依然会发现有缺陷需要打补丁。因此，为了提高 FPGA 软件的质量，FPGA 软件测试也越来越受到各方重视。

本书从实践的角度对从 FPGA 软件开发到 FPGA 软件测试各阶段的测试思想、方法、活动、案例进行详细描述，并系统介绍 FPGA 软件测试的各种方法，从不同的角度分析 FPGA 软件测试的内容及具体要求，通过在各个测试阶段应用不同的测试方法来满足不同的 FPGA 软件测试需求。

本书首先对 FPGA 器件及软件进行概述，然后介绍 FPGA 软件开发工具与流程，最后着重论述 FPGA 软件测试技术（包括 FPGA 软件测试相关标准和方法、FPGA 软件测试工具及使用方法、FPGA 软件测试案例与分析）。

本书可作为 FPGA 软件测试工程师、对 FPGA 软件测试技术感兴趣的大学生及电子爱好者等的学习参考用书。

由于作者水平有限，书中不当与错误之处在所难免，敬请读者和专家提出宝贵意见，以帮助作者不断改进和完善。

作　者

2022 年 3 月

目录

## 第1章

FPGA 器件及软件概述

FPGA（Field Programmable Gate Array，现场可编程门阵列）器件属于专用集成电路中的一种半定制电路，是一种可编程逻辑器件，能够有效地解决复杂可编程逻辑器件（CPLD）等门电路数较少的问题。由于 FPGA 器件具有布线资源丰富、可重复编程、集成度高、投资较低的特点，在数字电路设计领域得到了广泛的应用。FPGA 软件设计流程包括算法设计、代码仿真及设计、板级调试。设计人员根据实际需求建立算法架构，利用 EDA 建立设计方案或利用 HDL 编写设计代码，通过代码仿真保证设计方案符合实际要求，最后进行板级调试，利用配置电路将相关文件下载至 FPGA 器件中，验证实际运行效果。

FPGA 器件最初只用于胶合逻辑（Glue Logic，胶合逻辑是连接复杂逻辑电路的简单逻辑电路的统称），但历史的脚步永远是前进的，随着半导体技术不断地发展，芯片技术从胶合逻辑发展到算法逻辑，再到数字信号处理（DSP）、高速串行收发器和嵌入式处理器，FPGA 器件真正地从配角变成了主角。

Xilinx（赛灵思）公司于 1984 年发明了世界首款 FPGA 器件，那个时候还不叫 FPGA 器件，器件命名为 XC2064，直到 1988 年 Actel 公司才让这个词流行起来。这个全球首款 FPGA 器件 XC2064 怎么看都像是"一只丑小鸭"——采用 2μm 工艺，包含 64 个逻辑模块和 85 000 个晶体管，门数量不超过 1000 个。接下来的 30 多年里，这种名称为 FPGA 的器件，容量提升了一万多倍，速度提升了一百多倍，每单位功能的成本和能耗降低了一万多倍。2007 年，FPGA 器件生产厂家（Xilinx 和 Altera 公司）纷纷推出了采用最新 65nm 工艺的 FPGA 产品，其门数量已经达到千万级，晶体管个数更是超过 10 亿个。

Altera（阿尔特拉，2015 年被 Intel 公司收购）公司基于 FLASH 技术的 FPGA 成为 FPGA 产业中重要的一个增长领域。FLASH 技术有其独特之处，能将非易失性和可重编程性集于单芯片解决方案中。

可编程逻辑器件随着微电子制造工艺的发展已经取得了长足的进步。从早期的可编程只读存储器（PROM）、可擦可编程只读存储器（EPROM）和电擦除可编程只读存储器（EEPROM），发展到能完成中大规模数字逻辑功能的可编程阵列逻辑（PAL）和通用阵列逻辑（GAL），今天已经发展成为可以完成超大规模复杂组合逻辑与时序逻辑的复杂可编程逻辑器件（CPLD）和现场可编程门阵列（FPGA）。随着工艺技术的发展与市场需要，超大规模、高速、低功耗的新型 FPGA/CPLD 不断推陈出新。新一代的 FPGA 甚至集成了中央处理器（CPU）或数字信号处理器内核，在一片 FPGA 中进行软硬件协同设计，为实现片上可编程系统（SOPC）提供了强大的硬件支持。

目前较新的 FPGA 器件，如 Xilinx 7 系列中的一些可编程逻辑器件，可提供千万以上的"系统门"（相对逻辑密度）。一些先进的可编程逻辑器件还提供诸如内嵌 CPU（如 ARM CPU）、大容量存储器、时钟管理单元（CMT）等特性，并支持多种最新的超快速器件至器件（Device-to-Device，D2D）信号技术。在微电子技术的不断推动下，FPGA 在速度上进一步提高，在功耗方面进一步降低，其应用更加广泛，在通信、工业、医疗与自动化等领域成为发展最快的技术之一，也成为目前应用最为广泛的数字系统的主流平台之一。

随着高性能计算、通信网络、汽车电子、工业等应用领域的技术与功能迅速升级，例如为提高汽车安全性，车载通信系统整合视觉系统的方案大行其道，工业电动机也正快速从单轴控制朝多轴控制演进，微控制器（MCU）、数字信号处理器等关键半导体器件逐渐无法符合其性能要求，SoC FPGA 趁势崛起。SoC FPGA 是整合了 FPGA 架构、硬式核心 CPU 子系统及其他硬式核心 IP 核的半导体器件。SoC FPGA 可实现低延时频宽互连，并提高 IP 核重用性，近十年已经广泛应用，为系统设计人员提供更多的选择。在各种技术、商业和市场因素相结合下，Altera（Intel）公司和 Xilinx 公司两个主要 FPGA 供应商都相继发布或开始销售 SoC FPGA 器件。

由于 FPGA 设计越来越复杂（特别是 SoC FPGA 设计），越来越多的使用了 FPGA 器件的产品也需要在投入生产之前进行功能、性能等方面的测试，因此 FPGA 软件测试技术变得非常重要。要做好 FPGA 软件测试工作，首先必须了解各厂家 FPGA 器件的特点、工作原理、软件设计特点等。

本章将介绍 FPGA 器件典型内部结构、FPGA 软件设计特点、FPGA 工艺技术原理、FPGA 生产厂家及其产品，最后介绍 FPGA 在各领域的应用。

1.1 FPGA 器件典型内部结构

主流的 FPGA 器件都是基于 SRAM 工艺技术原理制成的，通常都整合了常用功能的硬核模块（包括嵌入式块 RAM、时钟管理模块和 DSP 模块等）。FPGA 器件典型内部结构示意图如图 1-1 所示。FPGA 器件主要由 7 个部分组成，分别为可编程输入 / 输出单元（I/OB）、可配置逻辑模块（CLB）、时钟管理单元、嵌入式块 RAM（BRAM）、丰富的布线资源、内嵌式底层功能单元和内嵌专用硬核。

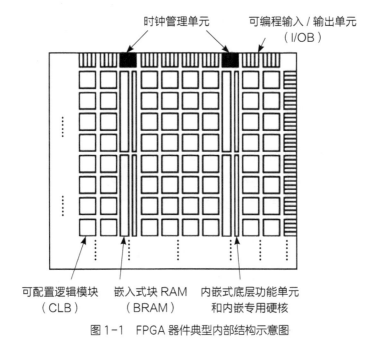

图 1-1 FPGA 器件典型内部结构示意图

1）可编程输入 / 输出单元（I/OB）

可编程输入 / 输出单元简称 I/OB，是芯片与外界电路的接口部分，完成不同电气特性下对输入 / 输出信号的驱动与匹配要求。FPGA 内的 I/OB 按组分类，每组都能够独立地支持不同的 I/OB 标准。通过软件的灵活配置，可适配不同的电气标准与 I/OB 物理特性，可以调整驱动电流的大小，可以改变上、下拉电阻。I/OB 引脚的频率也越来越高，一些高端的 FPGA 通过 DDR 寄存器技术可以支持高达 2Gbps 的数据速率。外部输入信号可以通过 I/OB 的存储单元输入 FPGA 内部，也可以直接输入 FPGA 内部。当外部输入信号通过 I/OB 的存储单元输入 FPGA 内部时，其保持时间（Hold Time）的要求可以降低，通常默认为 0。

为了便于管理和适应多种电器标准，FPGA 的 I/OB 被划分为若干个组（Bank），每个 Bank 的接口标准由其接口电压 VCCO 决定，一个 Bank 只能有一种 VCCO，但不同 Bank 的 VCCO 可以不同。只有相同电气标准的接口才能连接在一起，VCCO 相同是接口连接的基本条件。

2）可配置逻辑模块（CLB）

可配置逻辑模块（Configurable Logic Block，CLB）是 FPGA 内的基本逻辑单元。CLB 的实际数量和特性会依器件的不同而不同，但是每个 CLB 都包含一个可配置开关矩阵，此矩阵由 4 或 6 个输入、一些选型电路（多路复用器等）和触发器组成。开关矩阵是高度灵活的，可以对其进行配置以便处理组合逻辑、移位寄存器或 RAM。

3）时钟管理单元

FPGA 中的 PLL（Phase Locked Loop，锁相环）通常由 PFD（鉴频鉴相器）、CP（电荷泵）、LF（环路滤波器）、VCO（压控振荡器）组成。一般晶体振荡器由于工艺和成本原因达不到高频信号输出。高频电子线路中，需要外部信号与内部的振荡信号同步。一路输入时钟需要生成多路时钟信号。

业内大多数 FPGA 均提供数字时钟管理，相位环路锁定能够提供精确的时钟综合，且能够减小抖动，并实现过滤功能。

4）嵌入式块 RAM（BRAM）

大多数 FPGA 都具有嵌入式块 RAM，这大大拓展了 FPGA 的应用范围，提高了其灵活性。嵌入式块 RAM 可被配置为单端口 RAM、双端口 RAM、内容地址存储器（CAM）及 FIFO 等常用存储结构。CAM 存储器在其内部的每个存储单元中都有一个比较逻辑，写入 CAM 中的数据会和内部的每一个数据进行比较，并返回与端口数据相同的所有数据的地址，因而在路由的地址交换器中有广泛的应用。除块 RAM 外，还可以将 FPGA 中的查找表（Look Up Table，LUT）灵活地配置成 RAM、ROM 和 FIFO 等结构。在实际应用中，芯片内部块 RAM 的数量也是选择芯片的一个重要因素。

单片块 RAM 的容量为 18Kbit，即位宽为 18bit（位）、深度为 1024。可以根据需要改变其位宽和深度，但要满足两条原则：第一，修改后的容量不能大于 18Kbit；第二，位宽可配置但最大不能超过 36bit。当然，可以将多片块 RAM 级联起来形成更大的 RAM，此时只受限于芯片内块 RAM 的数量，而不再受上面两条原则约束。

5）丰富的布线资源

布线资源连通 FPGA 内部的所有模块单元，而连线的长度和工艺决定着信号在连线上的驱动能力和传输速度。布线资源与编程开关矩阵示意图如图 1-2 所示。FPGA 内部有着丰富的布线资源，根据工艺、长度、宽度和分布位置的不同而划分为 4 类：第 1 类是全局布线资源，用于芯片内部全局时钟和全局复位 / 置位的布线；第 2 类是长线资源，用以完成芯片 Bank 间的高速信号和第二全局时钟信号的布线；第 3 类是短线资源，用于完成基本逻辑单元之间的逻

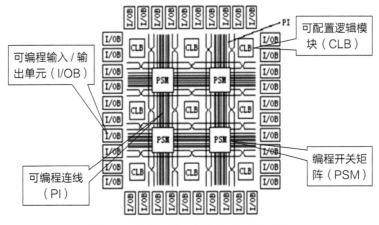

图 1-2　布线资源与编程开关矩阵示意图

辑互连和布线；第 4 类是分布式的布线资源，用于专有时钟、复位等控制信号线。在实际中，设计人员不需要直接选择布线资源，布局布线器可自动地根据输入逻辑网表的拓扑结构和约束条件选择布线资源来连通各个模块单元。从本质上讲，布线资源的使用方法和设计的结果有密切、直接的关系。

6）内嵌式底层功能单元

内嵌式底层功能单元主要指数字信号处理器和 CPU 等软核（Soft Core）。越来越丰富的内嵌式底层功能单元，使得单片 FPGA 成为系统级的设计工具，使其具备了软硬件协同设计的能力，逐步向 SoC 平台过渡。

7）内嵌专用硬核

内嵌专用硬核是相对底层嵌入的软核而言的，指 FPGA 处理能力强大的硬核（Hard Core），等效于专用集成电路（ASIC）。为了提高 FPGA 性能，芯片生产商在芯片内部集成了一些专用的硬核。例如，为了提高 FPGA 的乘法速度，主流的 FPGA 中都集成了专用乘法器；为了适用通信总线与接口标准，很多高端的 FPGA 内部都集成了串行器 / 解串器（SERDES），可以达到数十 Gbps 的收发速度。例如，Xilinx 公司的 Virtex-5 FXT FPGA 器件不仅集成了 PowerPC 440 处理器，而且内嵌了 DSP Core 模块，其相应的系统级设计工具是 EDK 和 Platform Studio，并依此提出了片上系统（System on Chip，SoC）的概念，通过 PowerPC 等处理器平台，能够开发标准的数字信号处理器及其相关应用，达到 SoC 的开发目的。

1.2 FPGA 软件设计特点

FPGA 软件设计手段主要有两种：一种是采用原理图输入方式（传统的 FPGA 软件设计手段），另一种是采用硬件描述语言（Hardware Description Language，HDL）输入方式。

最初的 FPGA 软件设计是采用传统的原理图输入方式进行的，通过调用 FPGA 厂家所提供的相应物理元件库，在电路原理图中绘制所设计的系统，然后再通过原理图对应的网表经转换产生某一特定 FPGA/CPLD 厂家布局布线器所需网表，通过布局布线完成设计。原理图绘制完成后，可采用门级仿真和时序仿真进行功能验证。

与上述传统的原理图输入方式相比较，采用 HDL 输入方式的 FPGA 软件设计主要有两种设计流程：一种是自顶向下（Top-down）的设计流程，另一种是自底向上（Bottom-up）的设计流程。设计流程是指从一个项目开始的项目需求分析、架构设计，到功能验证、综合、时序验证，再到硬件验证等的整个过程。

自顶向下的设计流程如图 1-3 所示：先定义顶层模块功能，进而分析要构成顶层模块的必要子模块；然后进一步对各个模块进行分解、设计，直到到达无法进一步分解的底层功能模块。这样，可以把一个较大的系统细化成多个小系统，从时间、工作量上分配给更多的人员去设计，从而提高了设计速度，缩短了开发周期。一般一个系统的 Verilog HDL 设计包含测试激励文件（Testbench.v）、顶层模块、子模块等，每个子模块也含有类似的结构，便于设计、仿真与验证。

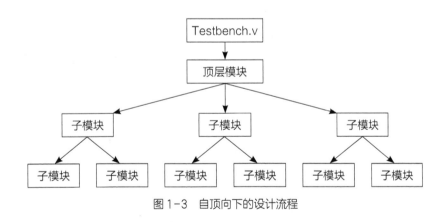

图 1-3　自顶向下的设计流程

与自顶向下的设计流程正好相反，自底向上的设计流程是从底层子模块开始设计、仿真与验证，然后由各级子模块组装成系统。一般比较复杂，模块较多，需要多人甚至多团队联合设计、仿真与验证的系统都采用自顶向下的设计方法。先由系统架构工程师分析系统架构，编写架构文件，划分功能模块，定义模块接口，进行行为仿真，最后一级级分配到各组及个人。但是，当系统规模较小、架构简单清晰、从事设计的人员较少（甚至只有一两个人从事项目设计）时，往往采用自底向上的设计方法，这样避免因为对早期架构理解不透彻，定义不准确，频繁修改架构而浪费时间。

自顶向下的设计方法具体有以下优点。

（1）完全符合设计人员的设计思路。

（2）功能设计可完全独立于物理实现。在采用传统的原理图输入方式时，FPGA/CPLD 器件的采用受到元件库的制约。由于不同厂家 FPGA/CPLD 的结构完全不同，甚至同一厂家不同系列的产品也存在结构上的差别，因此在设计一开始，设计人员的设计思路就受到最终所采用器件的约束，大大限制了设计人员的思路和器件选择的灵活性。而采用自顶向下的设计方法，功能输入采用国际标准的 HDL，HDL 不含有任何器件的物理信息，因此设计人员可以有更多的空间去集中精力进行功能描述，设计人员可以在设计过程的最后阶段任意选择或更改物理器件。

（3）设计结果可再利用。设计结果完全可以以一种知识产权（Intellectual Property，IP）核的方式作为设计人员或设计单位的设计成果，应用于不同的产品设计中，做到成果的再利用。

（4）易于设计的更改。设计人员可在极短的时间内修改设计，对各种 FPGA/CPLD 结构进行设计结果规模（门消耗）和速度（时序）的比较，选择最优方案。

（5）设计大规模、复杂电路。目前的 FPGA/CPLD 器件正向高集成度、深亚微米工艺发展，为设计系统的小型化、低功耗、高可靠性等提供了集成的手段。设计少于一万门左右的电路，自顶向下的设计方法具有很大的帮助；而设计更大规模的电路，自顶向下的设计方法则是必不可少的手段。

（6）提高生产率。采用自顶向下的设计方法可使设计周期缩短，生产率大大提高，产品上市时间提前，性能明显提高，产品竞争力加强。据统计，采用自顶向下的设计方法的生产率可达到传统设计方法的 2 ～ 4 倍。

采用自顶向下的设计方法，其核心是采用 HDL 进行功能描述，由逻辑综合（Logic Synthesis）把行为（功能）描述转换成某一特定 FPGA/CPLD 的网表，送到厂家的布局布线器完成物理实现。在设计过程的每一个环节中，仿真器的功能仿真、门级仿真和时序仿真保证设计功能和时序的正确性。

采用自顶向下的设计方法进行 FPGA/CPLD 设计，其设计结果的优劣取决于 3 个重要的因素：描述手段（即 HDL）、设计方法（Style）和设计工具。描述手段是基础，设计方法需要工程经验，而设计工具则是自顶向下设计的关键。一套完整、强大、性能卓越的设计工具，可帮助设计人员最大限度地发挥其设计能力。

1.3 FPGA 工艺技术原理

FPGA 工艺技术原理一般包括基于 SRAM 工艺技术原理、基于反熔丝工艺技术原理及基于 FLASH 工艺技术原理。某些结构（如使用反熔丝还是 SRAM 配置单元）是无法共存的。有的 FPGA 厂家专注于其中的一种或几种，还有的厂家提供基于这些不同技术的多个器件系列。

对于不同的内部模块，如乘法器、加法器、存储器和微处理器核，不同的厂家会有不同的产品来满足不同的设计要求。问题是每个厂家和每个器件系列所支持的特性几乎每天都在变化。这意味着一旦决定所需要的特性，就需要做一些研究来看看哪个厂家当前提供的器件最接近设计要求。

1.3.1 基于 SRAM 工艺技术原理

SRAM 主要用于 2 级高速缓存（Level 2 Cache），它利用晶体管来存储数据。与 DRAM 相比，SRAM 的速度快，但在相同面积中 SRAM 的容量要比其他类型的内存小。大部分 FPGA 器件采用了 LUT 结构。LUT 的原理类似于 ROM，其物理结构是 SRAM，函数值存放在 SRAM 中，SRAM 的地址线起输入线的作用，地址即输入变量值，SRAM 的输出为逻辑函数值，由连线开关实现与其他功能模块的连接。SRAM 不需要动态刷新，是因为一旦 SRAM 单元被载入数据后，它将保持不放电，但是如果整个供电系统掉电，器件配置的数据将会丢失，这就是说这种器件在系统上电时需要重新配置。这种器件的特点是可迅速、反复地编程。

基于 SRAM 技术的 FPGA 思想是把事先可能的输入组合带入多项式进行计算，把结果存在 SRAM 中，用输入进行索引得出结果。这个存放结果的 SRAM 称作 LUT。基于 SRAM 技术的 FPGA 的本质就是基于 LUT 技术。基于 LUT 技术的 FPGA 实现机理是：通过综合器事先将所有可能的输入进行计算得到所有可能的结果，然后把这些结果载入 LUT 存储单元中，通过不同输入索引出相应的结果。

基于 SRAM 技术的 FPGA 可反复地重新配置，这就意味着设计人员可以不断、反复地下载设计的逻辑进行验证，一次不行可以快速修改设计后重新配置，这是它的一个最大优点。它的另一个优点是 FPGA 厂家可以依靠存储设备研发公司的力量推动 FPGA 芯片内部结构的优化和发展。

1.3.2　基于反熔丝工艺技术原理

熔丝在遇到大电流、大电压时会断开。反熔丝工艺技术原理正好相反。反熔丝最开始的时候是连接两个金属连线的微型非晶体硅柱，在未编程状态下，非晶体硅就是一个绝缘体，也就意味着断开，当遇到大电流和大电压时就会变成电阻很小的导体，几乎就是通路。

反熔丝器件的一个值得注意的优点是，它的内部互连结构是天生"防辐射的"，也就是说它相对不受电磁辐射的影响。这对军事和宇航应用具有特别的吸引力，因为在这些环境下 SRAM 器件中的配置单元被射线击中时可能发生"翻转"（外层空间中有大量的射线）。相比之下，在反熔丝器件编程以后，它不会以这种方式改变。还应当指出，这些器件中的任何触发器都对射线敏感，所以用于高辐射环境下的芯片必须使用 3 倍冗余设计来保护它们的触发器。这是指每个寄存器有 3 个副本来举行多数投票（在理想情况下，这 3 个寄存器将保持完全相同的值；但是，如果有一个"翻转"导致出现两个寄存器输出 0 而第 3 个输出 1，那么输出 0 的占多数，具有决定权，或者反过来，两个输出 1 而第 3 个输出 0，则输出 1 的具有决定权）。

如图 1-4 所示，如果需求中要实现的功能逻辑是 $y=a|b$，那么可以通过高电流和高电压将 2 号和 4 号熔丝熔断，相当于 2 号和 4 号是断开的，从而实现

对应需求中的功能逻辑；通过反熔丝技术可以实现或门可编程，如果要实现同样的功能逻辑 $y=a|b$，那么可以通过高电流和高电压将未编程的 1 号和 3 号反熔丝进行拉长处理，相当于 1 号和 3 号开关连通。

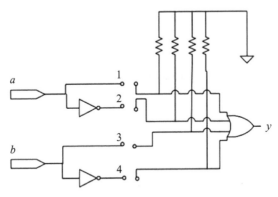

图 1-4　通过反熔丝技术实现或门可编程

不管是熔丝还是反熔丝，都相当于开关，只不过熔丝的编程操作是将需要的逻辑的反断开，而反熔丝的编程操作是将需要的逻辑给接上。这样就为反熔丝型 FPGA 提供了可编程基础。

根据前面介绍的 SRAM 技术可知，基于 SRAM 技术的 FPGA 最大的缺点就是掉电失配，上电重配。因此，这种 FPGA 的外围必须要用配置存储芯片，占用板级空间。而且，基于 SRAM 技术的 FPGA 本身最小单元的面积相对来说比较大，这也就决定了由它得到的同等逻辑的 FPGA 面积大。然而，基于反熔丝技术的 FPGA 是非易失性的，配置数据在系统掉电后依然存在，上电后系统会立即使用，不需要额外的配置存储芯片来配置，这样就节约了额外的板级面积。尽管基于反熔丝技术的 FPGA 需要额外的编程电路，但是当规模达到百万、千万门级时，它的密集性就会很明显了，而现在一些基于 SRAM 技术的 FPGA 已达到了这个规模，所以这一点在今后可能会越来越明显。

反熔丝型 FPGA 的另一个很大的优点也是它能够和基于其他技术的 FPGA 竞争生存下去的特性就是，它生来就是免疫辐射。这对军事、航空航天等有特别要求的场合来讲还是非常有用的。在这些环境下，基于 SRAM 技术的 FPGA 中的 LUT 存储单元在受到外部辐射时，粒子流射线会导致存储在

SRAM 中的逻辑 1 和 0 翻转，最终导致整个逻辑功能错乱。虽然基于 SRAM 技术的 FPGA 早期针对这些环境也有解决策略，即对设计采用多倍冗余设计，采用多偏制，一个表保存多份，当其中一份或几份发生翻转，但是大部分没有发生翻转时，程序通过判断后还能正常运行，但是这不是根本解决问题的方法，只是减小错误发生的概率，而且这也是以消耗几倍的资源来满足的。

1.3.3　基于 FLASH 工艺技术原理

FLASH 技术的发展可追溯到 EPROM 和 EEPROM。FLASH 一方面具有 EPROM 的浮置栅晶体管单元，另一方面具有 EEPROM 的薄氧化层特性，所以具有电可擦除性能；其他结构方面的特性和具有双晶体管的 EEPROM 相似，从而可以实现以字为单元的操作。

基于纯 FLASH 结构的 FPGA 并不多见，更多的是 FLASH 与 SRAM 混合形式的 FPGA。其中，SRAM 用于构成器件正常工作时的电路，而 FLASH 则用来在上电时对 SRAM 进行配置，本身 FLASH 具有掉电非易失性，所以并不需要额外的配置存储芯片。

由于市面上基于纯 FLASH 结构的 FPGA 主要厂家是 Microchip（微芯科技），所以大部分的 FLASH 型 FPGA 产品通过 Microchip 的产品进行解释说明。

第一是单芯片可重配性。前面提到，基于反熔丝技术的 FPGA 不需要额外的配置存储芯片，但是是一次性编程的，用在较成熟的产品中，不能重复配置；基于 SRAM 技术的 FPGA 可以重复配置，但是需要额外的配置存储芯片，上电后需要一定的配置延时。两者都不是很尽如人意。那么，基于 FLASH 技术的 FPGA 取两者的优势，既可以重复配置，也不需要额外的配置存储芯片。

第二是高安全性。基于 SRAM 技术的 FPGA 的很大问题就是安全性很难保障，逆向工程工作者通过努力可以分析出配置在片外存储器的配置文件，推出其电路网表结构。而 Actel 的 FLASH 结构的 FPGA 可以从 3 个层次很好地对电路进行保护。第 1 层是物理层的保护，在 Actel 的第 3 代 FLASH 器件中，晶体管有多层金属保护，去除它非常困难，很难实现逆向，同时采用的是片内配置，不用担心在上电配置过程中数据流被截取。第 2 层是基于 FLASH

LOCK 加密技术，通过将密钥下载到芯片中进行加密来防止对芯片非授权的操作，载入密钥后，从器件中读取数据或写入数据的唯一途径就是 JTAG 接口。第 3 层是加密算法，采用的是 AES 加密算法，该算法目前来说只能采用暴力破解的方式，然而目前的 JTAG 接口速度大约是 20MHz，按照 128 位密钥，1s 算一个密钥的话，也得算上几亿年。

第三是低功耗。很多手持设备都有低功耗要求。FPGA 的功耗主要考虑 4 个方面，分别是上电功耗、配置功耗、静态功耗和动态功耗。

虽然基于纯 FLASH 结构的 FPGA 有上述优点，但是由于其制造成本比较高、电路规模比较小，因此其应用范围也比较小。

1.4　FPGA 生产厂家及其产品

目前，世界上主要的 FPGA 生产厂家有 Xilinx、Altera（Intel）、Lattice（莱迪思）和 Microchip。其中，Xilinx 和 Altera（Intel）占据了主要的市场份额。本节主要介绍 Xilinx、Altera（Intel）、Lattice 和 Microchip 4 个厂家的 FPGA 产品。

1.4.1　Xilinx 公司及产品介绍

Xilinx 公司成立于 1984 年，Xilinx 首创了 FPGA 这一创新性的技术，并于 1985 年首次推出商业化产品。Xilinx 产品线还包括 CPLD。在某些控制应用方面，CPLD 通常比 FPGA 速度快，但其提供的逻辑资源较少。Xilinx 可编程逻辑解决方案缩短了电子设备制造商开发产品的时间，并加快了产品面市的速度，从而减小了制造商的风险。

与采用传统方法（如固定逻辑门阵列）相比，利用 Xilinx 可编程器件，客户可以更快地设计和验证他们的电路。而且，由于 Xilinx 器件是只需要进行编程的标准部件，客户不需要像采用固定逻辑芯片时那样等待样品或付出巨额成本。Xilinx 产品已经被广泛应用于无线电话基站、DVD 播放机等数字电路系统。传统的半导体公司只有几百个客户，而 Xilinx 在全世界有 7500 多个客户及

50 000 多个设计开端。其客户包括 Alcatel、Cisco Systems、EMC、Ericsson、Fujitsu、Hewlett-Packard、IBM 等。

本小节主要介绍 Xilinx 公司的 Virtex-6 系列、Kintex-7 系列、Zynq-7000 系列和 Versal AI Core 系列 FPGA。

1. Virtex-6 系列 FPGA

Virtex-6 系列 FPGA 采用了第 3 代 Xilinx ASMBL 架构、40nm 工艺，提供多达 760 000 个逻辑单元，下面将详细介绍 Virtex-6 系列 FPGA 的内部模块，以便读者对 Virtex-6 系列 FPGA 的内部模块有一个较深入的认识。了解 FPGA 的内部结构之后，才能更有效地利用它，这可以在很大程度上提高设计人员的设计优化能力——用较少的资源，实现更多的功能，达到更高的性能，从而充分利用 FPGA，节约生产成本。

1）可配置逻辑模块（CLB）

CLB 是实现时序逻辑电路（简称时序电路）和组合逻辑电路（简称组合电路）的主要逻辑资源。在 Virtex-6 系列 FPGA 中，每个 CLB 包含两个 SLICE（片），每个 CLB 通过交换矩阵与外部通用逻辑阵列相连。CLB 中 SLICE 排布示意图如图 1-5 所示。

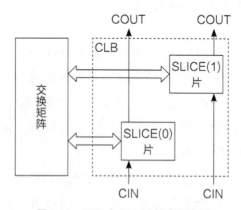

图 1-5　CLB 中 SLICE 排布示意图

在 Virtex-6 系列 FPGA 中，SLICE 分为 SLICEX、SLICEL 和 SLICEM 3 种。SLICEX 不具有存储功能，也没有进位链；SLICEL 不具有存储功能，但包含

进位链；SLICEM 具有存储 / 移位寄存器功能，也包含进位链。

每个 SLICE 包含 4 个 LUT 和 8 个存储单元。这些基本单元能提供逻辑、算术和 ROM 功能。除这些基本功能外，还有一些 SLICE 具有分布式 RAM 和移位寄存器功能，这些 SLICE 又被称为 SLICEM。

Virtex-6 系列 FPGA 中 CLB 功能如表 1-1 所示。

表 1-1　Virtex-6 系列 FPGA 中 CLB 功能

SLICE/ 个	LUT/ 个	触发器 / 个	进位链 / 条	移位寄存器 / 位	分布式 RAM/ 位
2	8	16	2	128	256

每个 SLICE 包含逻辑函数发生器、存储元件、多路复用器、快速先行进位逻辑和算术逻辑等资源。

（1）逻辑函数发生器。在 Virtex-6 系列 FPGA 中，逻辑函数发生器由六输入 LUT 实现。每个 LUT 有 6 个独立输入（A1 ～ A6）和两个独立输出（O5 和 O6），可以实现任意六输入布尔函数。同时，每个 LUT 在相同的输入情况下，也可以实现两个任意五输入布尔函数。LUT 的延时与所实现的函数无关。LUT 可以实现组合逻辑、ROM、分布式 RAM、移位寄存器等功能。

（2）存储元件。在 Virtex-6 系列 FPGA 中，每个 SLICE 都有存储元件，可以实现存储功能，可以配置成边沿触发 D 触发器或电平敏感型锁存器。

（3）多路复用器。多路复用器（MUX）结构示意图如图 1-6 所示。在一个 SLICE 中，除包含 LUT 外，还包含 3 个多路复用器（F7AMUX、F7BMUX 和 F8MUX），用户可以将 4 个函数发生器组合在一起，构成七输入或八输入的函数。多路复用器 F7AMUX、F7BMUX 和 F8MUX 通常和函数发生器或片上逻辑一起实现多种多路复用器。可以实现以下几种多路复用器：① 1 个 LUT 实现 4：1 多路复用器；②两个 LUT 实现 8：1 多路复用器；③ 4 个 LUT 实现 16：1 多路复用器。

（4）快速先行进位逻辑（Carry Logic）。在 Virtex-6 系列 FPGA 中，每个 CLB 有两条独立的进位链，用于实现快速算术加减运算，它解决了多位宽加法、乘法从最低位向最高位进位的延时问题。快速先行进位逻辑有专用的进位通路和进位多路复用器（MUXCY），可用来级联函数发生器（LUT），以实现更宽、更复杂的逻辑函数，提高 CLB 的处理速度。

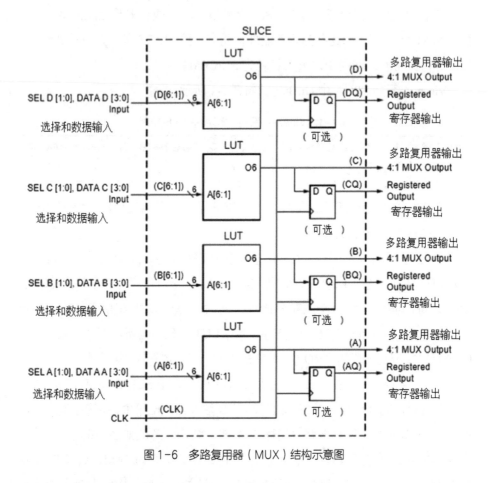

图 1-6　多路复用器（MUX）结构示意图

（5）算术逻辑。算术逻辑包括一个异或门（XOR）和一个专用与门（MULT_AND）。一个异或门可以使一个 SLICE 实现两位全加操作，专用与门可提高乘法器的效率。

2）时钟资源

为了更好地控制时钟，Virtex-6 系列 FPGA 分成若干个时钟区域，最小器件有 6 个区域，最大器件有 18 个区域。每个时钟区域高 40 个 CLB。在时钟设计中，推荐使用片上专用的时钟资源，不推荐使用本地时钟（如逻辑产生的时钟）。

Virtex-6 系列 FPGA 的中间列包含专门配置引脚（CFG），该列的其余区域为 CLB。其右边排列着一个 CMT 列。每个区域（40 个 CLB 高）对应一个 CMT。一个 CMT 包含两个混合模式时钟管理器（MMCM），还有 32 个垂直全局时钟树。每个时钟区域的中间方向有一个水平时钟行（HROW），包含 12 个水平时钟线、6 个区域时钟缓冲器（BUFR）和最多 12 个水平时钟缓冲器（BUFH）。Virtex-6 系列 FPGA 的片内时钟资源为片内的同步元件提供时钟。片内时钟资源有 3 种类型。

（1）全局时钟资源。全局时钟是一种专用互连网络，它可以降低时钟歪斜、占空比失真和功耗，提高抖动容限。Virtex-6 系列 FPGA 的全局时钟资源设计了专用时钟缓冲与驱动结构，从而使全局时钟到达 CLB、I/OB 和 BRAM 的延时最小。

①全局时钟输入。Virtex-6 系列 FPGA 的全局时钟输入包含专用的全局时钟输入引脚和全局时钟输入缓冲器。全局时钟输入引脚可以直接连接外部单端或差分时钟，全局时钟输入缓冲器（IBUFG）是 FPGA 内部与专用全局时钟输入引脚相连的首级全局缓冲器。

Virtex-6 系列 FPGA 有 8 个全局时钟输入。8 个全局时钟输入可以连接到电路板上的 8 个时钟输入。全局时钟输入引脚可以不用作时钟输入引脚，而用作普通 I/O。

外部单端或差分时钟通过专用全局时钟输入引脚进入 FPGA，在 FPGA 内部，信号必须接入全局时钟输入缓冲器，否则在布局布线时会报错。可以在 HDL 代码中例化全局时钟输入缓冲器。

②全局时钟缓冲器（BUFG）。Virtex-6 系列 FPGA 有 32 个全局时钟缓冲器，时钟信号只有经过全局时钟缓冲器之后才可以驱动全局时钟网络。一个全局时钟输入能直接从差分全局时钟引脚对的 P 端连接到全局时钟缓冲器的输入。每个差分全局时钟引脚对可以连接到 PCB 上的一个差分或单端时钟。如果使用单端时钟，则必须使用引脚对的 P 端，因为只有这一引脚上存在直接连接。如果单端时钟连接到差分引脚对的 P 端，则不能用其 N 端作为另一个单端时钟输入；不过，可以将其用作普通 I/O。全局时钟缓冲器的输入源包括以下几种。

a. 全局时钟输入。

b. 内部 I/O 列的同一区域 Clock-Capable 输入。

    c. 时钟管理单元（CMT）。

    d. 其他全局时钟缓冲器的输出。

    e. 通用互连。

    f. 区域时钟缓冲器。

    g. 千兆收发器。

Virtex-6 系列 FPGA 的 CC 输入间接通过 MMCM 列中的垂直时钟网络驱动 BUFG。32 个 BUFG 分成两组，每组 16 个，分别位于器件的顶部和底部。顶部的 MMCM 只能驱动顶部的 16 个 BUFG，底部的 MMCM 只能驱动底部的 BUFG。全局时钟缓冲器还可配置成多路复用器，可以在两个输入时钟之间切换。这两个时钟可以是同步的，也可以是异步的，多路复用器的输出是无毛刺的时钟。

③全局时钟树和时钟网络（GCLK）。Virtex-6 系列 FPGA 中的全局时钟树和时钟网络，如果未被使用，则它就是断开的，这可以降低功耗。另外，时钟树还具有对负载 / 扇出的管理功能。所有全局时钟线和缓冲器都以差分形式实现，这有助于改善占空比，提高对共模噪声的抑制能力。在 Virtex-6 系列 FPGA 架构中，全局时钟线不仅可以用作时钟，还可以用作其他信号线，如扇出较大的信号。

④时钟区域。Virtex-6 系列 FPGA 通过使用时钟区域，改善了时钟的分配性能。每个时钟区域最多可有 12 个全局时钟。这 12 个全局时钟可由 32 个 BUFG 中的任意 12 个驱动。时钟区域的大小固定为 40 个 CLB 高、半个晶片宽。因此，大尺寸的器件有更多的时钟区域。

（2）区域时钟资源。区域时钟网络是独立于全局时钟网络的。区域时钟与全局时钟不同，区域时钟缓冲器（BUFR）的作用区域最多为 3 个时钟区域，这些网络对源同步接口设计尤其有用。区域时钟资源和网络由以下通路和组件构成。

①时钟专用 I/O（Clock-Capable I/O）。每个时钟区域有 4 个 Clock-Capable I/O 引脚对。每个 Bank 中有 4 个 Clock-Capable I/O 位置。当用作时钟输入时，Clock-Capable 引脚可以驱动 BUFIO 和 BUFR。如果用作单端时钟引脚，则如"全局时钟缓冲器（BUFG）"中所述，外部单端时钟必须接到引脚对的 P 端，因

为只有这一引脚上存在直接连接。

② I/O 时钟缓冲器（BUFIO）。BUFIO 是用来驱动 I/O 列内的专用时钟网络，这个专用时钟网络独立于全局时钟资源，适合采集源同步数据。BUFIO 只能由位于同一时钟区域的 Clock-Capable I/O 驱动。一个时钟区域有 4 个 BUFIO，其中的两个可以驱动相邻区域的 I/O 时钟网络。BUFIO 不能驱动逻辑资源（CLB、BRAM 等），因为 I/O 时钟网络只存在于 I/O 列中。

③区域时钟缓冲器（BUFR）。BUFR 可以驱动其所在时钟区域中的 6 个区域时钟网络和相邻区域中的 6 个时钟网络。与 BUFIO 不同，BUFR 不仅可以驱动其所在时钟区域和相邻时钟区域中的 I/O 逻辑，还可以驱动 CLB、BRAM 等。BUFR 可由 CC 引脚、本地时钟、GT 及 MMCM 高性能时钟驱动。BUFR 对要求跨时钟域或串并转换的源同步应用来说是理想的选择。除全局时钟树和全局时钟网络外，Virtex-6 系列 FPGA 还包含区域时钟网络。和全局时钟树一样，这些区域时钟树也是为低歪斜抖动和低功耗操作设计的。区域时钟网络的传播仅限于一个时钟区域。一个时钟区域包含 6 个独立的区域时钟网络。要进入区域时钟网络，必须首先例化一个 BUFR，这个 BUFR 最多可以驱动两个相邻时钟区域中的区域时钟。

④水平时钟缓冲器（BUFH）。BUFH 驱动区域中的水平全局时钟树，每个区域有 12 个 BUFH。每个 BUFH 有一个 CE 引脚，该引脚可控制时钟动态开关。BUFH 可由以下几种资源驱动。

a. 同一区域的 MMCM 输出。

b. BUFG 输出。

c. 局部互连。

d. 同一区域内部列的 CC 引脚。

⑤高性能时钟（High Performance Clock，HPC）。Virtex-6 系列 FPGA 中的每个 I/O 列包含 4 个 HPC。这些时钟由 MMCM 电源驱动，不由 VCCINT 供电，因此这些时钟能改善 JITTER 和占空比。HPC 结构示意图如图 1-7 所示。在 I/O 列中，HPC 连接 BUFIO，驱动 I/O 逻辑。4 个 HPC 中的两个可以不通过多区域 BUFIO 直接驱动 I/O Bank（上 Bank 和下 Bank）。HPC 可以不通过任何时钟缓冲器直接连接到 OSERDES，提供了一个改善 JITTER 和占空比性

能的时钟。HPC 没有专用缓冲器与它相连，ISE 软件能够自动检查并确定设计中 I/O 逻辑的连接，与此同时即确定 HPC 的连接。HPC 能驱动同一区域中的 BUFR，支持源同步接口设计。

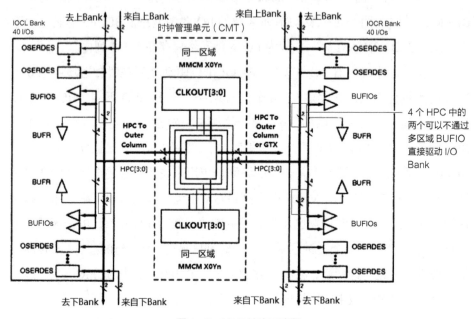

图 1-7　HPC 结构示意图

（3）I/O 时钟资源。第 3 种时钟资源是 I/O 时钟资源。I/O 时钟的速度非常快，可用于局部化的 I/O 串行器/解串器电路。I/O 时钟信号只驱动一个区域。这些 I/O 时钟网络对同步设计尤其有用。

3）混合模式时钟管理器（MMCM）

除丰富的时钟网络外，Xilinx 还提供了强大的时钟管理功能，提供更多、更灵活的时钟。Xilinx 在时钟管理上不断改进，从 Virtex-4 系列 FPGA 中的纯数字管理单元 DCM，发展到 Virtex-5 系列 FPGA 中的 CMT（包含 PLL），再到 Virtex-6 系列 FPGA 中的基于 PLL 的新型混合模式时钟管理器（Mixed-Mode Clock Manager，MMCM），实现了最小的抖动和抖动滤波，为高性能的 FPGA 设计提供更高性能的时钟管理功能。

Virtex-6 系列 FPGA 中的 CMT 包含两个 MMCM，处于同一个 CMT 中的

两个 MMCM 之间有专门布线资源。每个时钟片里的 MMCM 可以独立使用，也可以将 MMCM 之间的专门布线资源释放出来供其他设计单元使用。

Virtex-6 系列 FPGA 中 MMCM 的连接关系及输入源的框图如图 1-8 所示。同前一代 Virtex-5 系列 FPGA 中的 PLL 相比，Virtex-6 系列 FPGA 扩充了时钟输入，允许多个时钟源作为 MMCM 的输入参考时钟。

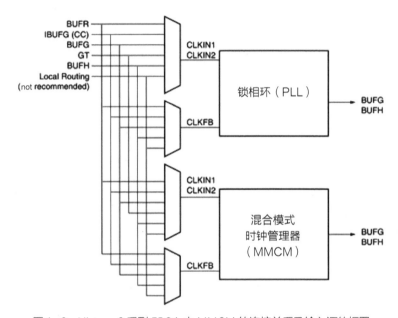

图 1-8　Virtex-6 系列 FPGA 中 MMCM 的连接关系及输入源的框图

Virtex-6 系列 FPGA 最多有 9 个 CMT 片，输入多路复用器从 IBUFG、BUFG、BUFR、GTX（仅 CLKIN）或通用布线（不推荐）中选择参考时钟和反馈时钟。

Virtex-6 系列 FPGA 中 PLL 的每个时钟输入有一个可编程计数器 D。鉴频鉴相器（PFD）比较输入（参考）时钟和反馈时钟的相位和频率。仅考虑上升沿即可，因为只要保持最小 High/Low 脉冲，则占空比无关紧要。PFD 用来生成与两个时钟之间的相位和频率差成比例的信号。此信号驱动电荷泵（CP）和环路滤波器（LF），以便为 VCO 生成参考电压。PFD 为电荷泵和环路滤波器生成一个上升或下降信号，以确定 VCO 是应该在较高频率工作还是应该在较低频率工作。当 VCO 工作频率过高时，PFD 触发一个下降信号，致使控制电压下降，从而降低 VCO 的工作频率；当 VCO 工作频率过低时，PFD 触发一个上升信号，致使控制电压上升，从而提高 VCO 的工作频率。VCO 产生 8 个输出相位和 1 个可变相位的精细相位输出。每个输出相位都可选作输出计数器的参考时钟。可以根据给定的客户设计对每个计数器独立编程。另外，还提供了一个专用计数器 M。此计数器控制 PLL 的反馈时钟，以实现大范围频率合成。除整数分频输出计数器外，Virtex-6 系列 FPGA 通过组合 O0/O5 和 / 或 M/O6 寄存器，可以实现小数计数器。使用小数模式时，O5 和 O6 输出不可用。

Virtex-6 系列 FPGA 中的 MMCM 提供了广泛而强大的时钟管理功能，分别介绍如下。

（1）时钟去歪斜。在许多情况下，设计人员在其 I/O 时序预算中不希望在时钟网络上有延迟，这时可以使用 MMCM 来补偿时钟网络的延迟。一个与参考时钟 CLKIN 的频率相匹配的时钟输出（通常是 CLKFBOUT）连接到 BUFG，并且反馈到 MMCM 的 CLKFBIN 反馈引脚。其余输出仍可通过分频产生更多输出频率。在这种情况下，所有输出时钟对于输入参考时钟都具有固定的相位关系。

（2）基于整数分频器的数字频率合成。MMCM 还可以用作独立频率合成器。在这种应用中，PLL 不能用于时钟网络去歪斜，而是用于生成输出时钟频率。在这种模式下，PLL 反馈通路为 Internal 模式，这样所有布线保留为局部布线，使抖动最小。

（3）基于小数分频器的数字频率合成。Virtex-6 系列 FPGA 在 CLKOUT0 输出和 / 或 M 反馈路径上支持非整数分频。如果 CLKOUT0 计数器用于小数模式，那么 CLKOUT5 计数器的输出不可用。类似地，在 M 反馈计数器使用时，CLKOUT6 计数器的输出也不可用。小数分频的精度是 1/8 度或 0.125 度。在小数分频的情况下，占空比和相移不可编程。

（4）抖动滤波器。MMCM 可以减小参考时钟上固有的抖动。作为抖动滤波器，MMCM 通常被看作一个缓冲器，在输出上重新生成输入频率（例如，f_{IN}=100MHz，f_{OUT}=100MHz）。一般来说，通过使用 MMCM 的 BANDWIDTH 属性，并且将其设置为 Low，可以实现较强的抖动过滤。但将 BANDWIDTH 设置为 Low 会导致 MMCM 的静态偏差增大。

（5）相移。在许多情况下，各时钟之间需要有相移。MMCM 可以通过多个选项实现相移。最好通过软件工具选择合适的相移模式。

①静态相移模式。VCO 能够以 45° 的间隔提供 8 个移相时钟，静态相移模式是通过选择这 8 个 VCO 输出相移中的一个实现的。因此，以时间为单位的相移分辨率定义为：$PS = \frac{1}{8}f_{vco}$ 或 $\frac{D}{8}Mf_{IN}$。因为 VCO 具有明确的工作范围，所以可以把相移分辨率的范围界定为从 $\frac{1}{8}f_{VCO\_MIN}$ 到 $\frac{1}{8}f_{VCO\_MAX}$。VCO 的频率越高，相移分辨率就越高。各输出计数器可分别编程，允许每个计数器在 VCO 输出频率的基础上具有不同的相移。

② IPFS 模式。Virtex-6 系列 FPGA 还提供一种 IPFS 模式相移，支持固定或动态模式。在该模式下，相移实现线性移位特性，和 CLKOUT_DIVIDE 值无关，只取决于 VCO 频率。MMCM 以 $f_{vco}/56$ 为步长进行相位调节。相移值可在配置过程中固定，也可动态改变。CLKOUT 计数器可分别设置成静态相移模式或 IPFS 模式，固定相移模式下，动态相移接口不能被使用。

③动态相移接口。Virtex-6 系列 FPGA 可以由 PSEN、PSINCDEC、PSCLK 和 PSDONE 控制动态相移。MMCM 锁住后，CLKOUT_PHASE 属性决定初始相位，通常情况下，可以不设置初始相移。MMCM 根据 PSEN、PSINCDEC、PSCLK 和 PSDONE 信号的动作，改变输出相移。步长为 VCO 时钟周期的 1/56。

4）BRAM（Block RAM）

Virtex-6 系列 FPGA 内嵌 BRAM，大大拓展了 FPGA 的应用范围，提高了其应用的灵活性。BRAM 可被配置为单端口 RAM、双端口 RAM、内容地址存储器（CAM）及 FIFO 等常用存储结构。Virtex-6 系列 FPGA 中的 BRAM 是双端口 RAM，每个 BRAM 可存储 36Kbit 的数据，支持写和读同步操作，两个端口对称且完全独立，共享存储的数据，可以改变每个端口的位宽和深度。每个 36Kbit 的 BRAM 可配置成 64Kbit×1（和相邻 36Kbit 的 BRAM 级联）、32Kbit×1、16Kbit×2、8Kbit×4、4Kbit×9、2Kbit×18、1Kbit×36 或 512bit×72 的简单双端口 RAM；每个 18Kbit 的 BRAM 也可配置成 16Kbit×1、8Kbit×2、4Kbit×4、2Kbit×9、1Kbit×18 或 512bit×36 的简单双端口 RAM。存储器内容可在配置比特流时设置。BRAM 在写操作过程中，它的输出数据可以编程设置，或者保持输出数据不变，或者反映正在写入的新数据，或者反映正在被覆盖的旧数据。

（1）双端口 RAM。全双口 36Kbit 的 BRAM 有 36Kbit 的存储空间和两个独立的访问口：A 口和 B 口。类似地，每个 18Kbit 的 BRAM 有 18Kbit 的存储空间和两个全独立的访问口：A 口和 B 口。结构是全对称的，数据可以写入其中的一个口或两个口，也可以从一个口或两个口读出。写操作是同步的，每个口有自己单独的地址、数据输入、数据输出、时钟、时钟允许和写允许信号。读操作也是同步的，并需要一个时钟边沿。

需要注意的是，当两个端口同时对同一个地址进行操作时，由于双端口 RAM 内部没有专门的监控逻辑，因此需要用户自己控制两个时钟，以避免冲突。两个端口同时对同一个地址的写操作虽然不会损坏该物理空间，但可能导致数据错误。

（2）FIFO。Virtex-6 系列 FPGA 的 BRAM 中的专用逻辑让用户能够轻松地实现同步或异步 FIFO，这样就不必为计数器、比较器或状态标记的生成使用其他 CLB 逻辑。在 Virtex-6 系列 FPGA 中，FIFO 可配置成 18Kbit 和 36Kbit 的存储空间。对于 18Kbit 的 FIFO，支持 4Kbit×4、2Kbit×9、1Kbit×18 和 512bit×36；对于 36Kbit 的 FIFO，支持 8Kbit×4、4Kbit×9、2Kbit×18、1Kbit×36 和 512bit×72。

（3）ECC（纠错码）内置纠错。当使用 Virtex-6 系列 FPGA 中的 RAMB36E1（SPP 模式）或 36Kbit 的 FIFO（FIFO36E1）时，可以使能其中的 ECC 纠错功能。ECC 占用 72 位宽，其中 64 位数据，8 位汉明码，它可以产生汉明位并纠正输出的数据错误，但不会纠正存储器内容。另外，它还可以输出错误位置的地址。在写操作过程中，生成 8 个保护位（ECCPARITY），与 64 位数据一起存到存储器中。ECCPARITY 位在每次读操作过程中用来纠正任意单位元错误或检测（但不纠正）任意双位元错误。在读操作过程中，72 位数据从存储器读出并馈入 ECC 解码器。ECC 解码器生成两个输出状态（SBITERR 和 DBITERR），用来指示 3 种可能的读操作结果：无错误、已纠正单位元错误、检测到双位元错误。在标准 ECC 模式下，读操作不纠正存储器阵列中的错误，仅将已经纠正的数据送到 DO。为了改善 f_{MAX}，可以将由 DO_REG 属性控制的可选寄存器用于数据输出（DO）、SBITERR 和 DBITERR。

Virtex-6 系列 FPGA 中的 ECC 还增加了一个新的功能：能回读当前数据输出对应的存储地址，支持修复错位的数据位或将该地址设置成无效。

5）DSP 模块

为了适应越来越复杂的 DSP 运算，Virtex-6 系列 FPGA 内嵌了功能更强大的 DSP48E1，并且 DSP48E1 兼容 Virtex-5 系列 FPGA 中的 DSP48E，而且在以下两个方面有所增强。

（1）带 D 寄存器的 25 位预加器，增强 A 通道的能力。

（2）在切换乘法（A*B）和加法（A:B）操作时，INMODE 控制支持平衡流水线。

DSP48E1 内部结构示意图如图 1-9 所示。由图 1-9 可以看出，算术部分包含 1 个预加器、1 个二进制补码乘法器、3 个 48 位的多路复用器，跟随 1 个 48 位符号可扩展的加法器 / 减法器 / 累加器或二输入逻辑单元。如果使用了二输入逻辑单元，则此乘法器不能再被使用。

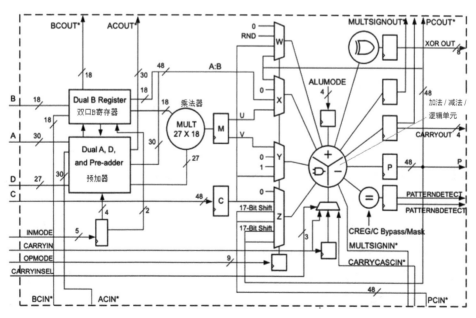

图 1-9　DSP48E1 内部结构示意图

DSP48E1 的数据和控制输入连接到算术和逻辑部分。A 和 B 输入通道上有两级流水线寄存器，D 和 AD（AD 为预加器内的中间寄存器）输入通道上有一级流水线寄存器，其他数据和控制输入通道上也有一级流水线寄存器。最高操作频率可达 600MHz。

大部分情况下，加法 / 减法 / 逻辑单元的输出是其输入的函数，输入由 MUX、进位选择逻辑和乘法器阵列驱动。对应公式为

$$\text{Adder/Sub 输出} = Z \pm (X+Y+CIN) \text{ 或 } Z(X+Y+CIN)$$

6）SelectIO 模块

Virtex-6 系列 FPGA 中的每个 I/O 片（I/O Tile）包含两个 I/OB、两个 ILOGIC、两个 OLOGIC 和两个 IODELAY。

（1）I/OB。I/OB 包含输入、输出和三态 SelectIO 驱动器，支持单端 I/O 标准（LVCMOS、HSTL、SSTL）和差分 I/O 标准（LVDS、HT、LVPECL、BLVDS、差分 HSTL 和 SSTL）。I/OB、引脚及内部逻辑的连接图如图 1-10 所示。

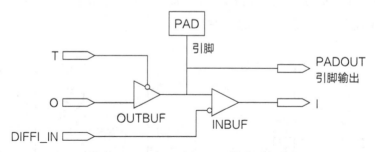

图 1-10　I/OB、引脚及内部逻辑的连接图

I/OB 直接连接 ILOGIC/OLOGIC 对，该逻辑对包含输入和输出逻辑资源，ILOGIC 和 OLOGIC 可分别配置为 ISERDES 和 OSERDES。

Xilinx 软件库提供了大量与 I/O 相关的原语，在例化这些原语时，可以指定 I/O 标准。与单端 I/O 相关的原语包括 IBUF（输入缓冲器）、IBUFG（全局时钟输入缓冲器）、OBUF（输出缓冲器）、OBUFT（三态输出缓冲器）和 IOBUF（输入 / 输出缓冲器）。与差分 I/O 相关的原语包括 IBUFDS（差分输入缓冲器）、IBUFGDS（差分全局时钟输入缓冲器）、OBUFDS（差分输出缓冲器）、OBUFTDS（差分三态输出缓冲器）、IOBUFDS（差分输入 / 输出

缓冲器）、IBUFDS_DIFF_OUT（互补输出的差分输入缓冲器）和 IOBUFDS_DIFF_OUT（互补输出的差分输入 / 输出缓冲器）。

（2）ILOGIC。ILOGIC 的内部逻辑如图 1-11 所示，可以实现的操作包括异步 / 组合逻辑、DDR 模式（OPPOSITE_EDGE 模式、SAME_EDGE 模式或 SAME_EDGE_PIPELINED 模式）、电平敏感型锁存器和边沿触发 D 触发器。

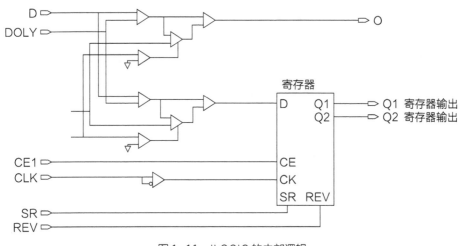

图 1-11　ILOGIC 的内部逻辑

①异步 / 组合逻辑。异步 / 组合逻辑用来创建输入驱动器与 FPGA 内部资源之间的直接连接。当输入数据与 FPGA 内部逻辑之间存在直接（非寄存）连接时，或者当"将 I/O 寄存器 / 锁存器合并到 I/OB 中"的设置为 OFF 时，此通路被自动使用。

②输入 DDR（IDDR）。Virtex-6 系列 FPGA 的 ILOGIC 中有专用寄存器来实现输入双倍数据速率（IDDR）。可以通过例化 IDDR 来使用此功能。IDDR 只有一个时钟输入，下降沿数据由输入时钟的反相版本（在 ILOGIC 内完成反相）进行时钟控制。所有输入 I/OB 的时钟均为完全多路复用，即 ILOGIC 或 OLOGIC 模块之间不共用时钟。IDDR 支持 3 种操作模式：OPPOSITE_EDGE 模式（如图 1-12 所示）、SAME_EDGE 模式和 SAME_EDGE_PIPELINED 模式。

SAME_EDGE 模式和 SAME_EDGE_PIPELINED 模式与 Virtex-5 系列 FPGA 一样。这些模式允许设计人员在 ILOGIC 模块内部将下降沿数据转移到上升沿时钟域，以节省 CLB 和时钟资源并提高性能。这些模式是用 DDR_CLKJEDGE 属性实现的。

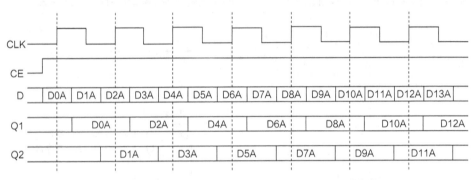

图 1-12　使用 OPPOSITE_EDGE 模式时 IDDR 的时序图

（3）OLOGIC。OLOGIC 由两个主要模块组成，分别是组合输出通路和三态控制通路。这两个模块具有共同的时钟（CLK），但具有不同的使能信号 OCE 和 TCE。

组合输出通路和三态控制通路可独立配置为边沿触发 D 触发器、电平敏感型锁存器、异步/组合逻辑或 DDR 模式。

①组合输出通路和三态控制通路。组合输出通路和三态控制通路用来实现从 FPGA 内部逻辑到输出驱动器或输出驱动器控制端的直接连接。当 FPGA 内部逻辑与输出数据或三态控制之间存在直接（非寄存）连接时，或者当"将 I/O 寄存器/锁存器合并到 I/OB 中"的设置为 OFF 时，此通路被使用。

②输出 DDR（ODDR）。Virtex-6 系列 FPGA 的 OLOGIC 中具有专用寄存器，用来实现 DDR 功能。要使用此功能，只需要例化 ODDR。ODDR 只有一个时钟输入，下降沿数据由输入时钟的反相时钟控制。ODDR 支持两种操作模式：OPPOSITE_EDGE 模式和 SAME_EDGE 模式。SAME_EDGE 模式允许在 ODDR 时钟的上升沿将两个数据送至 ODDR，以节省 CLB 和时钟资源并提高性能。OPPOSITE_EDGE 模式使用时钟的两个沿以两倍吞吐量从 FPGA 内部采集数据，两个输出都送至 I/OB 的数据输入或三态控制输入。图 1-13 所

示为使用 OPPPOSITE_EDGE 模式时 ODDR 的时序图。图 1-14 所示为使用 SAME_EDGE 模式时 ODDR 的时序图。

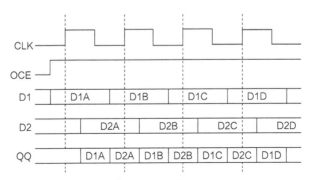

图 1-13　使用 OPPPOSITE_EDGE 模式时 ODDR 的时序图

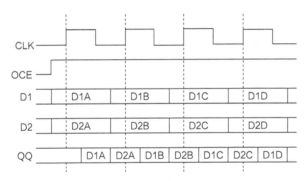

图 1-14　使用 SAME_EDGE 模式时 ODDR 的时序图

ODDR 可以将时钟的一个副本传送到输出。将 ODDR 原语的 D1 固定为 High，D2 固定为 Low，时钟与数据 ODDR 的时钟一样。这个方案可以确保输出数据与输出时钟延时的一致性。

（4）IODELAY。每个 I/OB 包含一个可编程绝对延迟单元，称为 IODELAY。IODELAY 可以连接到 ILOGIC/ISERDES 或 OLOGIC/OSERDES 模块，也可同时连接到这两个模块。

IODELAY 是具有 32 个 Tap 的环绕延迟单元，具有标定的 Tap 分辨率。IODELAY 可用于组合输入通路、寄存输入通路、组合输出通路或寄存输出通路，还可以在内部资源中直接使用。IODELAY 允许各输入信号有独立的延迟。延迟单元可以被校验到一个绝对延迟固定值（TIDELAYRESOLUTION），这个值不随工艺、电压和温度的变化而改变。

IODELAY 有 4 种操作模式，分别是零保持时间延迟模式（IDELAY_TYPE=DEFAULT）、固定延迟模式（IDELAY_TYPE=FIXED）、可变延迟模式（IDELAY_TYPE=VARIABLE）和可装载的可变延迟模式（IDELAY_TYPE=VAR_LOADABLE）。零保持时间延迟模式允许向后兼容，以使用 Virtex-5 系列 FPGA 中零保持时间延迟功能的设计。在这种模式下使用时，不需要例化 IDELAYCTRL 的原语。在固定延迟模式下，延迟量由属性 IDELAY_VALUE 确定的 Tap 数决定，此值配置后不可更改。此模式必须例化 IDELAYCTRL 的原语。在可变延迟模式下，配置后通过控制信号 CE 和 INC 来改变延迟量。此模式必须例化 IDELAYCTRL 的原语。在可装载的可变延迟模式下，IDELAY TAP 可以通过 FPGA 逻辑相连的 5 位 CNTVALUEIN<4:0> 装载。当配置为此模式时，也必须例化 IDELAYCTRL 的原语。当 IDELAYE1 或 ISERDES 的原语中的 IODELAY_TYPE 属性设置为 FIXED、VARIABLE 或 VAR_LOADABLE 时，都必须例化 IDELAYCTRL。IDELAYCTRL 模块连续校验 IODELAYE 的延迟环节，以减小工艺、电压和温度的影响。

7）GTX 模块

Virtex-6 系列 FPGA 支持多种高速串行接口，其中高速串行模块 GTX 收发器可以实现 150Mbps ～ 6.5Gbps 的线速率。GTX 收发器是芯片与芯片之间、板与板之间进行串行通信的首选解决方案。GTX 收发器具有以下特性。

（1）灵活的 SERDES 支持多速率应用。

（2）功能强大的发射预加重和接收均衡功能具有最佳的信号完整性。

（3）集成式"变速箱"可以实现灵活编码：64B/66B、64B/67B。

（4）高度灵活的时钟控制，接收与发送独立。

（5）可以与片上 PCI Express 和三态以太网 MAC 模块连接。

（6）相比于以前的产品，收发器功耗降低了 25%，在 6.5Gbps 下，功率小于 150mW（典型值）。

（7）符合常用标准，如 10/40/100Gbps 以太网、PCI Express、OC-48、XAUI、SRIO 和 HD-SDI。

Virtex-6 系列 FPGA 包含 12 ～ 36 个 GTX 收发器模块。GTX 收发器包含

物理编码子层（Physical Coding Sublayer，PCS）和物理媒介适配层（Physical Media Attachment，PMA）。PMA 包含串行器 / 解串器（SERDES）、TX 和 RX 输入 / 输出缓冲、时钟产生器和时钟恢复电路。PCS 包含 8B/10B 编码器 / 解码器、弹性缓冲器。

发送的并行数据经过 8B/10B 编码后，写入发送端 FIFO，然后转换成串行差分数据发送出去。接收端接收到的串行差分信号首先经过接收端缓冲，然后经过串并转换器转换成并行数据，再经过 8B/10B 解码，写入弹性缓冲，最后并行输出。

PCS 具有 8B/10B 编码器 / 解码器。MGT 可以工作在 32 位或 40 位操作模式，可以在配置或运行过程中更改 PMA 速率和 PCS 协议，可以根据时钟来配置内部数据宽度和外部数据宽度。

PMA 提供与外部媒体的模拟接口，包括 20 倍时钟倍频器、发送端时钟产生器、发送缓冲器、串行器、接收端时钟恢复电路、接收缓冲器、解串器、可变速率的全双工收发器、可编程的 5 级差分输出幅度（摆率）控制和可编程的 4 级输出预加重模块等。

Virtex-6 HXT FPGA 中的 GTH 模块比 GTX 模块有更高的线速率，用它可以实现最高性能的高速串行收发器。GTH 模块具有以下特性。

（1）灵活的 SERDES 支持多速率应用。

（2）实现 40Gbps 和 100Gbps 协议等接口。

（3）功能强大的发射预加重和接收均衡器。

（4）集成式"变速箱"可以实现灵活编码：8B/10B、64B/66B。

（5）低功耗：在 10.312 5Gbps 下，功率小于 220mW（典型值）。

（6）符合常用标准，如 10/40/100Gbps 以太网、PCI Express、OC-48、XAUI、SRIO 和 HD-SDI。

8）以太网（Ethernet）MAC 模块

Virtex-6 系列 FPGA 内嵌以太网媒体访问控制器（MAC）模块，不需要消耗可编程逻辑资源即可提供无缝的芯片到芯片连接。以太网 MAC 模块支持 10/100/1000Mbps 数据速率，兼容 UNH 验证标准并具有互操作能力，设计符合 IEEE 802.3 规范的要求，可以单独运行在 1000Mbps、100Mbps 和 10Mbps

模式，或者配置成三态模式。以太网 MAC 模块支持 IEEE 标准的 MII、GMII 和 RGMII 协议，减小外部物理层接口的总线宽度。图 1-15 所示为以太网 MAC 模块结构示意图。

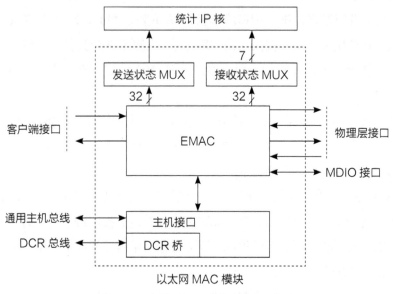

图 1-15　以太网 MAC 模块结构示意图

主机可以通过通用主机总线或设备控制寄存器（DCR）总线与以太网 MAC 模块互连。物理层接口能配置成 MII、GMII、RGMII、SGMII 或 100BASE-X，但是根据所选择的物理层接口配置，只有一套 TX 和 RX 接口被激活。

EMAC 有一个可选的管理数据输入 / 输出（MDIO）接口，可以访问外部物理层的管理寄存器和 EMAC 内部的物理层接口管理寄存器（仅在 100BASE-X 或 SGMII 模式配置下有效）。

EMAC 输出统计向量包含以太网 MAC 模块的发送和接收数据通路上的帧统计信息。复用统计向量以减少与外界连接时所需要的引脚数。在 FPGA 中实现统计 IP（Statistics IP）核以累计以太网 MAC 模块的发送和接收数据通路上的统计信息。EMAC 接口路径上有个接收地址滤波器，它控制接收或拒绝输入帧。

发送统计向量 TX_STATISTICS_VECTOR 包含发送帧的统计信息，由 32 位向量和内部信号组成。接收统计向量 RX_STATISTICS_VECTOR 包含接收帧的统计信息，由 28 位向量和内部信号组成。Xilinx CORE Generator 软件免费提供一个外部统计模块，该统计模块对以太网 MAC 模块的发送和接收数据通路上的所有统计信息进行累计。设计中可以调用以太网 MAC 模块的原语或使用 CoreGen 工具配置 EMAC 参数来使用以太网 MAC 模块。

9）PCIE 模块

PCI Express 2.0（PCIe 2.0）标准对满足高性能、低功耗应用的需求非常关键，特别是在电信、服务器、高端视频市场。针对越来越多的 PCIe 应用，Virtex-6 系列 FPGA 内嵌了第 2 代 PCIE 模块，该集成的第 2 代 PCIE 模块兼容 PCI Express 2.0 标准，已经通过了 1 ～ 8 通道配置的 PCI-SIG PCI Express 2.0 版本兼容性与互操作性测试。

Virtex-6 系列 FPGA 中的 PCIE 模块实现了事务处理层、数据链路层和物理层功能，能够以最低的 FPGA 逻辑利用率提供完整的 PCIe 端点和根端口功能。Virtex-6 系列 FPGA 中集成的 PCIE 模块结构示意图如图 1-16 所示。

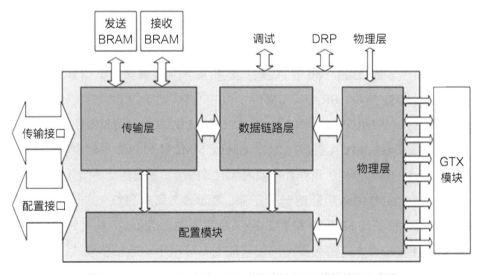

图 1-16　Virtex-6 系列 FPGA 中集成的 PCIE 模块结构示意图

2. Kintex-7 系列 FPGA

Kintex-7 系列 FPGA 是在通用 28nm 架构基础上构建的三大产品系列之一，可提供高密度逻辑、高性能收发器、存储器、DSP 及灵活的混合信号处理功能。

Xilinx 的"基础目标设计平台"为设计人员提供了一套完整解决方案，其中包括芯片、软件、IP 核和参考设计。作为支持即插即用型 FPGA 设计的互连策略的一部分，AMBA4、AXI4 规范的实施进一步提高了 IP 核重用效率、移植性和可预测性。

1）可配置逻辑模块（CLB）

CLB 由 LUT、MUX、CARRY（进位器）、FF（触发器）组成。

2）时钟资源

Kintex-7 系列 FPGA 的时钟资源通过专用的全局时钟和区域 I/O 时钟资源管理满足复杂和简单的时钟要求。CMT 提供时钟频率合成、减小偏移和抖动过滤等功能。非时钟资源，如本地布线，不推荐用于时钟功能。

全局时钟树允许同步模块时钟跨越整片 FPGA。区域 I/O 时钟树最多允许为 3 个垂直相邻的时钟区域提供时钟。每个 CMT 包含一个 MMCM 和一个 PLL，位于 I/O 列旁边的 CMT 列中。

Kintex-7 系列 FPGA 被划分为时钟区域。时钟区域的数量随器件大小而变化，从最小器件的 1 个时钟区域到最大器件的 24 个时钟区域。时钟区域包括 50 个 CLB 和一个 I/O Bank（50 个 I/O）区域中的所有同步模块（如 CLB、I/O、串行收发器、DSP 模块、BRAM、CMT），其中心有一个水平时钟行（HROW）。每个时钟区域从 HROW 向上和向下跨越 25 个 CLB，并水平跨越器件的每一侧。

Kintex-7 系列 FPGA 最多有 24 个 CMT。MMCM 和 PLL 用作频率合成器，用于非常大的频率范围，用作外部或内部时钟的抖动滤波器及小偏移时钟。

PLL 包含 MMCM 功能的一个子集。Kintex-7 系列 FPGA 的时钟输入连接允许多个资源向 MMCM 和 PLL 提供参考时钟。Kintex-7 系列 FPGA 中的 MMCM 具有任意方向的无限精细相移能力，可用于动态相移模式。MMCM 在反馈路径或一个输出路径上也有一个小数计数器，使得频率合成能力能够进一步细化。

3）BRAM

嵌入式 BRAM 可被配置为单 / 双端口 RAM、伪双端口 RAM、ROM、FIFO 等。FPGA 内嵌 RAM 在 FPGA 项目开发中起着相当关键的作用，其中 FIFO、shift-RAM，ROM 等数据缓冲区均可用 RAM 设计，它可以与 FPGA 内部的 SRAM 联合使用。

4）DSP 模块

FPGA 对于 DSP 应用是有效的，因为它们可以实现自定义完全并行算法。DSP 应用程序使用许多二进制文件在专用 DSP 片中最好实现的乘法器和累加器。所有 Kintex-7 系列 FPGA 有很多专用的、全定制的、低功耗的 DSP 片，结合起来具有很高的小尺寸速度，同时保持系统设计的灵活性。DSP 片提高了 DSP 以外的许多应用的速度和效率，如宽动态总线移位器、存储器地址产生器、宽总线多路复用器和内存映射 I/O 寄存器。

Kintex-7 系列 FPGA 内嵌 DSP 模块的亮点功能如下。

（1）25 位 ×18 位二进制补码乘法器：动态旁路。

（2）48 位累加器：可以用作同步上 / 下计数器。

（3）节电前置加法器：优化对称滤波器应用，降低 DSP 片要求。

（4）单指令多数据（SIMD）运算单元：双 24 位或 4 个 12 位加法 / 减法 / 逻辑操作。

（5）可选的逻辑单元：可以生成两个操作数的 10 个不同逻辑函数中的任意一个。

（6）样式检测器：收敛或对称四舍五入；96 位宽逻辑函数，与逻辑单元一起使用。

（7）高级功能：可选的流水线操作与总线进行级联。

Kintex-7 系列 FPGA 内嵌 DSP48E1 内部结构示意图如图 1-17 所示。预加器（加法器）实现 A（最大位宽是 30 位）与 D（最大位宽是 25 位）的相加，预加后输出的结果最大位宽为 25 位。该预加器不用的时候可以旁路掉。25 位 ×18 位乘法器的两个乘数分别为 B（最大位宽是 18 位）及 A 与 D 相加后结果的低 25 位，输出的结果为 48 位（高 5 位是符号扩展位，低 43 位是数据位）。该乘法器不用的时候可以旁路掉。加法 / 减法 / 逻辑运算器能够实现加 / 减法、

累加 / 减或逻辑运算（与、或、非），输出的结果最大位宽为 48 位数据位 +4 位进位。样式检测器主要实现带掩模的数据比较、上下溢出检测、计到一定数对结果进行重置功能。数据选择器的两个数据输入端分别为 C 和 P（最大位宽是 48 位），因此 DSP48E1 是做普通加法还是做累加就取决于数据选择器。

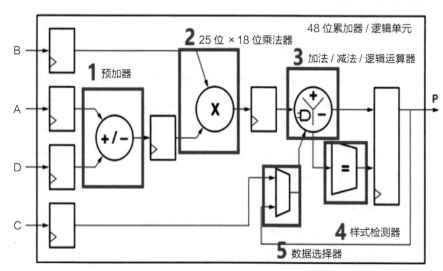

图 1-17　Kintex-7 系列 FPGA 内嵌 DSP48E1 内部结构示意图

使用 DSP48E1 做加 / 减法如图 1-18 所示。当将 ALUMODE[1:0] 设置为 2'b00 时，Y 设为 0 时就可以做加法 A+B。当将 ALUMODE[1:0] 设置为 2'b01 时，Y 设为 1 时就可以做减法 A-B。此时 CIN 可以单独拿出来使用，不必强制设为 0/1（当然也可以用 CIN 来代替 Y）。

此外，DSP48E1 除能做 1 个 48 位与 48 位加法 / 减法 / 逻辑操作（ONE48）外，还能被用来做两个 24 位与 24 位加法 / 减法 / 逻辑操作（TWO24）、4 个 12 位与 12 位加法 / 减法 / 逻辑操作（FOUR12，如图 1-19 所示）。这些加法的结果都是带进位的，对应的进位关系如图 1-19 所示。

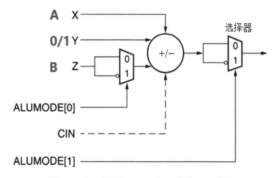

图 1-18　使用 DSP48E1 做加 / 减法

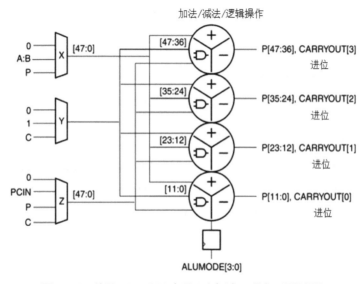

图 1-19　使用 DSP48E1 实现 4 个加法 / 减法 / 逻辑操作

　　DSP48E1 的 PATTERN DETECT 结构也很重要，如图 1-20 所示。它的输入主要为 PATTERN、MASK、DATA（经常用的 PATTERN 和 MASK 已经在图 1-20 中用粗线框给圈起来了）。DATA 为进行 DSP48E1 运算后未打拍的结果。使用 PATTERN DETECT 的时候输出要打一拍，这样 PATTERNDETECT 和 PATTERNBDETECT 的结果才能和输出 P 对得上。

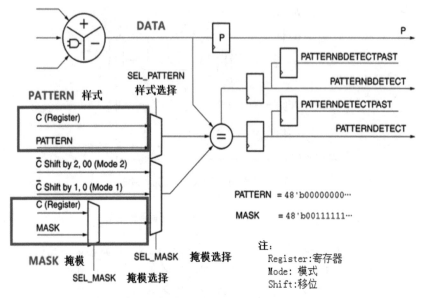

图 1-20 DSP48E1 的 PATTERN DETECT 结构

PATTERN 是 用 来 匹 配 的 样 式。 当 DATA 与 PATTERN 相 同 时，PATTERNDETECT 为 1，否 则 为 0。当 DATA 与 PATTERN 的 反码 相同时，PATTERNBDETECT 为 1， 否 则 为 0。PATTERN 可 以 由 DSP48E1 的 C 打拍后作为输入，也可以选择"参数 PATTERN"作为输入（这里的"参数 PATTERN"为 PATTERN 的其中一个可选输入，注意区分两者关系）。

MASK 是掩模，是上下溢出检测最为关键的参数。它对应 DATA 的每一位。MASK[0] → DATA[0],…,MASK[47] → DATA[47]。当将 MASK 的某一位设为 1 时，它将忽略 PATTERN 对应位的结果，再将 DATA 和 PATTERN 进行比较。MASK 可以由 DSP48E1 的 C 打拍后作为输入，也可以选择"参数 MASK"作为输入（这里的"参数 MASK"为 MASK 的其中一个可选输入，注意区分两者关系）。

PATTERNBDETECTPAST 和 PATTERNDETECTPAST 分别为 PATTERNBDETECT 和 PATTERNDETECT 打一拍的输出结果。

为什么说 MASK 是上下溢出检测最为关键的参数呢？详见 DSP48E1 的 PATTERN DETECT 上下溢出检测的逻辑结构，如图 1-21 所示，很显然 Overflow 是用来检测 PATTERNDETECT 的下降沿的，Underflow 是用来检测

PATTERNBDETECT 的下降沿的。

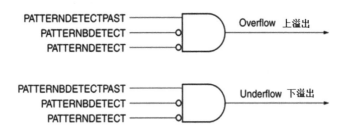

图 1-21　DSP48E1 的 PATTERN DETECT 上下溢出检测的逻辑结构

当 MASK={44'b0,4'b1111} 时，当 DATA>5'b01111（15）时就会上溢出，当 DATA<5'b10000（-16）就会下溢出。

Overflow 的实质就是检测 DATA 的高 44 位（符号扩展位）是不是为全 0，当 DATA 为 15+1=16（5'b10000）时，高 44 位不为全 0，上溢出。

Underflow 的实质就是检测 DATA 的高 44 位（符号扩展位）是不是为全 1（因为 PATTERNBDETECT 检测的是反码，所以检测的是 1），当 DATA 为 -16-1=-17（6'b101111）时，高 44 位不为全 1，下溢出。

5）GTX 模块

GTX 模块是 FPGA 内嵌的高速收发器。GTX 模块主要由 PMA 和 PCS 两个子层组成。其中，PMA 包含高速串并转换（PISO）、预 / 后加重、接收均衡、时钟产生器及时钟恢复等电路；PCS 包含 8B/10B 编 / 解码、缓冲区、通道绑定和时钟修正等电路。

6）PCIE 模块

FPGA 内嵌 PCIE 模块由 PCIe 数据链路层及物理层组成，物理层又可分为逻辑物理子层和电气物理子层。PCI Express（PCIe）是一种通用的串行互连总线标准，可以用于通信、数据中心、嵌入式、测试与测量、军事和桌面应用程序，还可以作为外围设备互连、片对片接口和桥接等许多协议标准。Kintex-7 系列 FPGA 中集成的 PCIE 模块结构示意图如图 1-22 所示。

Xilinx 提供了高性能和低功耗集成模块 PCIE 嵌入在 Xilinx 公司的所有可编程器件中，无须支付额外费用。

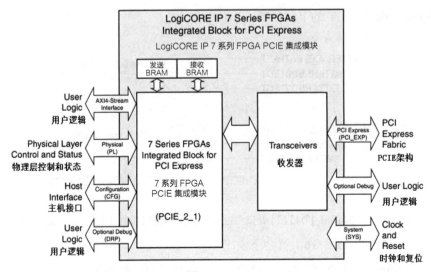

图 1-22　Kintex-7 系列 FPGA 中集成的 PCIE 模块结构示意图

3.　Zynq-7000 系列 FPGA

Zynq-7000 系列 FPGA 与传统的 FPGA 比较，Zynq-7000 系列 FPGA 的最大特点是将处理系统（Processing System，PS）和可编程逻辑（Programmable Logic，PL）分离开来，固化了处理系统的存在，实现了真正意义上的 SoC（System on Chip）。而传统的 FPGA 仅含有可编程逻辑，如 Xilinx 公司的 Virtex-6 系列 FPGA 和 Virtex-7 系列 FPGA，详见前文。

Zynq-7000 系列 FPGA 是全可编程片上系统，采用 28nm 制造工艺，主要包含 PS 和 PL 两个部分。PS 以两个 Cortex-A9 的 ARM 核为核心，还包括片上存储器、片外存储器接口（DDR）和一系列的外设接口。Zynq-7000 系列 FPGA 将 ARM CPU 和外设集成在一片芯片内，使得 Zynq-7000 系列 FPGA 皆具处理器和 FPGA 双重特性，特别适用于软硬件协同设计。PS 和 PL 之间有多个接口。AXI 接口具体包括：

（1）两个 32 位的 AXI 主接口、两个 32 位的 AXI 从接口。

（2）专用于 PL 访问 DDR 控制器的 32/64 位的 AXI 从接口。

（3）1 个 64 位的访问 CPU 存储器的 AXI 从接口。

其他类型的接口及信号具体包括：

（1）DMA 通道信号。

（2）PS 的中断输入信号。

（3）事件信号、触发信号。

（4）EMIO。

（5）PS 提供给 PL 的时钟信号及复位信号。

（6）XADC 接口、JTAG 接口等。

Zynq-7000 系列 FPGA 内部结构示意图如图 1-23 所示。PS 包含 Application Processor Unit（APU，应用处理器单元）、Memory Interfaces（存储器接口）、I/O Peripherals（IOP，输入 / 输出外设）、Central Interconnect（中央互连）四大块，具体如下所述。

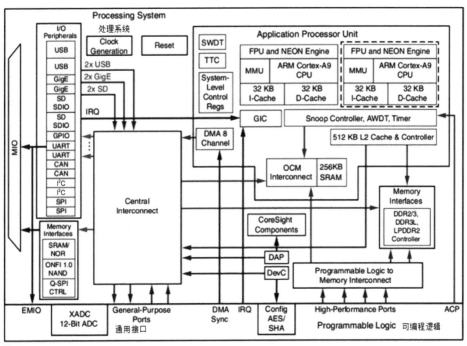

注：
Application Processor Unit：应用处理器单元
I/O Peripherals（IOP）：输入 / 输出外设
USB：通用串行总线
SD SDIO：SD 卡安全数字输入 / 输出
CAN：控制器局域网
SPI：串行外设接口
Engine：引擎

Memory Interfaces：存储器接口
Central Interconnect：中央互连
GigE：千兆以太网
UART：通用异步收发器
I²C：集成电路总线
Components：部件
Controller：控制器

图 1-23 Zynq-7000 系列 FPGA 内部结构示意图

（1）APU 包括：

① 单 / 两个 ARM Cortex-A9 CPU。

② SWDT（System Watch Dog Timer，系统看门狗定时器）。

③ TTC（Triple Timer/Counter，3 重定时器 / 计数器）。

④ System-Level Control Regs（系统级控制寄存器）。

⑤ DMA 8 Channel（Direct Memory Access 8 Channel，八通道直接存储器访问）。

⑥ GIC（General Interrupt Controller，一般中断控制器）。

⑦ Snoop Controller（窥探控制）、AWDT（ARM Watch Dog Timer，ARM 看门狗定时器）、Timer（定时器）。

⑧ 512KB L2 Cache & Controller（512KB 2 级缓存与控制器）。

⑨ OCM Interconnect（On-Chip Memory Interconnect，片上存储器互连）。

（2）Memory Interfaces（存储器接口）在图 1-23 中可看到有两处：左侧下部与右侧中部。左侧下部列出 3 种接口，这 3 种都是接 FLASH 等非易失性存储器的。

① SRAM/NOR：SRAM 接口。

② ONFI 1.0 NAND：开放式与非型 FLASH 接口。

③ Q-SPI CTRL：4 路串行外设控制接口。

右侧中部列出接易失性存储器的 DDR 接口，支持 DDR2/3、DDR3L、LPDDR2。

（3）I/O Peripherals（IOP，输入 / 输出外设）位于图 1-23 中左侧，从上到下分别是：

① 2 路 USB（通用串行总线）。

② 2 路 GigE（Gigabit Ethernet，千兆以太网）。

③ 2 路 SD SDIO（SD Secure Digital Input/Output，SD 卡安全数字输入 / 输出）。

④ 1 路 GPIO（General Purpose Input/Output，通用输入 / 输出）。

⑤ 2 路 UART（Universal Asynchronous Receiver/Transmitter，通用异步收发器）。

⑥ 2 路 CAN（Controller Area Network，控制器局域网）。

⑦ 2 路 I²C（Inter-Integrated Circuit Bus，集成电路总线）。

⑧ 2 路 SPI（Serial Peripheral Interface，串行外设接口）。

（4）Central Interconnect（中央互连）将应用处理器单元、存储器接口、输入 / 输出外设等连起来。

4. Versal AI Core 系列 FPGA

Versal AI Core 系列 FPGA 利用 AI 引擎提供突破性的 AI 推断加速，其计算性能比当前服务器级 CPU 高 100 倍以上。此系列 FPGA 可用于云端动态工作负载及超高带宽网络，同时还可提供高级安全和保密功能。AI 科学家、数据科学家和软硬件开发者均可凭借高计算密度的优势，加速提升各种应用的性能。

Versal AI Core 系列 FPGA 采用基于 Versal ACAP（自适应计算加速平台）的技术方案。Versal ACAP 布局图如图 1-24 所示。

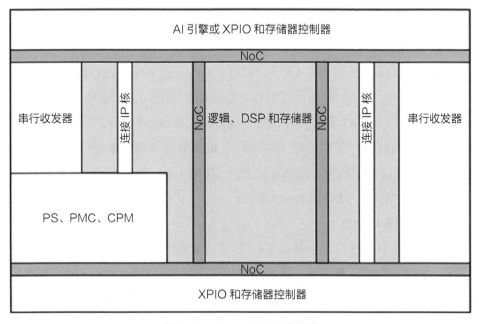

图 1-24　Versal ACAP 布局图

1）AI 引擎

鉴于 AI 引擎所具备的高级信号处理计算能力，它十分适合用于高度优化的无线应用，如射频、5G 回程和其他高性能 DSP 应用。AI 引擎是超长指令字处理器阵列，具有高度优化的单指令多数据（SIMD）矢量单元，专用于各种计算密集型应用，尤其是 DSP、5G 无线应用和人工智能技术等。

2）可编程逻辑（PL）

PL 包括 CLB、内部存储器及 DSP 引擎。每个 CLB 包含 64 个触发器和 32 个 LUT。半数 CLB LUT 可以配置为 1 个 64 位 RAM 和 1 个 32 位移位寄存器（SRL32），或者配置为两个 16 位移位寄存器（SRL16）。Versal AI Core 系列 FPGA 中还包括许多低功耗 DSP 引擎，具有高速且尺寸小的特点，同时还保留了系统设计灵活性。

3）片上网络（NoC）

NoC 属于高速通信子系统，可在 PL、PS 和其他集成块中的 IP 核端点之间传输数据，以提供统一的裸片内部连接。NoC 主接口和从接口可配置为 AXI3、AXI4 或 AXI4-Stream。NoC 将这些 AXI 接口转换成 128 位宽的 NoC 数据包协议，分别通过 HNoC 和 VNoC 在器件上进行横向和纵向数据移动。

4）XPIO

Versal AI Core 系列 FPGA 中的 XPIO（X-Parallel Input and Output，X 并行输入 / 输出单元）是位于器件底部和 / 或顶部的外设，这与先前器件中的 I/O 列式布局不同。XPIO 所提供的 XPHY 逻辑与 UltraScale 器件原生模式类似。XPHY 逻辑可将经过校准的延迟与串行逻辑和解串逻辑封装在一起，以提供 6 个单端 I/O 端口（称为半字节）。每个 XPIO Bank 含 9 个 XPHY 逻辑站点（Site），支持多达 54 个单端 I/O 端口。

5）存储器控制器

存储器控制器适用于包括通用 CPU 及其他传统的 FPGA 应用在内的各种应用，如视频或网络缓存等。该控制器的运行时钟频率为 DRAM 时钟频率的一半，支持 DDR4、LPDDR4 和 LPDDR4X 标准，最高可达 4266Mbps。该控制器可配置为单一 DDR 存储器接口，数据宽度为 16 位、32 位和 64 位，启用纠错码（ECC）后另加 8 个校验位。

6) GT

GT (Gigabyte Transceiver，高速收发器或吉比特收发器) 为高速接口提供了多种协议，如以太网和 Aurora IP 核。Versal AI Core 系列 FPGA 采用 XPIPE 机制，以在 PCIE 模块与 GT 之间建立高速连接。XPIPE 和 GT 在基于 PL 的 IP 核与基于 PS 的 IP 核 (如 CPM、以太网、用于调试的 Aurora 链路等) 之间共享。对于 Versal AI Core 系列 FPGA，GT 组件粒度从公共 / 通道更新为四通道。

1.4.2 Altera (Intel) 公司及产品介绍

2015 年 6 月，Intel 公司宣布以 167 亿美元的价格，收购全球第二大 FPGA 厂家 Altera。Altera (Intel) 公司秉承创新的传统，是世界上片上可编程系统 (SOPC) 解决方案的倡导者。Altera (Intel) 公司结合带有软件工具的可编程逻辑技术、知识产权 (IP) 和技术服务，在世界范围内为 14 000 多个客户提供高质量的可编程解决方案。

Altera (Intel) 公司的 FPGA 主要有 5 个系列，分别为 Agilex、Arria、MAX、Cyclone、Stratix，每个系列又根据不同应用场合有不同的小系列。本小节主要介绍 Altera (Intel) 公司的 Cyclone V 系列和 Stratix 10 系列 FPGA。

1. Cyclone V 系列 FPGA

Cyclone V 系列 FPGA 采用 TSMC 的 28nm 低功耗 (28LP) 工艺进行开发，满足了目前大批量、低成本应用对最低功耗、最低成本及最优性能水平的需求。与前几代产品相比，该系列 FPGA 总功耗降低了 40%，静态功耗降低了 30%。Cyclone V 系列 FPGA 提供功耗最低的串行收发器，每个通道在 5Gbps 时功耗只有 88mW，处理性能高达 4000MIPS，而功耗不到 1.8W。此外，该系列 FPGA 集成了丰富的硬核 IP 模块，帮助设计人员降低系统成本和功耗，缩短设计时间，同时突出产品优势。为保护宝贵的 IP 核投入，该系列 FPGA 还提供最全面的设计保护功能，包括支持易失和非易失密钥的 256 位高级加密标准 (AES)。

Cyclone V 系列 FPGA 是一个单晶片芯片系统，包含两个不同的部分：硬核处理器系统（HPS）和 FPGA 部分。图 1-25 显示了 Cyclone V 系列 FPGA 内部结构示意图。

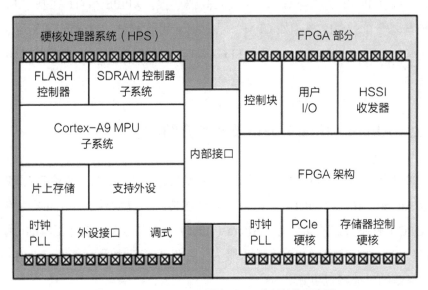

图 1-25　Cyclone V 系列 FPGA 内部结构示意图

1）硬核处理器系统（HPS）

HPS 包含硬逻辑和软组件两个部分：HPS 硬逻辑可通过 HPS 软组件实现与 FPGA 部分的数据交互；HPS 软组件可以在 Cyclone V 系列 FPGA 的 FPGA 架构中例化，其本身在 FPGA 架构中占用很小的空间。HPS 硬逻辑的构成如下。

（1）FLASH 控制器。

（2）SDRAM 控制器子系统。

（3）Cortex-A9 MPU 子系统。

（4）片上存储（包括 64KB 的片上 RAM 和 64KB 的片上启动 ROM）。

（5）时钟 PLL。

（6）外设接口（包括媒体访问控制器、USB 控制器、UART）。

（7）调试（包括调试组件、调试访问端口等）。

2）FPGA 部分

Cyclone V 系列 FPGA 的 FPGA 部分主要由控制块、用户 I/O、HSSI 收发

器、FPGA 架构和时钟 PLL 等组成，具体功能如下。

（1）控制块。控制块用于时钟源的选择控制、全局时钟多路复用的控制、时钟的供电和断电。

（2）用户 I/O。用户 I/O 是 FPGA 芯片与外围电路的接口部分，完成不同电气特性下对输入 / 输出信号的驱动和匹配。

（3）HSSI 收发器。用户可以通过 HSSI（高速串行接口）收发器实现 10Gbps 以上的发送和接收数据速率。

（4）FPGA 架构。Cyclone V 系列 FPGA 的 FPGA 架构中基本构建模块是 ALM（自适应逻辑模块）。ALM 包括 1 个八输入 LUT、两个加法器和 4 个寄存器，它们都紧密地封装在一起，提高了性能，能够很好地使用硅片面积。

（5）时钟 PLL。时钟 PLL 提供时钟管理功能，即利用输入的参考时钟输出一个稳定的时钟，并支持小数分频或整数分频。

2. Stratix 10 系列 FPGA

Stratix 10 系列 FPGA 是一个单晶片芯片系统，采用 Intel 的 14nm 三栅极工艺技术，集成四核 64 位 ARM Cortex-A53，实现了高于上一代 SoC 两倍的性能。Stratix 10 系列 FPGA 可以满足当前和未来嵌入式市场的要求，包括无线和有线通信、数据中心加速及许多军事应用。

Stratix 10 系列 FPGA 的单片内核架构避免了使用多个 FPGA 管芯来提高密度的竞争同构器件的连接问题。Stratix 10 系列 FPGA 采用异构 3D SiP 集成技术。Altera 的异构 3D SiP 集成技术是通过使用 Intel 的专用嵌入式多管芯互连桥接（Embedded Multi-die Interconnect Bridge，EMIB）技术实现的，与基于中介层的方法相比，进一步提高了性能，降低了复杂度和成本，增强了信号完整性。

Stratix 10 系列 FPGA 具有丰富的外设特性，包括系统存储器管理单元、外部存储器控制器及高速通信接口等。这一通用计算平台具有优异的适应能力、性能、功效、系统集成和设计效能，适用于多种高性能应用。设计人员可以在高性能系统中使用 Stratix 10 系列 FPGA 实现硬件可视化，增加管理和监视功能（如加速预处理、远程更新和调试、配置及系统性能监视等）。

全面的安全功能增强了对设计的保护。Stratix 10 系列 FPGA 采用创新的安全设计管理器（Secure Design Manager，SDM），支持基于扇区的认证和加密、多因素认证和物理不可克隆功能（Physically Unclonable Function，PUF）技术。Altera 与 Athena 集团及 Intrinsic ID 合作，为 Stratix 10 系列 FPGA 提供了世界级加密加速和 PUF IP 核。Stratix 10 系列 FPGA 的多层安全和分区 IP 核保护特性非常优异，这一级别的安全特性使得该器件成为军事、云安全和物联网基础设施应用的理想解决方案。

Stratix 10 系列 FPGA 的技术规范如下。

（1）单片管芯上有 550 万个逻辑单元。

（2）异构 3D SiP 集成技术结合了具有高速收发器的 FPGA 架构。

（3）144 个收发器的串行带宽是前一代的 4 倍。

（4）工作在 1.5GHz 的四核 64 位 ARM Cortex-A53 硬核处理器子系统。

（5）硬核浮点 DSP 支持单精度工作高达 10 TFLOPS 运算性能。

（6）安全器件管理器：全面的高性能 FPGA 安全功能。

（7）业界领先的单粒子翻转探测和消除功能。

（8）Intel 14nm 三栅极工艺技术。

1.4.3　Lattice 公司及产品介绍

Lattice 公司于 1983 年在美国俄勒冈州成立，1985 年在特拉华州重组。Lattice 公司的 FPGA 产品主要在低功耗、小尺寸方面应用比较广泛。本小节主要介绍 Lattice 公司的 XP2 系列和 MachXO2 系列 FPGA。

1. LatticeXP2 系列 FPGA

Lattice 公司的 LatticeXP2 系列 FPGA 是一款瞬时上电、安全、小尺寸的 FPGA，具有多功能的开发平台，采用 flexiFLASH 架构，结合了一个基于 FPGA 基本结构的四输入 LUT 及用于设计数据片上存储的 FLASH 非易失性单元。flexiFLASH 架构提供了分布式和嵌入式存储器、增强型 sysDSP 模块、PLL 和预置的源同步 I/O。多功能 I/O 支持 DDR/DDR2 及 LVDS。该系列

FPGA 广泛应用在各种对成本敏感的领域，包括消费类电子、汽车、医疗、工业控制及网络和计算。此外，LatticeXP2 系列 FPGA 的特性还包括：能够访问通用串行 TAG 存储器、固有的设计安全性、128 位 AES 比特流加密、通过 TransFR 实现实时更新和现场重构及双启动技术。

LatticeXP2 系列 FPGA 的主要特性和优点总结如下。

1）flexiFLASH 架构

（1）瞬时上电（1ms），单片集成。

（2）高的逻辑与 I/O 比。

（3）嵌入式和分布式存储器。

（4）灵活、高性能的 I/O。

2）现场更新技术

（1）TransFR 技术——在设备持续工作的情况下更新逻辑配置。

（2）使用外部 SPI FLASH 的双引导功能提高可靠性。

（3）使用 128 位 AES 比特流加密的安全更新。

3）优化的 FPGA 架构

（1）密度从 5Kbit 到 40Kbit 的四输入 LUT。

（2）高达 885 Kbit 的 sysMEM 模块 RAM。

（3）高达 83 Kbit 的分布式 RAM。

（4）低成本的 TQFP、PQFP 和 BGA 封装。

4）高性能 sysDSP 模块

（1）3 ~ 8 个乘法和累加模块。

（2）12 ~ 32 个 18×18 乘法器。

5）灵活的 sysIO 缓冲器支持

（1）LVCMOS 3.3/2.5/1.8/1.5/1.2、LVTTL。

（2）SSTL 18 class I、II，SSTL 3/2 class I、II。

（3）HSTL15 class I，HSTL18 class I、II。

（4）PCI。

（5）LVDS、Bus-LVDS、LVPECL。

6）预置的源同步接口

（1）高达 200MHz/400Mbps 的 DDR/DDR2。

（2）高达 600Mbps 的 7∶1 LVDS。

（3）高达 750Mbps 的通用接口。

7）多达 4 个 sysCLOCK PLL

sysCLOCK PLL 可实现时钟倍频、分频及时钟相移等。

8）系统级支持

（1）用于器件编程的 SPI/JTAG 接口。

（2）基于 IEEE 1149.1 标准的边界扫描。

（3）用于初始化和通用功能的板上振荡器。

（4）软错误检测（SED）逻辑。

2．MachXO2 系列 FPGA

MachXO2 系列 FPGA 能够实现瞬时启动，迅速实现控制，启动时间小于 1ms。MachXO2 系列 FPGA 可以在上电时迅速控制信号，以确保出色的系统性能和可靠的运行。MachXO2 系列 FPGA 通过内部逻辑提升系统性能，内嵌硬件加速逻辑和多达 6864 个 LUT4，可减轻处理器工作负担并提升系统性能。MachXO2 系列 FPGA 拥有 3.3/2.5V 和 1.2V 内核电压选择，待机功耗低至 22μW，可节省更多成本。

MachXO2 系列 FPGA 的特性如下。

（1）高达 256 Kbit 的用户 FLASH 和 240 Kbit sysMEM 嵌入式块 RAM。

（2）多达 334 个可热插拔的 I/O，可防止额外漏电。

（3）通过 JTAG、SPI、I^2C 和 Wishbone 进行编程。

（4）TransFR 功能支持现场设计升级，无须中断设备运行。

（5）可编程 sysIO 缓冲器支持 LVCMOS、LVTTL、PCI、LVDS 等接口。

1.4.4 Microchip 公司及产品介绍

Microchip 公司是一个美国半导体制造商。它的产品包含单片机、FPGA、串行式 EEPROM、串行式 SRAM、功率与电池管理模拟组件等。本小节主要介绍 Microchip 公司的 IGLOO2 系列 FPGA。

前面介绍的 Xilinx、Altera（Intel）、Lattice 3 家公司的 FPGA 器件均采用基于 SRAM 的配置单元。SRAM 是易失性存储器，当系统掉电时，其内容会丢失，当系统上电时，必须从外部来源（通常是 FLASH 器件）加载配置数据。因此，这些 FPGA 需要花费非常长的时间来完成上电和使用前的准备工作。而本小节介绍的 IGLOO2 系列 FPGA 采用不同的机制，片上配置存储器和片上配置单元均采用 FLASH 技术实现。

IGLOO2 系列 FPGA 提供 5000 ～ 150 000 个 LE（逻辑单元），具有高性能存储子系统、高达 512 KB 的嵌入式 FLASH、2×32 KB 的嵌入式 SRAM、两个 DMA 引擎及两个 DDR 控制器。这些器件还有多达 16 个收发器通道、集成 DSP 模块和抗 / 耐单粒子翻转（SEU）的存储器。为了安全起见，器件进行了差分功率分析（DPA）加固，并使用 AES256 和 SHA256 加密及按需非易失性存储器数据完整性检查。

IGLOO2 系列 FPGA 的特性如下。

（1）小功率。IGLOO2 系列 FPGA 通过使用独特的 Flash*Freeze 实时功率管理模式，提供了业界最小的静态功率。

（2）安全性。为了保护客户宝贵的 IP 核，IGLOO2 系列 FPGA 包括内置设计安全性，用于包括 Root-of-Trust 应用的所有器件。此外，由于具备固有可靠性的基于 FLASH 技术的 FPGA 架构，该系列 FPGA 延续了公司在抗 / 耐单粒子翻转（SEU）免疫性能方面的优势，适用于安全至关重要的、使命至关重要的及高温条件下的高性能系统。IGLOO2 系列 FPGA 通过以较小的器件提供更多的资源的方式，以满足客户的需求。

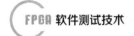

1.5　FPGA 在各领域的应用

目前，全球的 FPGA 市场基本上被国外 Xilinx、Altera（Intel）、Lattice 等公司占据。其中，Xilinx 和 Altera（Intel）两大公司在 FPGA 技术与市场方面占据绝对垄断地位，占据近 90% 的市场份额。根据 MRFR 数据，2019 年全球 FPGA 的市场规模为 69.06 亿美元，在 5G 和人工智能的推动下，2025 年全球 FPGA 的市场规模有望达到 125 亿美元，年复合增长率有望达到 10.42%。

FPGA 是当今数字系统设计的主要硬件平台，其主要特点就是完全由用户通过软件进行配置和编程，从而完成某种特定的功能，且可以反复擦写。在修改和升级时，不需要改变 PCB，只是在计算机上修改和更新程序，使硬件设计工作成为软件开发工作，缩短了系统设计的周期，提高了实现的灵活性，并降低了成本。FPGA 凭借其可编程灵活性高、开发周期短、并行计算效率高等特性，在数据链通信、5G 移动通信、人工智能等领域得到了广泛应用。

数据链通信、5G 移动通信等的应用场景是需要随时升级的。在人工智能市场中，目前来自"训练"的需求最为广泛，但是自 2019 年以来"推断"（包括数据中心和边缘端）的需求将会持续快速爆发式增长。基于 CPU 的传统计算架构无法充分满足人工智能高性能并行计算的需求，因为 FPGA 是低功耗异构芯片，开发周期短，编程灵活，所以人工智能等领域解决方案目前正从软件迁移为"嵌入式软件 +FPGA 芯片"。

对于国产化 FPGA，从整个国家来看，国内有最大的无线通信市场，这个市场是高度垄断的市场，Xilinx、Altera、Lattice、Microchip 四大巨头占据了约 90% 的市场份额，这里存在着技术门槛、专利门槛。Xilinx、Altera（Intel）这两家公司在几十年的发展中通过不停的收购，做了很多的并购动作，不停地积累，所以现在对新的公司来说进入门槛非常高。我国也有 FPGA 国产化立项，也有一些厂家在 FPGA 领域耕耘。如果切入军工、航天等特定的细分领域，国产化 FPGA 在功耗上有所突破，是可以找到市场的；如果面向大众开放市场，国产化 FPGA 的竞争压力非常大。

FPGA 器件有着与同类和以往的电子器件截然不同的结构和性能，这是进行 FPGA 研究的最重要的原因。灵活性始终是可编程逻辑器件的特点，可编程逻辑解决方案可保证产品上市更快、产品生命周期更灵活及总体成本更低，因此越来越多的领域引进了 FPGA。FPGA 最初也是传统的应用领域是通信领域，但是随着信息产业和微电子技术的发展，FPGA 技术已经成为信息产业最热门的技术之一，应用范围遍及人工智能、军事通信、航空航天、无线通信、有线通信、工业控制等热门领域，并随着工艺的进步和技术的发展，从各个角度开始渗透到生活当中。全球 FPGA 市场规模走势及预测图如图 1-26 所示。下面主要对 FPGA 在各领域的应用进行介绍。

单位：百万美元

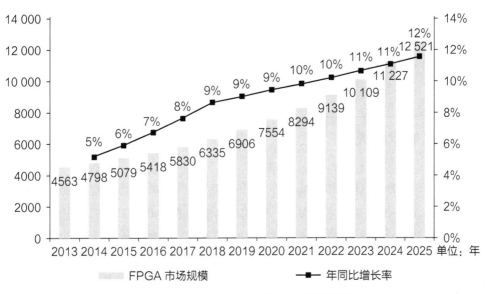

图 1-26　全球 FPGA 市场规模走势及预测图

1.5.1　人工智能

　　FPGA 结合了分布式存储器、算术单元和 LUT，从而提供了组合功能，该组合功能非常适合人工智能驱动的应用程序所需的数据流进行实时重组、重新映射和存储器管理。根据 Intel 披露的数据，数据中心领域逻辑芯片市场规模

2017 年达 25 亿美元，2022 年有望达到 80 亿～ 100 亿美元。数据中心 FPGA 主要用在硬件加速，相比于 GPU，FPGA 在数据中心方面的核心优势在于低延迟及高吞吐。微软 Catapult 项目在数据中心使用 FPGA 代替 CPU 方案后，处理 Bing 的自定义算法时快出 40 倍，加速效果显著。数据中心对芯片性能有较高要求，硬件及服务模式下，未来更多数据中心会采纳 FPGA。

人工智能场景中 FPGA 市场规模 2023 年有望达 52 亿美元，未来 5 年复合增速达 38.4%，人工智能领域的应用不可小觑。FPGA 由于其灵活性及高速运算能力，在人工智能加速卡领域应用广泛。

FPGA 在人工智能领域处理效率及灵活性具有显著优势，未来伴随人工智能技术的发展必将迎来增长。在加速二值化神经网络（BNN）中比较 FPGA、CPU、GPU 和 ASIC，FPGA 提供了超过 CPU 和 GPU 的效率。即使 CPU 和 GPU 提供高峰理论性能，它们也没有得到有效利用，因为 BNN 依赖于更适合定制硬件的二进制 bit 级操作。尽管 ASIC 仍然更高效，但 FPGA 具有更高的灵活性，无须锁定固定的 ASIC 解决方案。

1.5.2　航空航天

由于 FPGA 在体积和可编程等方面的优势，其在军事上（尤其是在航空航天领域）正获得越来越多的关注。尤其是当前 SoC FPGA，其可以通过集成的内部 I/O 接口实现可编程逻辑与微处理器（MPU）之间的数据交互，进一步降低了整个系统的功耗。使用商用 FPGA 设计微小卫星等航天器的星载电子系统，可以大幅降低成本。利用 FPGA 内丰富的逻辑资源，进行片内冗余容错设计，能够满足星载电子系统可靠性要求。目前，随着卫星技术的不断发展、用户技术指标的不断提高及市场竞争的日益激烈，高功能集成度和小型化已经成为星载电子设备的一个主流趋势。采用小型化技术能够使星载电子设备体积减小、重量减轻、功耗降低，提高航天器承载有效载荷的能力及功效比。采用高功能集成度的小型化器件，可以减小 PCB 的尺寸，减少焊盘数量，还有利于充分利用冗余技术提高系统的容错能力。星载数字电路小型化的关键是器件选用，包括嵌入式高集成度器件的选用，其中高密度可编程逻辑器件 FPGA 的选用是一个重要的实现方式。

在航天、空间电子设备中，FPGA 主要用于替换标准逻辑芯片。根据功能及其重要性的不同，空间电子系统设计分为关键与非关键两类：航天器控制系统为关键类，科学仪表为非关键类。航天器控制系统对 FPGA 的设计要求一般为高可靠性、抗辐射加固和故障安全。科学仪表对 FPGA 的设计要求一般为高性能、耐辐射和失效安全，其可靠性则是由性能需求决定的。对 FPGA 的需求也因系统而异，如测量分辨率、带宽、高速存储、容错能力等。例如，在 GRACE（NASA）的敏感器中就使用了 Xilinx 公司的 XQR4O36XL 器件（宇航级 FPGA 产品）；在火星探测漫游器中使用了宇航级 FPGA 产品 XQVR100O 和 XQR4062XL；Xilinx 公司的宇航级 FPGA 器件 Virtex-5QV 主要面向人造卫星和宇宙飞船。

FPGA 的硬件可靠性设计主要针对空间辐射效应的影响，借助制造工艺和设计技术较为彻底地解决了单粒子效应防护问题。一般要考虑 FPGA 整体设计加固、内部设计间接检测辐射效应的自检模块和引入外部高可靠性的监测模块 3 个方面的设计。

1.5.3 无线通信

随着半导体技术和信号处理技术的进步，无线标准和系统本身也在不断发展。这就需要一个可以提供较宽处理带宽、具有产品及时面市优势的灵活硬件平台来满足这些需求。

在无线通信领域，通信接收机接收的大部分是模拟信号，因此无线通信系统都要包括数据的 A/D 采集功能。数据的 A/D 采集功能的实现方法通常都是利用 A/D 转换器将模拟信号转换成数字信号后，送给 FPGA 或处理器，如利用 FPGA、MCU 或数字信号处理器进行运算和处理。对于低速的 A/D 和 D/A 转换器，可以采用标准的 SPI 来与 MCU 或数字信号处理器通信。但是，高速的 A/D 和 D/A 转换芯片，如视频 Decoder 或 Encoder，不能与通用的 MCU 或数字信号处理器直接接口。在这种场合下，FPGA 可以完成数据采集的胶合逻辑功能。在实际的产品设计中，很多情况下需要与 PC 进行数据通信。例如，将采集到的数据送给 PC 处理，或者将处理后的结果传给 PC 进行显示等。PC 与外部系统通信的接口比较丰富，如 ISA、PCI、PCI Express、PS/2、USB 等。传统的设计中往往需要专用的接口芯片，如 PCI 接口芯片。如果需要的接口比较多，就需要较多的外围芯片，体积、功耗都比较大。采用 FPGA 的方案后，接口逻辑都可以在 FPGA 内部来实现了，大大简化了外围电路的设计。在现代电子产品设计中，存储器得到了广泛的应用，如 SDRAM、SRAM、FLASH 等。由于 FPGA 的功能可以完全自己设计，因此可以实现各种存储接口的控制器。

在无线通信领域，FPGA 由于具有极强的实时性，使其对语音进行实时处理成为可能；由于它是通过面向芯片结构的软件编程来实现其功能的，因而仅修改软件而不需要修改硬件平台就可以改进系统原有设计方案或原有功能，具有极高的灵活性；又由于这种情况下的 FPGA 芯片并非专门为某种功能设计的，因而使用范围广，产量大，价格可以降到很低。因此，FPGA 将会越来越多地应用于无线通信系统中，它的优良性能将会促进无线通信的发展，而带来的无线通信蓬勃发展又将会进一步促进 FPGA 技术的不断进步。现有移动通信中的许多关键技术，如 CDMA、软件无线电、多用户检测等技术，都需要依靠高速、高性能的并行处理器来实现。随着这些应用的日益多样化，FPGA 已经不再是一片独立的芯片，而演变成了构件内核。这使得设计人员能选择合适的内核，与专用逻辑"胶结"在一起形成专用的 FPGA 方案，以满足信号处理的需要。目前还出现把 DSP 核和 FPGA 集成在一起的芯片。FPGA 芯片的一些具体应用有：用于实现语音合成、纠错编码及系统控制等功能；基于 DSP 核矢量编码器用于将语音信号压缩到有限带宽的信道中；用来实现基带调制解调功能；还有定时的恢复、自动增益和频率控制、符号检测、脉冲整形及匹配滤波器等。特别是对于其中的调制解调器，由于需要大量的复杂数学运算，并且对调制解调器的大小、重量、功耗特别关注，这对 FPGA 的要求就更高了，调制解调器的速度随 FPGA 的速度的提高而不断提高。FPGA 在通信领域的应用，大大改善了现代通信系统的性能，也极大地推动了 SoC 的发展。但对于当今的移动通信设备，一片 FPGA 难以达到系统级的处理能力。

移动蜂窝通信从传统的模拟系统发展到了今天的正交频分复用接入

（OFDMA）和多输入多输出（MIMO）4G/5G 数字系统。对于高速数据服务，为满足 5G 多样化的应用场景需求，5G 的关键性能指标更加多元化。ITU 定义了 5G 的八大关键性能指标，其中用户体验速率达 1Gbps，时延低至 1ms，用户连接能力达 100 万连接 / 平方公里。5G 带来的出货量增加来源于两个方面。一方面，通信基站数量增加带动 FPGA 零部件用量增加。5G 初期基站铺设数量在逐渐增加，同时由于 5G 信号衰减较快，小基站需求量巨大，未来十年有望超 1000 万座，同比 4G 时期增加明显。另一方面，单基站 FPGA 用量增加带动通信市场整体 FPGA 用量增加。由于 5G Massive MIMO 的高并发处理需求，单基站 FPGA 用量有望从 4G 时期的两三片增加到 5G 时期的四五片，将带动整体 FPGA 用量增加。

高速 DSP/CPU 加 FPGA 技术的发展趋势，将是以系统芯片为核心，信息处理速度将达到每秒几十亿次乘加运算，因此只有多系统芯片才能肩负此重任。嵌入式系统已经与 SoC 技术融合在一起，成为新一代信息技术的基础。基于 DSP/CPU+FPGA 的嵌入式 SoC 不仅具有其他微处理器和单片机嵌入式系统的优点和技术特性，而且还可能利用并行算法操作，具有更高速的数字信号处理能力，为实现系统的实时性提供了更为有利的支持。DSP/CPU+FPGA 的嵌入式 SoC 必将成为现在及未来无线通信技术的重要支柱。

1.5.4　有线通信

有线通信，即借助线缆传送信号的通信方式。线缆指金属导线、光纤等有形媒质传送方式，信号指声音、文字、图像等。有线通信的另一种叫法称为固网。Internet 是有线通信的最大的一个实例，当然还有一种实例是有线网络，如座机电话网、有线电视网等。在维持和保证这些网络给大家带来方便的同时，无形中促进了一些技术的产生，这些技术包括交换机、路由器、防火墙、网关、数据收发器、高速接口等网络设备方面的开发技术。有线网络的网络质量的好坏直接取决于这些网络设备技术的提高。当年做网络设备的中兴、华为如今已成为该领域的巨头。有线网络如火如荼地发展了十几年，到今天虽说已经比较成熟了，但是依然充满着很大的挑战和冲击，电信市场正在经历新一轮整合发展时期，Internet 的需求仍在继续推动产业的创新。目前，家庭视频和高级商业服务业务的快速发展对全球电信网络的带宽提出了更大的挑战。这一挑战始于网络接入边缘，并直接延伸到城域网络和核心网络。为了响应上述需求，运营商正在追求包括 40Gbps SONET（OC-768 和 OTU3）及 40Gbps 以太网在内的更高的端口速率。越来越多的运营商更是瞄准了 100Gbps 端口速率。

商业和经济的发展形势迫切地需要可扩展的、灵活的且高效益成本的技术解决方案，从而满足电信行业不断变化的需求和标准。为了跟上这些变化，加快超高带宽系统的部署，有线通信设备生产商正在从传统的专用集成电路（ASIC）和专用标准产品（ASSP）芯片转向可编程硬件平台和 IP 核解决方案。

固网的发展非常迅速，接入网融合了多种服务，支持语音、视频和数据传送。创新的接入技术需要灵活的平台以迅速实现解决方案，而大批量应用市场则需要低成本的解决方案。在接入设备中使用低成本的可编程逻辑器件 FPGA 是实现量产的快速无风险途径。接入网流量的大幅度增长导致对高性能芯片和接口技术的迫切需求。

1.5.5　消费电子

发展迅速的消费电子市场各式新产品层出不穷，让人耳目一新，如平面显示器、便携式媒体播放器及家庭联网产品等。这些产品的功能不断丰富，每年都有很大的改进。对采用最新技术的消费电子产品生产商而言，如此迅速的发展给他们在时间上带来了很大的竞争压力。在系统中采用一些低成本的可编程逻辑，能够帮助设计人员及时处理不断出现的各种需求变化，保证项目按计划完成。

计算机存储发展迅速。在传统的 IT 应用中，服务器和存储器直接互连，进展为存储区域网（SAN）。SAN 很容易实现存储扩展，以前受内部存储能力限制的服务器可以在现有条件以外扩容。除容易扩展存储外，服务器也发展到能够迅速高效地实现数据处理。FPGA 能够实现存储拓扑移植，并帮助服务器更迅速地处理数据。

创新的存储和服务器技术需要灵活的平台来迅速实现各种解决方案,而大批量应用市场更需要低成本的方案。在计算机和存储设备中使用低成本的可编程逻辑和结构化 ASIC 可以保证无风险地快速提高产量。在这些存储网络的推动下,流量和数据处理的迅猛增长导致迫切需要高性能的芯片和接口技术。

1.5.6 汽车电子

大部分厂家(如 Xilinx、Altera)的 FPGA 是基于 SRAM 工艺的,部分厂家(如 Actel)的 FPGA 也有采用 FLASH 工艺的。采用 SRAM 工艺的 FPGA 的最大特点是掉电后数据会丢失,因此需要额外提供配置存储芯片用于保存配置数据,每次上电配置存储芯片都会将数据流加载到 FPGA 中运行。采用 FPGA 技术,能够有效提高系统的数据信号处理能力,为汽车电子系统提供保证。国外很多汽车生成企业已开始在其引擎控制系统设计中引入 FPGA 器件,而国内也出现了不少基于 FPGA 的汽车电子设计,如基于 FPGA 的 ABS 设计、基于 FPGA 的汽车电子后视镜系统设计、基于 Nios II 的 CAN 总线通信系统设计、基于 GSM/GPS 的汽车防盗系统设计和基于 SOPC 的汽车仪表系统设计等。FPGA 的并行处理方式具有很高的处理速度,广泛应用于汽车音、视频处理。随着汽车的信息娱乐系统功能越来越多,如 GPS/ 北斗双模卫星导航系统、影音视频播放功能、倒车影像系统、车载电视功能、FM 收音机、MP3 播放功能等,这就要求系统具有较高的音频和图像处理能力,需要大量计算并通过高端处理器和 DSP 实现,但系统成本、复杂度和功耗都很高。汽车语音处理模块主要涉及语音的数字化处理、语音编 / 解码、语音压缩和语音识别等技术。特别是语音识别系统要实时处理和采样语音,但采用上述方法实现成本很高,这对于对成本敏感的汽车行业并不可取,而 FPGA 能很好地解决这些问题,因为它可在一个时钟周期中处理多条指令,实现并行计算,计算能力高,能够完成音频的处理任务。此外,FPGA 在车载数据采集和对电子控制单元(ECU)的硬件在环(HIL)仿真等汽车测试方面也有一些相应的应用。

FPGA 在系统设计方面能体现其高灵活性、高集成度、高性能、开发周期短的特点。例如，采用 Altera 的 FPGA 设计系统，通过在 SOPC Builder 中调用相应 IP 核就可控制 SDRAM、FLASH 等存储器和多种汽车常用接口，实现单器件与各个模块的硬件电路连接和控制，从而大大提高系统的集成度和开发效率。此外，由于音、视频处理要求 FPGA 具有较高的计算处理能力，Altera 具有支持多 CPU 的 FPGA 器件，即支持多 Nios II 软核处理器，从而把音、视频处理等需要高处理速度的模块从主 CPU 中分离出来，减轻主 CPU 的处理负担，增强系统的稳定性，节约成本。

1.5.7　医疗电子

大部分医疗电子产品都采用了某种类型的半导体器件。实际上，半导体器件在这些产品中的应用越来越广泛。可编程逻辑器件（PLD/FPGA）的普及率要远远高于其他类型的半导体器件。在医疗电子设备开发中，PLD/FPGA 是功能强大且切实可行的 ASIC 和 ASSP 替代方案。在设计过程中，根据需要对 PLD/FPGA 重新编程，避免了前端流片成本，减少了与 ASIC 相关的订量，减小了芯片多次试制的巨大风险。和 ASSP 相比，PLD/FPGA 在设计上非常灵活，可实现电路板级集成，从而使产品在众多的竞争医疗电子设备中脱颖而出。此外，随着标准的发展或当需求出现变化时，还可以在现场更新 PLD/FPGA。而且，设计人员能够反复使用公共硬件平台，在一个基本设计的基础上建立不同的系统，支持各种功能，从而大大降低了生产成本。不论是医疗检测设备还是病人监控设备，可编程逻辑器件都能够成功实现系统设计，非常灵活，没有风险，和其他医疗电子设备实现方案相比，不但性价比高，而且更能突出产品增值优势。

1.6　本章小结

本章主要介绍了 FPGA 的相关基础知识，包括 FPGA 器件典型内部结构、

FPGA 软件设计特点、FPGA 工艺技术原理、FPGA 生产厂家及其产品、FPGA 在各领域的应用。通过本章的学习，读者应该掌握 FPGA 的现场可编程特性，理解半导体技术的发展推动了可编程逻辑器件发展的客观规律，理解不同厂家的 FPGA 结构的优缺点，为以后利用 FPGA 的特性进行设计奠定基础，能够明确学习 FPGA 软件测试技术的目标。

第2章

FPGA 软件开发工具与流程

2015 年 12 月，全球第二大 FPGA 厂家 Altera 被芯片巨头 Intel 公司以 167 亿美元完成收购。在国外，美国的 Xilinx、Altera（Intel）、Lattice、Microchip 4 家公司占据大部分 FPGA 市场，形成垄断的格局。其中，Xilinx 与 Altera（Intel）这两家公司共占有近 90% 的市场份额。ISE/Vivado 软件和 Quartus Prime 软件分别作为 Xilinx 和 Altera（Intel）各自独有的开发工具，支持自家不同系列的 FPGA 产品。本章在 2.2 节中选择 Vivado 软件作为开发环境，完整地介绍 FPGA 软件开发流程。典型的 FPGA 软件开发流程可划分为 9 个步骤，包括 FPGA 软件需求分析、功能定义与器件选型、设计输入、设计约束、功能仿真、逻辑综合、布局布线、时序仿真、配置及固化。功能仿真和时序仿真为仿真过程，这里的仿真过程是指在开发过程中设计人员对自己的设计进行简单的验证。

2.1　FPGA 软件开发工具

FPGA 开发工具包括 FPGA 软件开发工具和 FPGA 硬件工具两种。其中，FPGA 硬件工具主要是 FPGA 厂家或第三方厂家开发的 FPGA 开发板及其下载线，另外还包括示波器、逻辑分析仪等板级的调试仪器。FPGA 软件开发工具主要针对 FPGA 软件开发流程中的各个阶段。FPGA 厂家和 EDA 软件公司提供了很多优秀的 EDA 工具，如何充分利用各种工具的特点进行多种 EDA 工具的协同设计，对 FPGA 开发非常重要。本节主要是对 FPGA 厂家提供的集成软件开发工具进行介绍。

2.1.1　ISE 软件

ISE 软件（可简称 ISE）是由 Xilinx 公司提供的集成化开发平台，它支持几乎所有的 Xilinx 公司的 FPGA 主流产品，并完成 FPGA 软件开发的全部流程，包括设计输入、仿真、综合、布局布线、生成 BIT 流文件（也称比特流文件、位流文件）、配置及在线调试等。

1.　ISE 软件的特点

ISE 是一个集成的开发环境，可以完成整个 FPGA 软件开发流程。ISE 集成了很多著名的 FPGA 设计工具，根据软件开发流程合理应用这些工具，可以大大提高产品设计效率。

ISE 界面风格简洁流畅，易学易用。ISE 界面秉承了可视化编程技术，根据软件开发流程而组织，整个软件开发流程只需要按照界面组织结构依次单击相应的按钮或选择相应的选项即可。

ISE 秉承了 Xilinx 设计软件的强大辅助功能：在编写代码时可以使用编写向导生成文件头和模块框架，也可以使用语言模板（Language Templates）帮助编写代码；在图形输入时可以使用 ECS 的辅助项帮助设计原理图。另外，ISE 的 Core Generator 和 LogicBLOX 工具可以方便地生成 IP 核（IP Core）与高效模块为用户所用，大大减少了设计人员的工作量，提高了设计效率与质量。目前，ISE 的最新版本为 ISE14.7，它可以实现更优性能、功率管理、成本降低和生产率提高。

2.　ISE 软件的工具及功能简介

ISE 的工具可以分为两个部分：一部分是 Xilinx 自己提供的软件工具，另一部分是其他 EDA 厂家提供的软件工具（统称为第三方工具）。ISE 作为集成的开发环境，集成了大量实用工具，包括 HDL 编辑器（HDL Editor）、IP

核生成器（Core Generator）、结构设计向导（Architecture Wizard）、DSP 生成器（System Generator for DSP）、原理图编辑器（ECS）、XST 综合工具、约束编辑器（Constraints Editor）、引脚与区域约束编辑器（Pinout and Area Constraints Editor, PACE）、时序分析器（Timing Analyzer）、FPGA 编辑器（FPGA Editor）、芯片观察窗（Chip Viewer）、布局规划器（Floorplanner）、测试激励生成器（HDL Bencher）、模块化设计（Modular Design）、增量式设计（Incremental Design）、时序优化向导（Timing Improve Wizard）、iMPACT 配置器、功耗仿真器（XPower）和在线逻辑分析仪（Chipscope）。

ISE 集成了与第三方工具的友好接口，在 ISE 可以直接调用第三方工具。ISE 集成的第三方工具接口有状态机编辑器（StateCAD）、Synplify/Synplify Pro 综合工具、Amplify 综合工具、Identify 在线调试工具、Certify ASIC 设计工具、Mentor Precision RTL 综合工具、Mentor Leonardo 综合工具、Synopsys FPGA Compiler II 综合工具、ModelSim Xilinx Edition 仿真工具、Synopsys 的 Formality 验证工具、Synopsys PrimeTime 静态时序分析工具、板级仿真验证工具（Mentor Tau、Forte Design-Timing Designer、Mentor Hyperlynx、Mentor ICX、Cadence SPECCTRAQuest 和 Synopsys HSPICE 等）、SoC 设计工具（Wind River Xilinx Edition、System ACE）等。

ISE 集成的工具非常丰富，限于篇幅，本小节只对传统 FPGA 软件开发流程涉及的常用工具进行介绍。根据涉及流程与功能划分，ISE 集成的工具主要分为设计输入、综合、仿真、实现和辅助设计 5 类。

1）设计输入工具

ISE 集成的设计输入工具主要包括 HDL 编辑器（HDL Editor）、状态机编辑器（StateCAD）、原理图编辑器（ECS）、IP 核生成器（Core Generator）和测试激励生成器（HDL Bencher）等。

（1）HDL 编辑器（HDL Editor）可以完成设计电路的 HDL 输入，能够根据语法来彩色显示关键字，支持 VHDL、ABEL 和 Verilog HDL 的输入。

（2）状态机编辑器（StateCAD）采用最自然的方式——状态转移图设计状态机。设计人员只需要画出状态转移图，状态机编辑器就能自动生成相应的 VHDL、ABEL 或 Verilog HDL 模型。并且，状态机编辑器能生成状态转移的测试激励文件，验证寄存器传输级（RTL）模型，优化并分析状态机设计结果。使用 StateCAD 设计状态机，生成的代码规范、清晰，能在一定程度上减少设计人员的工作量。

（3）原理图编辑器（ECS）用于完成电路的原理图输入。原理图编辑器功能强大，元件库齐全，设计方便。原理图输入方式在大规模设计中逐渐被 HDL 输入方式所取代，所以本书推荐设计人员尽量采用 HDL 方式设计电路。

（4）IP 核生成器（Core Generator）是 Xilinx FPGA 设计中的一个重要设计输入工具。它提供了大量 Xilinx 和第三方公司设计的成熟、高效 IP 核为设计人员所用。IP 核生成器可生成的 IP 核功能繁多，从简单的基本设计模块到复杂的处理器等一应俱全，分为基本模块，通信与网络模块，DSP 模块，数学功能模块，存储器模块，微处理器、控制器与外设模块，标准与协议设计模块，语音处理模块，标准总线模块，视频与图像处理模块十大功能模块，能大幅度地减少设计人员的工作量，提高设计质量。

（5）测试激励生成器（HDL Bencher）辅助设计人员设计测试激励文件。它将 VHDL 源代码、Verilog HDL 源代码和 ECS 原理图等设计输入导入其测试环境，根据用户在图形界面中编辑的激励波形，直接生成测试激励文件，然后调用 ISE 集成的仿真工具进行仿真验证并分析测试激励的覆盖率。

2）综合工具

ISE 集成的综合工具主要有 Synplicity 公司的 Synplify/Synplify Pro、Synopsys 公司的 FPGA Express/Compiler II、Exemplar Logic 公司的 LeonardoSpectrum 和 Xilinx ISE 中的 XST 等。

（1）Synplify/Synplify Pro 作为新兴的综合工具，在综合策略和优化手段上有较大幅度的提高，特别是其先进的 Timing Driven（时序驱动）和 B.E.S.T（行为级综合提取技术）算法引擎，使其综合结果往往面积较小，速度较快。如果结合 Synplicity 公司的 Amplify 物理约束功能，对很多设计能大幅度地减少资源，优化面积达到 30% 以上。

（2）Synopsys 公司作为较早与 Xilinx 合作的 EDA 软件公司，对 Xilinx 器件内部结构比较了解。在 Xilinx 较早版本的集成开发环境 Foundation 系列软件中，FPGA Express 是唯一集成的综合工具。FPGA Express 的综合结果比较忠实于原设计，其升级版本 FPGA Compiler II 是最好的 ASIC/FPGA 设计工具之一。需要指出的是，ISE5 系列不再直接集成 FPGA Express/ Compiler II 综合工具，如果需要使用 Synopsys 公司的 FPGA Express / Compiler II 综合工具，需要使用 ISE4 等早期 ISE 版本。在 FPGA Express / Compiler II 综合工具中完成综合，导出 EDIF 网表，在 ISE 中使用 EDIF 流程对设计进行布局布线。

（3）Mentor 的子公司 Exemplar Logic 出品的 LeonardoSpectrum 也是一个非常流行的综合工具，它的综合优化能力也非常高。随着 Exemplar Logic 与 Xilinx 的合作日趋紧密，LeonardoSpectrum 对 Xilinx 器件的支持也越来越好。

（4）XST（Xilinx Synthesis Technology）是 Xilinx 自主开发的综合工具。虽然 Xilinx 设计综合软件的经验还不够丰富，但只有 Xilinx 自己对其芯片的内部结构最了解，所以 XST 的一些优化策略是其他综合工具无法比拟的。XST 对某些使用到 Xilinx 内部核心的设计的综合结果甚至要比其他综合工具优越很多。

3）仿真工具

ISE 集成的仿真工具主要有 Model Tech 公司的仿真工具 ModelSim 和测试激励生成器（HDL Bencher）等。

（1）ModelSim 可以说是最流行的仿真工具之一，其主要特点是仿真速度快、仿真精度高。ModelSim 支持 VHDL、Verilog HDL 及 VHDL 和 Verilog HDL 混合编程的仿真。ModelSim 的 PC 版的仿真速度也很快，甚至和工作站版不相上下。

（2）HDL Bencher 是一种根据电路设计输入，自动生成测试激励的工具，它可以把设计人员从书写测试激励文件的繁重工作中部分解脱出来。HDL Bencher 的 Xilinx 版本可以支持 VHDL 输入、Verilog HDL 输入和 Xilinx 原理图输入 3 种输入方法。将这些设计输入导入 HDL Bencher 中，就能自动生成相应的测试激励文件。

4）实现工具

实现工具的范围比较广。如果能较好地掌握这些工具，将大幅度提高设计人员的水平，使设计工作更加游刃有余。ISE 集成的实现工具主要有约束编辑器（Constraints Editor）、引脚与区域约束编辑器（PACE）、时序分析器（Timing

Analyzer）、芯片观察窗（Chip Viewer）、FPGA 编辑器（FPGA Editor）和布局规划器（Floorplanner）等。

（1）约束编辑器（Constraints Editor）是帮助设计人员设计用户约束文件（UCF）的工具。用户约束文件是指导实现过程的约束文件。它与指导综合过程的约束文件既有区别又有联系。用户约束文件包含时钟属性、延时特性、引脚位置、寄存器分组、布局布线要求和特殊属性等信息，这些信息指导实现过程，是由用户设计的决定电路实现的目标与标准。设计用户约束文件有较高的技巧性：如果用户约束文件设计得当，则会帮助 ISE 达到用户的设计目标；如果过约束或约束不当，则会影响电路特性。调用 Constraints Editor 的方法有两种：一种是在 Windows 系统中选择开始→程序→ Xilinx ISE → Accessories → Constraints Editor 命令；另一种是在 ISE 工程管理器 （Project Navigator）界面中打开操作流程调用 Constraints Editor。完成翻译 （Translation）后调用 Constraints Editor 可以充分显示综合网表中的时钟路径和关键路径等信息。

（2）引脚与区域约束编辑器（PACE）可以直接将信号指定到 I/O 引脚，方便地拉出测试信号，对设计进行面积约束，自动生成用户约束文件，是约束编辑器的有益补充。

（3）时序分析器（Timing Analyzer）是分析实现结果是否满足约束条件、芯片的工作速率及关键路径等时延信息的工具，能方便地将实现过程生成的各种时延报告分类显示，并对比约束文件分析是否满足时序要求。

（4）芯片观察窗（Chip Viewer）给用户提供一个图形界面观察适配前 （Pre-fitting）和适配后（Post-fitting）的输入 / 输出、引脚锁定、宏单元结构等信息。适配前信息来源于 .ngd 文件，适配后信息来源于 .vm6 文件。

（5）FPGA 编辑器（FPGA Editor）读取 FPGA 的布线信息文件（.ncd 文件），用图形界面显示 FPGA 内部的 CLB 和 I/OB 结构，根据用户的设置与修改生成 Xilinx 物理约束文件（PCF）。使用 FPGA Editor 可以完成如下功能：在自动布线前，手工布置关键路径，提高电路工作频率；帮助布线器完成自动布线难以实现的路径；在 FPGA 内部的任何一个节点处设置探针，拉出待测信号到 I/O 端口，这种方法显然要比在 HDL 源代码中逐层用语言描述，将待测信号拉到 I/O 端口的方法更灵活；改变内部在线逻辑分析仪（ILA）的连线和配置；FPGA Editor 的高级用户甚至可以手动添加和连接一个个内部元件（CLB、I/OB）以完成电路设计与实现。

（6）布局规划器（Floorplanner）与 FPGA Editor 相似，也能改变 FPGA 内部 CLB 和 I/OB 的连接配置情况，通过交互图形界面，用户可以观察到 FPGA 内的连接情况，并且手动进行物理位置约束。它比 FPGA Editor 更灵活，可以在实现过程的不同阶段约束设计，发挥功能。它可以导入 NGD、NCD、FNF 和 UCF 等格式的文件，根据用户需要，生成 UCF 和 MFP 等约束关系。对 Floorplanner 善加利用，可以有效提高设计的工作效率。

5）辅助设计工具

ISE 还集成了许多辅助设计工具，其中包括 PROM 配置文件分割器（PROM File Formatter）、iMPACT 配置器、功耗仿真器（XPower）、Chipscope、模块化设计（Modular Design）、增量式设计（Incremental Design）。

（1）PROM 配置文件分割器（PROM File Formatter）可以完成配置文件的分割。有时芯片的配置文件（.bit 文件）要下载到外置存储器中（一般为 EEPROM），使系统在掉电后配置文件也不会丢失，在芯片上电后自动从存储器中加载配置文件，重新配置芯片内部结构，开始工作。PROM 配置文件分割器的主要功能有 3 个：一是将 Xilinx 的配置文件（.bit 文件）转换成外置存储器能识别的格式；二是当 FPGA/CPLD 菊花链连接时，将每片芯片的配置文件组合起来并重新分割；三是在 Xilinx FPGA 多重配置时，将不同应用的配置文件合为一个配置文件。PROM 配置文件分割器支持的输入文件格式有 4 种：Intel MCS-86 文件格式（扩展名为 .mcs）、Tektronix TEKHEX 文件格式（扩展名为 .tek）、Motorola EXORmacs 文件格式（扩展名为 .exo）和 HEX 文件格式（扩展名为 .hex）。

（2）iMPACT 配置器可以实现将配置文件下载到 FPGA/CPLD 或相应的存储器等功能。它的主要功能是：下载、回读与校验配置数据，调试配置过程中出现的问题，生成 SVF 和 STAPL 文件。ISE 中 iMPACT 与 Foundation 系列较低版本的配置器相比有了很大的改进与提高，它的边界扫描、芯片检查、下载功能越来越完善。

（3）功耗仿真器（XPower）是估计设计功耗的工具。当整个设计实现过程完成后，调用功耗仿真器，可以根据设计所使用的门的数量，驱动电压和电流的大小、环境温度等估算芯片的结温、静态功耗、逻辑模块功耗、时钟功耗、输出功耗和总功耗等信息，帮助 PCB 系统设计人员设计系统。功耗仿真器可以分析 Xilinx 的 FPGA 和其 CoolRunner 系列 CPLD 的功耗。

（4）Chipscope 是 Xilinx 推出的一款在线调试软件，价格便宜，通过它完全可以脱离传统逻辑分析仪来调时序，观察 FPGA 内部的任何信号，进行触发条件、数据宽度和深度等的设置也非常方便，但是也存在不足，如速度和数据量方面。Chipscope 本身是一个逻辑分析仪，主要用于在上板测试流程中采集并观察芯片内部信号，以便于调试。

（5）模块化设计（Modular Design）是一个进行并行工作、协同设计的工作方法和设计工具。它的最显著优势有两个：一是协同设计，即所有设计小组成员可以在最大限度上互不干扰地设计自己的子模块，从而加快了项目进度；二是在调试、更改某个有缺陷的子模块时，并不会影响到其他模块的实现结果，从而保证了设计的稳定性与可靠性。

（6）增量式设计（Incremental Design）是一种能在小范围改动情况下节省综合、实现时间并继承以往设计成果的设计手段。合理地运用增量式设计能带来两个方面的优点：一是缩短综合、实现过程（特别是布局布线过程）的耗时；二是能够继承未修改区域的实现成果，这里的实现成果主要指在时序和面积两个方面。

2.1.2 Vivado 软件

Vivado 软件（可简称 Vivado）是 FPGA 厂家 Xilinx 公司 2012 年发布的集成设计环境，包括高度集成的设计环境和新一代从系统到 IC 级的工具，这些均建立在共享的可扩展数据模型和通用调试环境基础上。Vivado 软件是一个基于 AMBA AXI4 互连规范、IP-XACT 封装元数据规范、工具命令语言（TCL）、Synopsys 设计约束（SDC）等系列规范和技术要求，并符合业界通用标准的开放式设计环境，其有助于用户根据需求定制设计流程。Xilinx 公司构建的

Vivado 工具把各类可编程技术结合在一起，能够扩展多达 1 亿个等效 ASIC 门的设计。

Vivado 软件显著提高了 Xilinx 公司 28nm 工艺的可编程逻辑器件在设计、逻辑综合方面的效率。在 FPGA 进入 28nm 时代，ISE 工具有些不合时宜了，硬件提升了，软件也需要提升，因此，Xilinx 公司对 ISE 软件更新到 14.7 版本后，就不再更新了。

1. Vivado 软件的特点

任何 FPGA 厂家的集成设计套件的核心都是物理设计流程，包括综合、布局规划、布局布线、功耗和时序分析、优化和 ECO 等。

Vivado 软件专注于集成的组件解决了集成的瓶颈问题。Vivado 设计套件采用用于快速综合和验证 C 语言算法 IP 核的电子系统级（Electronic System Level，ESL）设计，实现重用的标准算法和 RTL IP 核封装技术、标准 IP 核封装和各类系统构建模块的系统集成。Vivado 软件使用的综合技术基于经业界验证的 ASIC 综合技术，能适用于超大规模逻辑设计。它可支持 SystemVerilog、SDC、TCL 等，并采用 Vivado 共享的可扩展数据模型支持整个流程的交叉测试。

Vivado 软件采用层次化器件编辑器和布局规划器，为 SystemVerilog 提供了业界最好的逻辑综合工具（与 ISE 设计套件相比，速度提升 2～4 倍）、确定性更高的布局布线引擎，以及通过分析技术可最小化时序、线长、路由拥塞等多个变量的 "成本" 函数。因此，与其他 FPGA 集成化设计套件相比，Vivado 设计套件能够以更快的速度、更优异的质量完成各种规模的设计。例如，Xilinx 在 ISE 设计套件和 Vivado 设计套件中用按键式流程方式同时运行针对 Xilinx Zynq-7000 EPP 仿真平台开发的原始 RTL，同时将每种工具指向 Xilinx 最大容量的 FPGA 器件——采用堆叠硅片互连技术的 Virtex-7 2000T FPGA，这样 Vivado 设计套件的布局布线引擎仅耗时 5 个小时就完成了 120 万个逻辑单元的布局，而 ISE 设计套件则耗时长达 13 个小时。采用 Vivado 设计套件实现的设计拥塞明显减少，器件占用面积较小，这说明总体走线长度缩短。Vivado 设计套件实现方案还体现出更出色的内存编译效率，仅用 9GB 就实现设计要求的内存，而 ISE 设计套件则用了 16GB。从本质上来说，Vivado

设计套件在满足所有约束条件下，与 ISE 设计套件相比，实现整个设计需要更少的器件资源，用户可以为自己的设计添加更多的逻辑功能和片上存储器，甚至可以采用更小型的器件。此外，增量式流程能让工程变更通知单（ECO）的任何修改只需要对设计的一小部分进行重新实现就能快速处理，同时确保性能不受影响。最后，Vivado 工具通过利用最新共享的可扩展数据模型，能够估算设计流程各个阶段的功耗、时序和占用面积，从而达到预先分析，进而优化自动化时钟门等集成功能。

Vivado 软件与 ISE 软件相比较，主要优点如下。

（1）Vivado 软件集成了更完整的设计工具。ISE 更像是多个设计工具拼在一起的综合软件，彼此之间的联系并不紧密。例如，综合工具 XST 不会针对 UCF 和 NGC 文件做优化，Core Generator 虽然调用 XST 进行综合，但在 Mapping 之前，IP 核的网表和主设计网表都是分离的，无法在综合的层面上进行优化。PlanAhead 等辅助工具与之结合的紧密程度也不高。而对 Vivado 来说，设计的全部流程完全在一个工具中，综合时就可以考虑整个设计网表，在设计的各个阶段都需要检查各种约束文件，设计的整体性得到保证。

（2）更优的 PC 资源使用方式。由于 ISE 是多个设计工具组合在一起的，所以各工具交接的时候，需要产生临时文件来保存上一步的执行结果。Vivado 的设计思想是，直接存储在内存中，这样免去了反复读取硬盘的麻烦。这一效果，对于越大的设计，体现得越明显。

（3）更好的时序收敛。Vivado 的设计收敛性比 ISE 好太多，用更专业的术语，大概是 Vivado 是时序驱动的，同时考虑得更全面，会在时序、线延迟、资源等多方面进行综合考虑。在解决复杂时序问题时，ISE 就容易表现出顾此失彼的忙乱。

（4）更自然的设计流程。Vivado 的一个重要更新，就是其软件的设计与 FPGA 设计/调试方法非常契合，如果熟悉 FPGA 设计流程，就能很自然地使用 Vivado 来进行设计和调试。例如，如果 I/O 引脚或综合产生问题，Vivado 就会反复提示用户在布局布线之前定位问题，以便尽早地解决问题。同时，Vivado 综合后对时钟、资源及功耗的分析，相比于 ISE 都准确了很多。

（5）更规范的脚本支持。Vivado 全面支持 TCL 脚本。ISE 对脚本的支持不够完善，同时存在多种脚本（TCL、Perl、Windows BATCH），这也导致文档内容的不清晰。Vivado 只使用 TCL 脚本，从而更规范，更容易掌握。

（6）支持 SystemVerilog。这一点可能对使用 FPGA 做产品设计的影响不大，不过对 ASIC 验证，确实是一大进步。毕竟，ISE 到现在也不支持 SystemVerilog。

上面讲到了 Vivado 软件的优点，但 Vivado 软件也存在如下缺点。

（1）内存消耗较大（尤其对于小工程）。Vivado 工程都保存在内存中，不需要反复读写硬盘，同时本身资源占用也较大，所以对于规模小的设计，内存消耗比 ISE 大。设计规模越大，这个缺点越不明显，反而可能是 Vivado 占用资源小，运行速度快。这是根据设计的不同而不同的，无法一概而论。

（2）对 ISE 的资深用户来说，切换到 Vivado 还是会有很多不习惯的地方，需要慢慢熟悉，改变使用习惯。

2. Vivado 软件的工具及功能简介

Vivado 软件的工具与 ISE 软件类似，Vivado 软件集成的实用工具更加强大。Vivado 软件统一的数据模型使 Xilinx 能够将其新型多维分析布局布线引擎与套件的 RTL 综合引擎、新型多语言仿真引擎及 IP 集成器（IP Integrator）、引脚编辑器（Pin Editor）、布局规划器（Floorplanner）、芯片编辑器（Chip Editor）等功能紧密集成在一起。用户现在可以对设计流程中的每一步进行分析，而且环环相扣。在综合后的流程中，Vivado 软件还提供时序、功耗、噪声和资源利用分析功能，所以能够很早就发现时序或功耗不符合要求的情况，可以通过短时迭代，前瞻性地解决问题，而不必等到布局布线完成后多次执行长时间迭代来解决。

例如，Vivado 软件提供了一套完整的静态时序分析工具，可以方便快速地帮助用户分析时序中的问题，进而对其进行改进。虽然在 ISE、Quartus 等开发套件中也都有时序分析工具，但是 Vivado 软件在时序分析这方面下了不少的功夫，具有更强大的功能和更友好的用户界面，不仅有利于新手上手使用，而且也让老手用起来得心应手。在开发流程中，对综合之后或实现之后的设计均可以进行静态时序分析。

功耗是 FPGA 设计中最关键的环节之一。因此，Vivado 设计套件的重点就是专注于利用先进的功耗优化技术，为用户的设计提供更大的功耗降低优势。Xilinx 在技术上采用目前在 ASIC 工具套件中可以见到的先进的时钟门控制技术，通过该技术可以拥有设计逻辑分析的功能，同时消除不必要的翻转，Vivado 软件加强了这一技术的应用。

Vivado HLS 全面覆盖 C、C++、SystemC，能够进行任意精度浮点运算。这意味着只要用户愿意，可以在算法开发环境（而不是典型的硬件开发环境）中使用该工具。这样做的优点在于在这个层面开发的算法的验证速度比在 RTL 有数量级的提高。这就是说，这样做既可以让算法提速，又可以探索算法的可行性，并且能够在架构级实现吞吐量、时延和功耗的权衡取舍。

除 Vivado HLS 外，Xilinx 还为该套件新开发了一种同时支持 Verilog HDL 和 VHDL 混合编程的 Vivado 仿真器。只需要单击鼠标，用户就可以启动行为仿真，然后从集成波形查看器中查看结果。通过采用最新性能优化的仿真内核，可加速行为级仿真速度，执行速度比 ISE 设计套件仿真器快 3 倍。硬件协仿真、门级仿真的速度则可加快 100 倍。

2.1.3　Quartus Prime 软件

Quartus Prime 软件是由 Altera（Intel）公司发布的一款 FPGA 开发软件，包括精简版、标准版和专业版。该软件能够根据 Intel 公司的 FPGA、SoC 和 CPLD 器件特性，提供一个完整的设计环境，覆盖设计输入、综合、验证和仿真等各个阶段。

1. Quartus Prime 软件的特点

Quartus Prime 专业版软件支持 Intel 公司的 Stratix 10、Arria 10 和 Cyclone 10GX 系列 FPGA 的高级特性。Quartus Prime 软件的特点如下。

（1）Quartus Prime 专业版编译器会生成一个分层式工程结构，用于分隔每个设计实体的编译阶段的结果。

（2）Quartus Prime 专业版语言解析器具有增强的语言支持（包含对

SystemVerilog 2009 的支持）、更快的算法和真正的平行综合。

（3）具有增强的物理综合优化——在拟合期间执行组合和顺序优化以改善电路性能。

（4）具有分层项目结构——为每个设计实体保留单独的后综合，后置放置和路由结果，允许优化而不影响其他分区放置或路由。

（5）具有增量布局布线优化——逐步运行和优化布局布线，每个布局布线阶段都会生成详细的报告。

（6）具有更快且更准确的 I/O 布局规划能力。

（7）支持定制 IP 核集成的平台设计。

（8）支持动态配置功能，可进行部分动态重配置，而无须对整个 FPGA 进行全面的重新配置，提高灵活性。

（9）支持基于块的设计流程，允许在编译的各个阶段保留和重用设计块。

2. Quartus Prime 软件的工具及功能简介

Quartus Prime 软件集成的工具主要如下。

（1）Platform Designer：该工具将使用 SystemVerilog 接口的 IP 核并入其中，大幅缩短 IP 核升级重新生成时间。

（2）Powerplay Power Analyzer：能够估算出设计的功耗，以确保在设计完成后不会违反热量和电源的预算。

（3）系统控制台：这是系统级调试工具，可帮助设计人员实时快速调试 FPGA 设计。

（4）综合引擎：它将新的语言解析器集成到软件中，使用此解析器，设计人员可以看到改进的 RTL（寄存器传输语言）。

（5）外部存储器接口工具：用于识别每个外部存储器接口的时钟信号（也就是数据采样时钟信号）的校准问题和余量测量。

（6）DSP Builder：这是在 MATLAB/Simulink 和 Quartus II 软件之间无缝连接的工具。

（7）SoCED：这是 SoC FPGA 系统软件开发的有用应用程序。

2.1.4 Lattice Diamond 软件

1. Lattice Diamond 软件的特点

Lattice Diamond 软件是 Lattice 公司推出的基于图形用户界面（Graphical User Interface，GUI）的完整 FPGA 设计和验证环境。Lattice Diamond 软件可通过多个工程实现及设置策略对单个设计项目进行设计探索，提供时序和功耗管理的图形化操作环境。

2. Lattice Diamond 软件的工具及功能简介

Lattice Diamond 软件的工具主要包括引脚分配工具 Spreadsheet、功耗分析工具 Power Calculator、文件下载工具 Programer、在线调试工具 Reveal 等。

（1）Spreadsheet 在 Lattice Diamond 软件中的主要作用是引脚分配、功能配置及时序约束，这个工具最好是在工程综合成功之后打开，不然看到的信息会很有限。其中，Port Assignment 用于引脚分配、引脚电平信息配置、引脚上下拉配置等；Global Preference 用于下载信息配置，CPLD 默认 JTAG 接口下载，若要使用其他下载方式，则需要把相应配置由 Disable 改为 Enable；Timing Preference 用于时序约束编辑。

（2）Power Calculator 用于分析软件功耗。工程建立好且编译无错误之后，可以打开功耗分析工具 Power Calculator，查看在当前工程下 FPGA 软件的功耗评估情况。

（3）Programer 是文件下载工具。Lattice Diamond 软件生成 FPGA 下载文件后，可以通过 Programer 进行下载。Detect Cable 用于检测上位机是否与 Lattice 下载器连接正确。Scan Bord 用于检测 JTAG 接口能否正确识别 CPLD 或 FPGA 器件，但有些器件并没有 JTAG 接口，所以这时是无法识别的，但用户可以通过 Read ID 操作查看硬件连接是否正确。

（4）Reveal 是在线调试工具。其中，Reveal Inserter 用于在用户编辑时将一些需要被观测的信号引出；Reveal Analysis 用于在用户下载文件后在线观测 CPLD 或 FPGA 内部信号运行逻辑。

2.2 FPGA 软件开发流程

典型的 FPGA 软件开发流程可划分为 9 个步骤，包括 FPGA 软件需求分析、功能定义与器件选型、设计输入、设计约束、功能仿真、逻辑综合、布局布线、时序仿真、配置及固化，如图 2-1 所示。根据设计人员的习惯及工程的特点，FPGA 软件开发流程中的某些过程可能会有所不同。功能仿真和时序仿真为仿真过程，这里的仿真过程是指在开发过程中设计人员对自己的设计进行简单的验证。

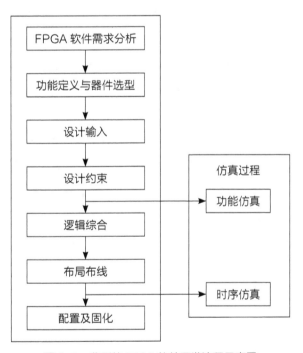

图 2-1 典型的 FPGA 软件开发流程示意图

本节主要以 Vivado 软件作为开发环境介绍 FPGA 软件开发流程。

2.2.1 FPGA 软件需求分析

FPGA 软件开发首先根据客户的需求进行系统方案的论证和分析，包括考虑客户的需求及系统的性能、工作效率、成本等；然后在这些确定之后，将模块进行划分，确定模块之间的端口定义及信号在各个模块之间的传输流程。划分模块非常关键，这往往是决定电路能否实现的前提。好的电路都是设计出来的。这里的"设计"是从架构开始的，架构确定好之后，将各个小模块进一步细分，充分考虑设计合理性。

2.2.2 功能定义与器件选型

在 FPGA 软件需求分析完成后，在设计开始之前，必须有系统功能的定义和模块的划分，另外就是要根据任务要求，如系统的功能和复杂度，对工作速度和器件本身的资源、成本及连线资源等方面进行权衡，选择合适的 FPGA 器件型号（即 FPGA 器件选型）。一般都采用自顶向下的设计方法，把系统分成若干个基本单元，然后再把每个基本单元划分为下一层次的基本单元，一直这样做下去，直到可以直接使用 EDA 元件库为止。

针对本次 FPGA 软件开发中想要用的 FPGA 器件型号，重新编译之前已经设计好的功能模块，通过评估布局布线后的资源报告，以便获得一个大致正确的规模估计。如果设计中使用了 IP 核，则这些 IP 核也需要在编译加入总面积估算中。然后将需要加入的新功能进行设计估算。两个方面综合考虑，将消耗的资源加起来后，在此基础上再增加 25% ~ 30%，基本上可以满足本次 FPGA 软件开发需求。甚至有的时候，现有的嵌入式逻辑分析仪也需要耗费内部存储模块，调试过程的资源消耗可能也需要考虑在内。

若 FPGA 资源留有不小于 20% 的余量，则可以避免时序收敛对设计的影响，缩短开发周期，快速进入板上调试阶段，同时对设计后期修改或产品版本更新所增加的逻辑单元，就能比较容易地接纳。

设计在 FPGA 中正常运行后，如果 FPGA 中有大量未使用的资源，则可以考虑更换成一个资源较少的更小型的 FPGA 器件以降低成本，这时要注意的就是引脚在移植代码时的修改问题。

1. FPGA 器件的供货厂家

目前，主要的 FPGA 器件的供货厂家有 Xilinx 公司、Altera（Intel）公司、Lattice 公司、Microchip 公司等。其中，Xilinx 公司和 Altera（Intel）公司的规模最大，能提供器件的种类非常丰富。FPGA 发展速度非常快，很多型号的 FPGA 器件已经不是主流产品，为了延长产品的生命周期，最好在资源比较充足的主流器件中选型。目前，Xilinx 公司的主流器件有 Virtex-6 系列、Kintex-7 系列、Zynq-7000 系列。其中，Virtex-6 系列和 Kintex-7 系列主要应用于高速复杂信号处理系统，Zynq-7000 系列主要应用于嵌入式 SoC。Altera（Intel）公司的主流器件有 Cyclone V 系列和 Stratix 10 系列等。其中，Cyclone V 系列主要应用于高速复杂数字信号处理和高速逻辑设计，Stratix 10 系列主要应用于通信领域。

两家公司都提供了优秀的开发工具。Xilinx 公司有集成开发环境 ISE/Vivado，Altera（Intel）公司有集成开发环境 Quartus II/Quartus Prime。

因为 IP 核的使用可以大大缩短开发周期，缩短工时，降低开发成本，所以 FPGA 器件选型时也需要考虑这部分的需求。一是考虑芯片厂家的 IP 核是否丰富，即厂家能否提供足够多的 IP 核；二是考虑芯片厂家是否愿意以免费或较低价格的方式提供重要的 IP 核。

2. FPGA 器件的硬件资源

FPGA 器件的硬件资源是 FPGA 器件选型的重要依据。FPGA 器件的硬件资源包括逻辑资源、I/O 资源、布线资源、DSP 资源、存储器资源、锁相环资源、串行收发器资源和硬核微处理器资源等。

逻辑资源和 I/O 资源的需求是每位设计人员最关心的问题，一般都会考虑到。可是，过度消耗 I/O 资源和布线资源可能产生的问题却很容易被忽视。在主流 FPGA 器件中，逻辑资源都比较丰富，一般可以满足应用需求。但是，在比较复杂的数字系统中，过度消耗 I/O 资源可能会导致两个问题：① FPGA 负荷过重，器件发热严重，严重影响器件的速度性能、工作稳定性和寿命，设计中要考虑器件的散热问题；②局部布线资源不足，电路的运行速度明显降低，有时甚至使设计不能适配器件，设计失败。

在做乘法运算比较多且对速度性能要求比较高的应用场合，最好能选用带 DSP 资源比较多的器件，如 Altera（Intel）公司的 Stratix 10 系列、Xilinx 公司的 Virtex-6 系列和 Kintex-7 系列等。

器件中的存储器资源主要有两种用途：用作高性能滤波器和实现小容量高速数据缓存。这是一种比较宝贵的硬件资源，一般器件中的存储器资源都不太多，存储器资源较多的器件逻辑容量也非常大，用得也比较少，供货渠道也不多，器件价格也非常高。因此，在器件选型时，最好不要片面追求设计的集成度而选用这种器件，可以考虑选用低端器件 + 外扩存储器的设计方案。

目前，主流 FPGA 都集成了锁相环，利用锁相环对时钟进行相位锁定，可以使电路获得更稳定的性能。Xilinx 公司提供的是数字锁相环，其优点是能获得更精确的相位控制，其缺点是下限工作频率较高，一般在 24MHz 以上。Altera（Intel）公司提供的是模拟锁相环，其优点是下限工作频率较低，一般在 16MHz 以上，其缺点是对时钟相位的控制精度相对较差。

在通信领域里，用光纤传输高速数据是一个比较常用的解决方案。Altera（Intel）公司的 Cyclone V 系列和 Stratix 10 TX 系列都集成了高速串行收发器，这种器件价格一般都比较高。目前，National 和 Maxim 等公司提供的高性能专用串行收发芯片价格都不高。因此，如果只是进行光纤数据传输，大可不必选用这种器件；如果是在光纤数据传输 + 逻辑或算法比较复杂的应用场合，最好是将两种方案进行比较，然后考虑是否选用这种器件。

利用集成硬核微处理器的 FPGA 器件进行嵌入式开发，代表嵌入式应用的一个方向。Altera（Intel）公司提供集成 ARM 的 APEX 系列器件，Xilinx 公司提供集成 ARM 的 Zynq-7000 系列器件。随着这种器件价格不断下降，在很多应用场合，在不增加成本的情况下，选用这种器件和传统 FPGA+MCU 的应用方案相比，能大幅度提高系统性能和降低硬件设计复杂程度。此时，选用这种器件是比较理想的。

3. FPGA 器件的速度等级

FPGA 器件选型需要在平衡硬件资源与速度后，估计出 FPGA 软件的速度需求，从而为 FPGA 器件的速度等级提供依据。同样，也可以根据之前的设计来确定，根据 FPGA 供应商提供的 datasheet，在最高速度的基础上，留出足够的安全余量，进行 FPGA 器件选型。对于速度等级，Altera FPGA 有 -6、-7 和 -8

的差异，而 Xilinx FPGA 则有 -1、-2 和 -3 的差异。对于不同的速度等级，在芯片的指标上有很大的差异。这些指标关系到 FPGA 器件选型，如 GTX 模块的最高速率、PLL 的性能、DSP SLICE 的最高工作频率等。关于器件速度等级的选型，一个基本的原则是：在满足应用需求的情况下，尽量选用速度等级低的器件。该选型原则有如下好处。

（1）由于传输线效应，速度等级高的器件更容易产生信号反射，设计要在信号的完整性上花更多的精力。

（2）速度等级高的器件一般用得比较少，价格经常是成倍升高，而且高速器件的供货渠道一般比较少，器件的订货周期一般都比较长，经常会延误产品的研发周期，降低产品的上市率。

4. FPGA 器件的温度等级

某些应用场合对器件的环境温度适应能力提出了很高的要求，此时，就应该在工业级、军品级或宇航级的 FPGA 器件中选择合适的器件。根据 FPGA 的工作环境需求来选择合适的芯片温度范围，通常来说工业级应用最广泛，-40℃ ～ +100℃ 的温度范围能够满足绝大部分的产品应用需要。这里的温度范围很多设计人员有误解，不能理解为实际环境温度，而应该是 FPGA 的结温。很多情况下，当实际环境温度在 60℃ 时，根据 FPGA 本身功耗和散热条件，FPGA 的结温很可能已经达到了 100℃。

5. FPGA 器件的封装形式

主流器件的封装形式有 QFP、BGA 和 FBGA。BGA 和 FBGA 封装器件的引脚密度非常高，PCB 布线相当复杂，设计成本比较高，并且器件焊接成本比较高，因此设计中能不用尽量不用。但是，在密度非常高、集成度非常高和对 PCB 体积要求比较高的应用场合，尽量选用 BGA 和 FBGA 封装器件。另外，在电路速度非常高的应用场合，也最好选用 BGA 和 FPGA 封装器件，这两种封装器件由于器件引脚引线电感和分布电容比较小，有利于高速电路的设计。

2.2.3　设计输入

设计输入方式有 3 种，即原理图输入、HDL 输入、IP 核输入，由此展开设计输入方式的探讨。

1. 原理图输入

原始的数字电路设计是采用原理图的方式将一个个逻辑门电路甚至晶体管搭建起来的，这种方式称作原理图输入方式。那个时候，硬件工程师们会坐在一起，拿着图纸来讨论电路，幸亏那个时候的数字电路还不是很复杂。而那个年代的老工程师们，电路基础功夫确实很扎实。事情总是朝着好的方向发展的，后来出现了大型计算机，工程师们开始将最原始的打孔的编程方式运用到数字电路设计中，用来记录手工绘制的电路设计，再后来存储设备也用上了，从卡片过渡到存储文本文件。需要注意的问题是原理图和网表文件的关系：原理图是为了方便工程师进行数字电路设计的一种输入方式，而网表文件是描述电路连接关系的文本文件，也就是原理图被翻译成文本文件，计算机可以通过网表文件将原理图信息传递给下一道流程。

有了计算机的辅助，数字电路设计可以说进步很大，但是如果依然全部是基于逻辑门晶体管的话，还是比较烦琐。于是，后来出现了符号库，符号库包含一些常用的具有通用性的器件，如 D 触发器等，并随着需求的发展，这些符号库在不断丰富。与在原理图中利用这些符号库构建电路对应的是，由原理图得到的网表文件的描述方式也相应地得到扩展，那么这里网表文件中对电路符号的描述就是最开始的原语了。原理图输入作为最原始的数字电路 ASIC 设计输入的方式，从 ASIC 设计流程延续到 FPGA 设计流程，有着它与生俱来的优点，就是直观性、简洁性，以至于目前依然还在使用。

2. HDL 输入

HDL 全称是 Hardware Description Language，即硬件描述语言。这种输入方式可以追溯到 20 世纪 80 年代初，当时的数字电路规模已足以让按照原理图输入方式进行门级抽象设计顾此失彼，一不小心很容易出错，而且得进行多层次的原理图切割，最为关键的是需要考虑如何做到在更抽象的层次上描述数字电路。于是，一些 EDA 公司开始提供一种文本形式的、非常严谨且不易出错的 HDL 输入方式。早在 1980 年，美国军方发起超高速集成电路（Very-High-Speed Integrated Circuit，VHSIC）计划，就是为了提高部队中大规模应用的数字电路的设计开发效率。VHSIC 硬件描述语言就是现在的 VHDL，它也是最早成为硬件描述语言标准的。与之相对的是晚些时间民间发起的 Verilog HDL，到 1995 年时，它的第一个版本的 IEEE 标准才出台，但是沿用至今。前面提到 HDL 具有不同层次上的抽象，这些抽象层有开关级、逻辑门级、RTL、行为级和系统级。其中，开关级、逻辑门级又称为结构级，直接反映的是结构上的特性，大量地使用原语调用，类似于最开始的原理图转成门级网表；RTL 又称为功能级。

HDL 除前面提到的两种外，历史上也出现了其他种类，有 ABEL、AHDL、硬件 C 语言（System C、Handle-C）、SystemVerilog 等。其中，ABEL 和 AHDL 算是早期的语言，因为相比于前面两种语言，或多或少都有些致命的缺陷，只在小范围内使用或直接被淘汰了。而因为 VHDL 和 Verilog HDL 在仿真方面具有仿真时间长的缺陷，SystemVerilog 和硬件 C 语言产生了。SystemVerilog 是在系统级和行为级上为 Verilog HDL 做补充。同时，硬件 C 语言产生的另一个原因就是想把软件设计和硬件设计整合到一个平台下。

3. IP 核输入

什么是 IP 核？任何实现一定功能的模块叫作 IP（Intellectual Property）核。这里把 IP 核作为一种输入方式单独列出来，主要是考虑完全用 IP 核确实可以形成一个项目。它的产生可以说是这样的一个逆过程。在随着数字电路的规模不断扩大的过程中，面对一个超级大的工程，工程师们可能是达成一种共识，即将这种规模巨大且复杂的设计中经常用到的、具有一定通用性的功能独立出来，从而可以用于其他设计中。当下一次进行设计时，工程师们发现这些组装好的、具有一定功能的模块确实挺好用的，于是越来越多的这种具有一定功能的模块被提取出来，甚至工程师们之间互相交换。慢慢地，大家注意到它的知识产权，于是 IP 核出现了，这样集成电路的一个全新领域（IP 设计）产生了。

IP 核按照来源的不同可以分为 3 种：第 1 种是来自前一个设计的内部创建模块，第 2 种是来自 FPGA 厂家，第 3 种就是来自 IP 核提供商。后面两种是设计人员关注的，这是进行零开发时考虑的现有资源问题。先撇开成本问题，IP 核输入方式的开发对项目周期非常有益。

FPGA 厂家和 IP 核提供商可以在 FPGA 软件开发的不同步骤提供 IP 核。这些 IP 核分别是未加密的 RTL IP 核、加密的 RTL IP 核、未经布局布线的网表级 IP 核、布局布线后的网表级 IP 核。需要说明的是，越是靠近 FPGA 软件开发步骤的前端提供的 IP 核，它的二次开发性就越好，但是它的性能可能是个反的过程，同时也越贵。因此，越是靠近 FPGA 软件开发步骤的后端，情况就相反了，越是靠近后端，IP 核可进一步优化的程度越高，性能就越好。

2.2.4　设计约束

在进行高速数字电路设计时，经常需要在综合和实现阶段附加约束，以便控制综合、实现过程，使设计满足运行速度及引脚位置等方面的要求。通常的做法是设计人员编写约束文件并导入综合、实现工具中，在 FPGA 综合和实现步骤时指导逻辑映射、布局布线。

用户的约束其实是要基于对器件的了解程度的。FPGA 在 PCB 上的放置跟将来信号的走向也有关系，即输入信号从 PCB 的什么位置进来，从哪里进 FPGA，在 FPGA 中如何处理，从哪里出 FPGA，再从哪里出 PCB。人为地让信号在板上跑来跑去会增大延时。从理论上讲用户是可以随意分配引脚的，但是对一个专业的工程师来说，这个随意的原则就是以减小信号延时为宗旨。

设计约束用来设定电路综合的目标，它包括时序约束、分组约束、引脚与区域约束编辑器、约束文件。在设计约束完成之后，进行综合、实现操作。

1. 时序约束

FPGA 设计的一个很重要设计是时序设计，而时序设计的实质就是满足每一个触发器的建立时间（Setup Time）和保持时间（Hold Time）的要求。建立时间是指在触发器的时钟沿到来以前数据稳定不变的时间，如果建立时间不够，数据将不能在这个时钟沿被打入触发器。保持时间是指在触发器的时钟沿到来以后数据稳定不变的时间，如果保持时间不够，数据同样不能被打入触发器。

时序约束主要包括周期约束、偏移约束和专门约束 3 种。通过附加时序约束可以使综合、布线工具调整映射和布局布线过程，使设计达到时序要求。例如，用 OFFSET IN BEFORE 约束可以告诉综合、布线工具输入信号在时钟之前什么时候准备好，综合、布线工具就可以根据这个约束调整与引脚相连的逻辑电路的综合、实现过程，使结果满足触发器的建立时间要求。

附加时序约束的一般策略是先附加全局约束，然后对快速和慢速例外路径附加专门约束。附加全局约束时，首先定义设计的所有时钟，对各时钟域内的同步元件进行分组，对分组附加周期约束，然后对 FPGA 输入 / 输出引脚（Pad）附加偏移约束，对全组合逻辑的 Pad to Pad 路径附加约束。附加专门约束时，首先约束分组之间的路径，然后约束快、慢速例外路径和多周期路径及其他特殊路径。

1）周期约束

周期约束是一种基本时序约束，它附加在时钟网线上。时序分析工具根据周期约束检查时钟域内所有同步元件的时序是否满足要求。周期约束会自动处理寄存器时钟端的反相问题，如果相邻同步元件时钟相位相反，那么它们之间的延迟将被默认限制为周期约束值的一半。

在附加周期约束之前，首先要对电路的时钟周期有一定的估计，这样才不会附加过紧或过松的约束。约束过松，性能达不到要求；约束过紧会增加布局布线的时间，实现的结果也不一定理想，会出现约束过紧性能反而变差的情况。

设计内部电路所能达到的最高运行频率取决于同步元件本身的建立时间，以及同步元件之间的逻辑和线延迟，即

$$T_{CLK} = T_{CKO} + T_{LOGIC} + T_{NET} + T_{SETUP} - T_{CLK\_SKEW}$$

$$T_{CLK\_SKEW} = T_{CD2} - T_{CD1}$$

其中，T_{CLK} 为时钟周期；T_{CKO} 为时钟输出时间；T_{LOGIC} 为同步元件之间的组合逻辑延迟；T_{NET} 为网线延迟；T_{SETUP} 为同步元件的建立时间；T_{CLK_SKEW} 为时钟信号延迟 T_{CD2} 和 T_{CD1} 的差别。

附加时钟周期约束有两种方法：一种是简单方法（Simple Method），另

一种是首选方法（Preferred Method）。定义时钟周期约束的简单方法是将下面的约束直接附加在寄存器时钟端的路径的网线上。

```
[period_item]PERIOD = period {HIGH|LOW}[high_or_low_time];
```

其中，period_item 是 NET"net_name" 或 TIMEGRP"group_name" 中的一项，分别表示周期（PERIOD）约束的前溯（Forward Trace）方式，前者表示周期约束作用到名为 "net_name" 的时钟网线所驱动的同步元件上，后者表示周期约束作用到 TIMEGRP 所定义的分组上，该分组一般包括触发器、锁存器和 RAM 等同步元件；参数 period 为要求的时钟周期，可以使用 ps、ns 或 ms 等单位，大小写都可以，默认单位为 ns；HIGH|LOW 关键字指出时钟周期里的第一个脉冲是高电平还是低电平；high_or_low_time 为该脉冲的持续时间，默认单位为 ns，如果不提供 high_or_low_time 参数，那么时钟信号的占空比为 50%。

例如，NET SYS_CLK PERIOD=10ns HIGH 4ns。这说明时钟 SYS_CLK 的周期为 10ns，高电平的持续时间为 4ns，这个周期约束被附加到 SYS_CLK 所驱动的所有同步元件上。当周期约束附加到 NET（网线）上时，约束通过与 TNM 约束类似的前溯方式把约束附加在寄存器上。

2）偏移约束

偏移约束是一种基本时序约束，它定义了 FPGA 引脚上外部输入 / 输出数据与时钟初始边沿之间的时序关系，如图 2-2 所示。注意：这里所讲的时钟初始边沿指的是在周期约束中由关键字 HIGH/LOW 定义的时钟边沿，如初始边沿为上升沿 TIMESPEC TS_clock=PERIOD clock_grp 10ns HIGH 50%，初始边沿为下降沿 TIMESPEC TS_clock=PERIOD clock_grp 10ns LOW 50%。偏移约束包括输入偏移约束 OFFSET IN BEFORE/AFTER（Pad to Setup）和输出偏移约束 OFFSET OUT AFTER/BEFORE（Clock to Pad）。这两个约束对于指明外部上下游器件与 FPGA 接口的时序关系非常重要。

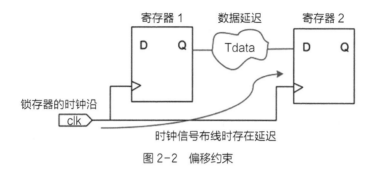

图 2-2　偏移约束

3）专门约束

附加约束的一般策略是首先附加全局约束，如周期约束、偏移约束，然后对周围的电路附加专门约束。这些专门约束通常比全局约束宽松，通过在可能的地方尽量放松约束可以提高布线通过率，缩短布局布线的时间。当然，也有可能在局部附加比较紧的约束，这也需要通过专门约束来实现。

2. 分组约束

一个真正的设计往往包括大量的触发器、锁存器和 RAM 等元件，为了方便附加约束需要把它们分成不同的组，然后根据需要对这些组分别附加不同的约束。正确分组才能正确、方便地附加约束。

1）TNM 约束

使用 TNM（Timing Name）约束可以选出构成一个分组的元件，并赋予一个名字，以便给它们附加约束，这些元件包括触发器、锁存器、RAM、引脚等。

TNM 约束可以附加在网线、Primitive（原语）、Macro（宏）及 Macro/Primitive 的 PIN（引脚）上。TNM 约束的语法如下。

```
{NET|INST|PIN}"object_name" TNM="identifier";
```

2）TNM_NET 约束

TNM_NET（Timing Name for Nets）约束只加在网线上，其作用与 TNM 约束加在网线上时基本相同，即把该网线所在路径上的所有有效同步元件作为命名组的一部分。不同之处在于，当 TNM 约束加在 Pad Net 上时，TNM 约束的值将被赋予 Pad，而不是该网线所在路径上的同步元件，即 TNM 约束不能经过 IBUF，用 TNM_NET 约束就不会出现这种情况。

3）TIMEGRP 约束

除使用 TNM 约束定义分组外，还可以通过 TIMEGRP 约束使已有的分组构成新的分组。已有的分组包括预定义的和用 TNM/TIMEGRP 约束定义的。使用 TIMEGRP 约束可以合并多个分组以构成一个新的分组，或者用排除的方法构成新的分组。例如，下列语句：

```
TIMEGRP "Mbig_group"="small_group" "medium_group";
```

表示把 small_group、medium_group 合成一个新的分组 Mbig_group。

4）TPTHRU 约束

TPTHRU 约束用于定义一个或一组中间点，以便在后面的时序规范中用来标识特定的路径。TPTHRU 约束的语法如下。

```
{NET|INST|"net_name" TPTHRU="identifier";
```

在 UCF 中使用的语句如下。

```
INST "FLOPA" TNM="A";
INST "FLOPB" TNM="B";
NET "MYNET" TPTHRU="ABC";
TIMESPEC "TSpathl" =FROM "A" THRU "ABC" TO "B" 30;
```

其中，ABC 是 A 到 B 路径上的一个中间点，意思就是在选择从 A 到 B 的路径时，必须经过 ABC 这个中间点。

5）TPSYNC 约束

通常，时序规范的起点和终点都是触发器、锁存器、RAM 等同步元件或引脚，如果要使用除此之外的点作为时序规范的起点或终点，那么要用 TPSYNC 约束定义该点为一个同步点。

3. 引脚与区域约束编辑器

引脚与区域约束编辑器（Pinout and Area Constraints Editor，PACE）是一个具有图形界面的约束输入工具，其主要功能如下。

1）指定引脚分配

设计人员可以使用引脚分配功能指定 I/O 位置、I/O 组（Bank）、I/O 标准和禁止 I/O 分配至特定引脚，使用 DRC 检查 I/O 分配是否正确。

2）附加区域约束（Area Constraints）

PACE 能够以图形化的方式显示器件资源和引脚的分布，设计人员可以编辑区域约束并观察逻辑和引脚之间的连接情况。

3）浏览设计层次

PACE 的设计层次浏览器能显示设计层次及各层次的资源占用情况，这对复杂的设计有很重要的作用。

4. 约束文件

约束文件有 3 种，包括用户约束文件（UCF）、网表约束文件（NCF）和物理约束文件（PCF）。下面对这些类型约束文件的特点、在 FPGA 软件开发流程中的位置和它们之间的关系进行详细说明，使读者对约束文件有一个比较清楚的认识。

1）用户约束文件（UCF）

UCF 是设计人员使用最多的文件，它是 ASCII 码文件，描述了逻辑设计的约束，可以用文本编辑器或 Xilinx Constraints Editor 编辑。UCF 中的约束影响所设计的逻辑在目标器件中的实现方式。NGDBuild 读入 UCF，输出 NGD 文件，UCF 中的约束被包含在 NGD 文件中。

2）网表约束文件（NCF）

如果使用的是其他第三方的综合工具，综合后输入 NGDBuild 中的是网表文件（EDF）和网表约束文件（NCF）。例如，使用 Synplify Pro 综合时，Synplify Pro 根据 SDC 文件，综合设计逻辑产生 EDF，同时将所有约束条件翻译成 NCF，这两个文件将作为翻译等后续流程的输入，通过 NCF 约束布局布线过程的行为。NCF 的语法和 UCF 相同。NCF 与 UCF 的最主要区别是，UCF 由用户输入，NCF 由综合工具产生。UCF 约束的优先级比 NCF 高，当两者发生冲突时，以 UCF 约束为准。

网表读入 Xilinx Development System 中时生成的 NGD 文件会含有逻辑约

束，这些约束来源于原理图、HDL 文件、UCF 和 CAE 工具产生的 NCF 等。软件工具会自动读取这些逻辑约束，一部分用于映射过程，将被转换成物理约束，被写入物理约束文件（PCF）中。

3）物理约束文件（PCF）

PCF 为 ASCII 码文件，包含两个部分：第一部分是映射产生的物理约束，第二部分是用户输入的物理约束。用户输入的物理约束优先级较高，当两种约束发生冲突时，用户输入的物理约束将覆盖映射产生的物理约束。

PCF 的映射生成部分以关键字"SCHEMATIC START"开头，以关键字"SCHEMATIC END"结尾，两种关键字都独占一行。用户输入的物理约束在 SCHEMATIC END 之后，在 SCHEMATIC START 之前，在 SCHEMATIC START 和 SCHEMATIC END 之间输入的物理约束将被忽略。可以直接手动输入物理约束，也可以通过 FPGA Editor 间接输入。PCF 可用于 FPGA Editor、Timing Analyzer 和 BitGen 等工具中。

2.2.5　功能仿真

功能仿真又称为前仿真（Pre-layout Simulation），主要目的是确定一个设计是否实现了预定的功能（或者说设计意图），是证明设计功能正确性的过程。前仿真也叫 RTL 行为仿真，目的是分析电路逻辑关系的正确性，仿真速度快，可以根据需要观察电路输入 / 输出端口及电路内部任意信号和寄存器的波形。综合、布局布线之前对电路进行的功能仿真是比较理想的仿真，并不包含任何物理信息，如寄生效应、互连延迟等。

2.2.6　逻辑综合

逻辑综合（简称综合）就是将较高级抽象层次的描述转换成较低层次的描述。综合根据目标与要求优化所生成的逻辑连接，使层次设计平面化，供 FPGA 布局布线软件进行实现。就目前的层次来看，综合是指将设计输入编译成由与门、或门、非门、RAM、触发器等基本逻辑单元组成的逻辑连接网表，而并非真实的门级电路。真实具体的门级电路需要利用 FPGA 厂家的布局布线功能，根据综合后生成的标准门级结构网表来产生。为了能转换成标准的门级结构网表，HDL 程序的编写必须符合特定逻辑综合器所要求的风格。由于门级结构、RTL 的 HDL 程序的综合是很成熟的技术，所有的逻辑综合器都可以支持到这一级别的综合。常用的综合工具有 Synplicity 公司的 Synplify/Synplify Pro 软件及各个 FPGA 厂家自己推出的综合开发工具。

1. Vivado 软件逻辑综合工具

Vivado 软件自带的逻辑综合工具综合属性可以进行设置。在 Vivado 设计套件中，Vivado 综合工具能够合成多种类型的属性。在大多数情况下，这些属性具有相同的语法和相同的行为。

1）async_reg 属性

async_reg 属性是影响 Vivado 工具流中许多进程的属性。此属性的目的是通知工具寄存器能够在 D 输入引脚中接收相对于源时钟的异步数据，或者该寄存器是同步链中的同步寄存器。

当遇到此属性时，Vivado 综合工具会将其视为 dont_touch 属性，并在网表中向前推送 async_reg 属性。此过程可确保具有 async_reg 属性的对象未进行优化，并且流程中稍后的工具会接收属性以正确处理它。

此属性支持的值是 false（默认值）和 true。可以将此属性放在任何寄存器上。可以在 RTL（寄存器传输语言）或 XDC（Xilinx 设计约束）中设置此属性。async_reg 属性在 Verilog HDL 中应用举例如下。

```
(*async_reg = "true" *)reg[2:0]sync_regs;
```

2）clock_buffer_type 属性

在输入时钟上使用 clock_buffer_type 属性以描述要使用的时钟缓冲器类型。

此属性支持的值是 bufg、bufh、bufio、bufmr、bufr 和 none。bufg 是默认值，Vivado 综合工具使用 BUFG 作为时钟缓冲器。可以将此属性放在任何顶级时钟端口上。可以在 RTL 或 XDC 中设置此属性。

clock_buffer_type 属性在 Verilog HDL 中应用举例如下。

```
(* clock_buffer_type = "none"*)input clk1;
```

clock_buffer_type 属性在 XDC 中应用举例如下。

```
set_property clock_buffer_type bufg[get_ports clk];
```

3）fsm_encoding 属性

fsm_encoding 属性用于控制状态机上的编码。通常，Vivado 综合工具会根据最适合大多数设计的启发式方法为状态机选择编码协议。某些设计类型使用特定的编码协议可以更好地工作。

此属性支持的值是 one_hot、sequential、johnson、grey、auto 和 none。auto 是默认值，允许工具确定最佳编码。可以将此属性放在状态机寄存器上。可以在 RTL 或 XDC 中设置此属性。

fsm_encoding 属性在 Verilog HDL 中应用举例如下。

```
(* fsm_encoding = "one_hot" *)reg[7:0]my_state;
```

4）keep 属性

使用 keep 属性可防止信号优化或被吸收到逻辑块中的优化。此属性指示 Vivado 综合工具保持其所处的信号，并将该信号放入网表中。例如，如果信号是 2 位与门的输出，并且它驱动另一个与门，则 keep 属性可用于防止该信号合并到包含两个与门的较大 LUT 中。

keep 属性也常用于时序约束。如果对通常会优化的信号存在时序约束，则 keep 属性会阻止该操作，并允许使用正确的时序规则。

keep 属性在 Verilog HDL 中应用举例如下。

```
(* keep = "true" *)wire sig1;
assign sig1 = in1 & in2;
assign out1 = sig1 & in2;
```

5）ram_style 属性

ram_style 属性指示 Vivado 综合工具如何推断内存。此属性支持的值如下。

（1）block：指示工具推断 Block RAM 类型组件。

（2）distributed：指示工具推断 Distributed RAM 类型组件。

（3）register：指示工具推断寄存器而不是 RAM。

（4）ultra：指示工具使用 UltraScale Plus 器件的 Ultra RAM 原语。

默认情况下，Vivado 综合工具根据启发式选择要推断的 RAM，以便为大多数设计提供最佳结果。可以将此属性放在为 RAM 声明的数组或层次结构级别上。如果设置了信号，则该属性将影响该特定信号；如果设置在层次结构级别上，则会影响该层次结构级别中的所有 RAM，层次结构的子级别不受影响。可以在 RTL 或 XDC 中设置此属性。

ram_style 属性在 Verilog HDL 中应用举例如下。

```
(*ram_style="distributed"*)reg[data_size-1:0]myram[2**addr_
size-1:0];
```

6）rom_style 属性

rom_style 属性指示 Vivado 综合工具如何推断 ROM。此属性支持的值如下。

（1）block：指示工具推断 Block ROM 类型组件。

（2）distributed：指示工具推断 Distributed ROM 类型组件。

默认情况下，Vivado 综合工具根据启发式选择要推断的 ROM，以便为大多数设计提供最佳结果。可以在 RTL 和 XDC 中设置此属性。

rom_style 属性在 Verilog HDL 中应用举例如下。

```
(*rom_style="distributed"*)reg[data_size-1:0]myrom[2**addr_
size-1:0];
```

2. 第三方逻辑综合工具

逻辑综合除可以使用 Vivado 软件自带的逻辑综合工具外，还可以使用第三方逻辑综合工具。

1）Synplify/Synplify Pro

Synplify、Synplify Pro 和 Synplify Premier 是 Synplicity 公司（Synopsys 公司于 2008 年收购了 Synplicity 公司）提供的专门针对 FPGA 和 CPLD 实现的逻辑综合工具。Synplicity 公司的工具涵盖了可编程逻辑器件（FPGA、PLD 和 CPLD）的逻辑综合、验证、调试、物理综合及原型验证等领域。

Synplify Pro 是高性能的 FPGA 综合工具，为复杂可编程逻辑设计提供了优秀的 HDL 综合解决方案。它具有如下特点。

（1）包含 BEST 算法，对设计进行整体优化。

（2）自动对关键路径做 Retiming（重定时），可以提高性能达 25%。

（3）支持 VHDL 和 Verilog HDL 的混合设计输入，并支持网表 .edn 文件的输入。

（4）增强了对 SystemVerilog 的支持。

（5）Pipeline（流水线）功能提高了乘法器和 ROM 的性能。

（6）有限状态机优化器可以自动找到最优的编码方法。

（7）在 Timing（时序）报告和 RTL 视图及 RTL 源代码之间进行交互探测。

（8）自动识别 RAM，避免了繁复的 RAM 例化。

2）Synplify Premier

Synplify Premier 是功能超强的 FPGA 综合环境。Synplify Premier 不仅集成了 Synplify Pro 所有的优化选项，包括 BEST 算法、Resource Sharing（资源共享）、Retiming（重定时）和 Cross-Probing（交互探测）等，更集成了拥有专利的 Graph-Based Physical Synthesis（基于图形界面的物理综合）技术，并提供 Floor Plan（布局规划）选项，是业界领先的 FPGA 物理综合解决方案，能把高端 FPGA 性能发挥到最好，从而可以轻松应对复杂的高端 FPGA 设计和单芯片 ASIC 原型验证。这些特有的功能包括：全面兼容 ASIC 代码、支持 Gated Clock（门控时钟）的转换、支持 Design Ware（设计构件）的转换。同时，因为整合了在线调试工具 Identify，极大地方便了用户进行软硬件协同仿真，确保设计一次成功，从而大大缩短了整个软硬件开发和调试的周期。Identify 是唯一的 RTL 调试工具，能够在 FPGA 运行时对其进行实时调试，加快整个 FPGA 验证的速度。Identify 有 Instrumentor 和 Debugger 两个部分。在调试前，通过 Instrumentor 设定需要观测的信号和断点信息，然后进行综合、布局布线；最后，通过 Debugger 进行在线调试。Synplify Premier HDL Analyst 提供优秀的代码优化和图形化分析调试界面。

3）Design Compiler

Design Compiler 是 Synopsys 的综合软件，它的功能是把 RTL 代码转换成门级网表。综合包括翻译（Translation）、优化（Opitimization）、映射（Mapping）

3 个过程。在翻译过程中，软件自动将源代码翻译成每条语句所对应的功能模块及模块之间的拓扑结构，这一过程是在综合器内部生成电路布尔函数的表达，不做任何的逻辑重组和优化。在优化过程中，基于所施加的一定时序和面积的约束条件，综合器按照一定的算法对翻译结果做逻辑重组和优化。在映射过程中，根据所施加的一定时序和面积的约束条件，综合器从目标工艺库中搜索符合条件的单元来构成实际电路。

2.2.7　布局布线

实现是将综合生成的逻辑网表配置到具体的 FPGA 芯片中，将工程的逻辑和时序与器件的可用资源匹配。布局布线是其中最重要的过程。布局将逻辑网表中的硬件原语和底层单元合理地配置到芯片内部的固有硬件结构上，并且往往需要在速度最优和面积最优之间做出选择。布线根据布局的拓扑结构，利用芯片内部的各种连线资源，合理正确地连接各个元件。也可以简单地将布局布线理解为对 FPGA 内部 LUT 和寄存器资源的合理配置，布局可以被理解为挑选可实现设计网表的最优资源组合，而布线就是将这些 LUT 和寄存器资源以最优方式连接起来。

目前，FPGA 的结构非常复杂，特别是在有时序约束条件时，需要利用时序驱动的引擎进行布局布线。布局布线结束后，软件工具会自动生成报告，提供有关设计中各部分资源使用情况的信息。由于只有 FPGA 芯片生产商对芯片结构最为了解，所以布局布线必须选择芯片生产商提供的工具。

2.2.8　时序仿真

时序仿真是指在布局布线完成以后，将寄生参数、互连延迟反标到所提取的电路网表中进行仿真，对电路进行分析，确保电路符合设计要求。时序仿真又称为后仿真。时序仿真所使用的方法与前仿真并没有什么不同，只是加入寄生参数及互连延迟。

时序仿真对于对可靠性要求比较高的设计还是必要的，因为通过时序仿真可以了解一个电路的真实时序如何、建立时间和保持时间是否足够及系统性能能否达到要求等。

2.2.9　配置及固化

配置及固化的步骤如下。

（1）配置开发板上的 configuration mode 选择跳线，选择配置模式为 JTAG。

（2）连接下载线，给开发板上电。

（3）双击 Generate Programming，生成比特流文件。

（4）展开 Configure Target Device，双击 Manage Configuration Project（iMPACT）。

（5）当 iMPACT 对话框出现时，选择 Boundary-Scan Mode，单击 Next，然后单击 Finish。

（6）出现的提示框表明 iMPACT 软件检测到两个器件，单击 OK。

（7）分配 loopback.bit 文件给工程所设定好的器件（JTAG 链中的第一个设备），为 Platform FLASH PROM 器件选择 Bypass。

（8）右键单击设备，选择 Program。需要注意的是，下载成功后，在超级终端窗口中应当看到"Xilinx Rules"字样。

Xilinx FPGA 基于 SRAM 结构，所以在每次上电时都需要配置。配置是指将存储在非易失性存储器中的编程数据写入 FPGA 的过程。这些编程数据规定了 FPGA 内部可编程单元的动作，因此，当成功完成配置后，FPGA 就可以按照设计人员的要求工作了。

可以用于存储 FPGA 配置数据的载体很多，包括通用 SPI FLASH、BPI FLASH、CF/SD 卡、硬盘，还有 Xilinx 专用配置器件 Platform PROM 等，无论哪种存储载体，都可以用于 FPGA 配置。它们之间的不同之处在于，采用不同的存储器，需要应用不同的配置方法。

1）Xilinx FPGA 器件配置硬件方案

针对不同的应用，Xilinx 提供了多种配置硬件方案，包括在线编程电缆、桌面编程器等。Xilinx 还提供了由第三方支持的多种量产配置硬件方案。下面对主流 Xilinx FPGA 器件配置硬件方案做简单的介绍。

（1）Platform Cable USB II。Platform Cable USB II 是 Xilinx 最新的在线配置方案，也是目前性能最优异的在线配置方案之一。它可以对 FPGA 进行在线配置、回读与调试，也可以对 CPLD/PROM 器件进行编程。另外，提供 FPGA JTAG 引脚，Platform Cable USB II 也可以实现对 SPI 或串行 NOR FLASH 的直接或间接编程。结合 Xilinx 提供的在线调试软件，Platform Cable USB II 可用于对 FPGA 进行在线逻辑分析。与上一代产品相比，Platform Cable USB II 完全支持 USB2.0 标准，进一步提高了性能。Platform Cable USB II 组件如图 2-3 所示。

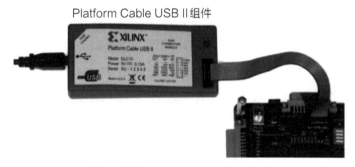

图 2-3　Platform Cable USB II 组件

（2）Xilinx Parallel Cable IV 与 Xilinx Parallel Cable III。Xilinx Parallel Cable IV（PC4）是基于并口的高速配置电缆，它支持所有 Xilinx 器件的配置或编程。通过 Xilinx iMPACT 工具，PC4 可以提供高达 8 倍于 PC3 的配置速度。在 Platform Cable USB 出现之后，PC4 的使用者逐渐减少，但是针对于 USB 接口受限的用户，PC4 还是有广泛的用武之地的。Xilinx Parallel Cable III（PC3）是一个开源的工具。硬件原理图可以在 Xilinx 公司的网站主页上找到。PC3 的传输速率远不如 PC4、Platform Cable USB，但是结构简单、价格低廉，已成为对配置时间不敏感的用户的优先选择。在市场上，很多国内公司生产了 PC3 的兼容电缆，用户在采用时应该严格检查是否按照官方数据设计，以得到最佳性能。

2）Xilinx FPGA 器件的配置文件

一般而言，FPGA 用户并不需要详细了解配置文件的详细内容。但是，由于 Xilinx 针对不同的器件提供了数种不同格式的配置文件，为了用户使用方便，下面简单介绍各种文件的格式与基本内容。

（1）比特流文件。比特流文件（扩展名为 .bit）是最基本的 FPGA 配置数据文件。FPGA 的在线配置及其他类型的配置都是以这个文件为基础的。完整的比特流文件可以分为以下几个部分。

①同步字。在比特流文件的头部，会有一组特殊的字符，由于这组字符的主要作用是在配置开始时同步数据，所以称作同步字。同步字可以通知目标器件接收将要到来的配置数据并利用内部配置逻辑完成配置数据的同步排列。在同步字之前的任何内容，将在 FPGA 配置过程中被忽略。由于同步字是 Xilinx FPGA 配置必需的部分，所以对大多数软件而言，这个操作是完全透明的。同步字的长度与内容依器件不同而各不相同。以 Spartan-3 系列 FPGA 为例，Spartan-3A/AN 系列器件的同步字为 16 位，内容为 0xAA99；而 Spartan-3/3E 系列器件的同步字为 32 位，内容为 0xAA995566。这些同步字的内容都是电平均衡的，即数据中 0 与 1 的数量是一致的。

②器件 ID。在比特流文件中，同步字之后会嵌入器件 ID，供 FPGA 配置时识别器件使用。器件 ID 可以避免错误的配置数据被配置到 FPGA。FPGA 配置过程中会对这个器件 ID 进行检测。

③数据帧。器件 ID 之后比特流的内容为数据帧。数据帧由纵向配置数据构成。数据帧是配置数据中最核心的部分，每一帧即为一列 FPGA 配置内容，也是回读或配置的最小单元。从这里可以看出，比特流文件的大小与目标器件完全相关，各种器件配置文件的大小可以在器件手册中查到。

④ CRC。最后一部分是比特流的 CRC（Cyclic Redundancy Check，循环冗余校验）结果。FPGA 在配置过程中会自动计算 CRC，并与内嵌的在比特流中的 CRC 相比对。如果 CRC 失败，则置 INIT_B 引脚为低并停止配置过程。

有时，用户应用外部存储器时，为了减小存储空间和降低成本，会将比特流文件进行压缩。Xilinx 工具可以支持压缩功能，有效地减小配置比特流文件。当然，这个过程由于需要逆向算法来完成配置，可能会增加配置时间。

（2）PROM 配置文件。PROM 配置文件可以用于 Platform PROM 和 SPI FLASH 器件的编程。Xilinx 提供了一个软件工具 Promgen，用它来生成 PROM 配置文件。PROM 配置文件格式包括 Intel MCS-86 文件格式（扩展名为 .mcs）、Tektronix TEKHEX 文件格式（扩展名为 .tek）、Motorola EXORmacs 文件格式（扩展名为 .exo）和 HEX 文件格式（扩展名为 .hex）。同样，也可以用这个工具生成二进制或十六进制的配置文件用于 FLASH 编程。

Promgen 工具有非常丰富的选项，用户可以在 ISE 软件的文档中找到详细的设置。下面给出一些 Promgen 工具的应用实例供参考。

①从下而上加载。当用户需要由低地址向高地址递增配置 FPGA 时，用如下命令行生成 MCS 文件。

```
Promgen -u 0 test
```

②菊花链配置。用户使用 32KB 的 PROM，以 EXO 格式生成配置文件，将 testl.bit 与 test2_bit 文件从低地址开始，将 test3.bit 与 test4.bit 文件从高地址开始，配置为菊花链结构时，用如下命令。

```
promgen -s 32 -p exo -u 00 testl test2 -u 4000 test3 test4
```

③指定文件名。当用户需要用一个特别的文件名来替代默认文件名时，可用如下命令。

```
promgen options filename -o newfilename
```

（3）其他配置文件。其他与配置有关的主要文件有以下几种。

① BGN 文件：BitGen 生成的报告文件，包含 BitGen 运行情况。

② DRC 文件：BitGen 生成的设计准则检查报告。

③ MSK 文件：BitGen 生成的用于回读比较的 MASK 文件。

④ NKY 文件：用于 FPGA 配置码流加密的密钥文件。

⑤ PRM 文件：ASCII 码文件，指示 PROM 文件中不同版本码流的基址。

⑥ SVF 文件：JTAG 测试文件（包含命令、数据与期望结果等信息），用于边界扫描测试。

⑦ STAPL 文件：标准测试编程语言文件，用于描述标准的在线编程动作。

⑧ XSVF 文件：经过压缩后适用于外部 MCU 配置的串行向量文件。

2.3 本章小结

本章主要介绍了 FPGA 软件开发工具与流程。通过本章的学习，读者应掌握 FPGA 软件开发流程及不同类型芯片相应的不同开发工具的使用方法，为后续 FPGA 软件测试技术的学习奠定基础。

| 第 3 章 |

FPGA 软件测试相关标准和方法

在学习如何进行 FPGA 软件测试之前，就要先了解测试的依据及方法，本章将分别介绍 FPGA 软件测试标准和方法。

3.1 FPGA 软件测试相关标准

目前，FPGA 软件测试相关标准，如 DO-254、IEC 61508 和 ECSS 标准，都比较趋向于设计验证，而国内在 2018 年针对 FPGA 软件测试专门制定了 GJB 9433—2018 标准。国内制定的 GJB 9432—2018、GB/T 37691—2019、GB/T 37979—2019 标准均为设计验证的标准，可在进行 FPGA 软件测试时参考。

3.1.1 GJB 9433—2018 标准

《GJB 9433—2018 军用可编程逻辑器件软件测试要求》分成 5 章。第 1 章至第 4 章分别为范围、引用文件、术语和定义、一般要求。第 5 章为详细要求，分为测试级别、测试过程、测试类型。该标准制定了一套完整的 FPGA 测试方案。测试类型包括文档审查、代码审查、代码走查、逻辑测试、功能测试、性能测试、时序测试、接口测试、强度测试、余量测试、安全性测试、边界测试和功耗分析。测试方法包括设计检查、功能仿真、门级仿真、时序仿真、静态时序分析、逻辑等效性检查和实物测试等。

3.1.2 GJB 9432—2018 标准

《GJB 9432—2018 军用可编程逻辑器件软件开发通用要求》分成 5 章。第 1 章至第 4 章分别为范围，引用文件，术语和定义、缩略语，一般要求。第 5 章为详细要求，分为系统需求分析、可编程逻辑器件软件需求分析、可编程逻辑器件软件设计、可编程逻辑器件软件实现、设计确认、验收与交付、运行与维护、配置管理、质量保证、纠正措施、验证、风险管理、保密性有关活动。该标准规定了军用可编程逻辑器件软件开发的基本活动、支持活动和管理活动等要求。

3.1.3 GB/T 37691—2019 标准

《GB/T 37691—2019 可编程逻辑器件软件安全性设计指南》分成 6 章。第 1 章至第 4 章分别为范围、规范性引用文件、术语和定义、缩略语。第 5 章为总则，分为 PLDS 安全性设计，PLDS 更改，PLDS 外购、外协或重用。第 6 章为需要考虑的因素，分为系统需求分析、软件需求分析、设计和实现。附录 A 中专门描述了可编程逻辑器件软件安全性分析方法。该标准给出了可编程逻辑器件软件安全性设计的指导和建议。

3.1.4 GB/T 37979—2019 标准

《GB/T 37979—2019 可编程逻辑器件软件 VHDL 编程安全要求》分成 5 章。第 1 章至第 4 章分别为范围、规范性引用文件、术语和定义、缩略语。第 5 章为安全细则，分为例化类、结构设计类、敏感列表类、声明定义类、命名类、运算类、循环控制类、分支控制类、时钟类、复位及初始化类、状态机类、综合 / 约束类、注释类、编码格式类。该标准规定了 VHDL 用于可编程逻辑器件软件编程安全细则。

3.2 FPGA 软件测试方法

在 FPGA 软件测试流程中必须掌握 FPGA 软件测试方法。只有了解测试内容并采用适当的测试方法来进行 FPGA 软件测试，才能更好地完成整个测试流程。

3.2.1 编码规则检查

随着芯片规模加大，承担任务加重，开发周期缩短，如何高效、高质量地开展设计，成为 FPGA 芯片开发工作的重点。FPGA 芯片的多样化要求代码具有超强的可移植能力。硬件描述语言（HDL）是当前 FPGA 芯片开发过程中使用的最主要输入方式，通过行为描述实现逻辑电路和系统的设计，使 FPGA 芯片开发具有了软件设计的特征。为了实现 FPGA 设计需求，需要制定相应的编码规则，对设计人员的编程行为进行约束，包括命名规则、排版格式、注释、代码结构、代码优化等编码过程中需要注意的编程细节。

FPGA 编码规则是行业中约定俗成的，是长期经验的总结和集体智慧的结晶，能够指导设计人员正确编写代码，提高代码的整洁度，便于跟踪、分析、调试，便于整理文档，便于交流合作，从而达到提高设计效率、优化电路、降低设计成本的效果。

1. 测试策略

硬件描述语言使 FPGA 芯片开发具备软件设计的特征，编码规则是软件质量的保证，能有效地提高软件开发效率。

FPGA 软件编码规则是软件开发单位制定的关于硬件描述语言编码方面的约定，主要包括命名规范、注释和文本规范、编码原则、状态机设计规范、目录结构和工具设定等方面需要注意的编程事项，以对设计人员的编程行为进行约束。

传统的方法评估一个工程的代码质量高低基于主观的评价，但编码规则检查使用工具（如 LEDA、HDL Designer 等）避免了这一缺陷。

通常，编码规则检查所使用的工具均内置了不同的设计规则集，如状态机编写是否完备，条件转移分支是否采取措施避免产生锁存等。规则集包含 Xilinx 和 Altera（Intel）公司的设计规则，同时，测试人员可以进行灵活的修改来制定出适合的设计规则。而且，面向航空航天及军工等安全关键行业的设计特点，工具还集成了 DO-254 标准的安全性设计规则等，经过检查以确保设计具备足够的可靠性及安全性。HDL Designer 可以根据定制要求集成相应的规则集。

测试人员可以选择相应的设计规则，构建所需的评估策略，检查工具会对工程中的模块自顶向下地进行评估，对规则集中的每一个条目进行检查并给出评分。这样，根据最终的总体分数，代码质量的高低一目了然。

测试人员可按照检查工具出具编码规则检查报告，设计人员可以直接了解到代码中存在的潜在问题。

2. 测试内容

FPGA 编码规则从命名规范、注释和文本规范、编码原则、状态机设计规范、目录结构和工具设定几个方面进行介绍，总结开发过程中 FPGA 软件编码规则的作用。

1）命名规范

（1）区分大小写。所有的信号（signal）、变量（variable）及模块（module）的名字都用小写字母，常量名 [参数（parameter）和宏（macro）] 用大写字母。不要依赖大小写给标识符增加语义。这样做是为了和业界的习惯保持一致，避免了在大小写敏感的工具中可能会遇到的问题（Verilog HDL 是大小写敏感的），同时也可以很容易地从代码中辨认出参数（parameter）。

示例：

不好的

```
parameter width = 16;
input[width-1:0]DataIn;
```

好的

```
parameter WIDTH = 16;
input[WIDTH-1:0]data_in;
```

（2）模块命名。

①在系统设计阶段应该为顶层文件和每个一级模块进行命名。

②顶层文件的命名方法是：芯片名称缩写 +_top。

③一级模块的命名方法是：将模块英文名称的各个单词首字母组合起来，形成 3 到 5 个字符的缩写；若模块的英文名称只有一个单词，则可取该单词的前 3 个字母。一级模块定义：在顶层文件中例化的模块。

④对于二级以下模块（含二级模块），命名方法是：一级模块名 _+ 模块功能缩写。

示例：

FPGA 芯片 df 的顶层文件命名为 df_top。

一级模块 Arithmatic Logical Unit 命名为 alu。

一级模块 Data Memory Interface 命名为 dmi。

一级模块 Decoder 命名为 dec。

一级模块 CPU 里面的二级模块，功能是完成 FLASH 的控制功能，命名为 cpu_flash_ctl。

（3）信号命名。

①信号名由几个单词连接而成，用下画线来分隔信号名中的不同部分。

②尽量使用缩写，缩写要求能基本表明本单词的含义；单词除常用的缩写方法（如 clock → clk, write → wr, read → rd 等）外，一律取该单词的前 3 或 4 个字母（如 frequency → freq, variable → var 等）。

③信号名长度不要太长，原则上不超过 28 个字符。

④不能用 reg 作为最后的后缀，因为综合工具会给寄存器加上 reg，如果命名里就用 reg 作为后缀，则扰乱了网表的可读性。

说明：这样可以增强程序的可读性，并能避免标识符过于冗长。

示例：

不好的

```
wire[9:0]addresscontrolenable;
reg[15:0]i, q;
```

好的

```
wire[9:0]addr_ctl_en;
reg[15:0]fir_out_datai;
reg[15:0]fir_out_dataq;
```

（4）避免关键字。在 RTL 源码的设计中，任何元素（包括端口、信号、变量、函数、任务、模块等）的命名都不能取 Verilog HDL 和 VHDL 的关键字。

（5）文件命名。文件名要和模块名相同，在一个文件中只用一个模块，在不同的层级上尽量使用统一的信号名，这样容易跟踪信号，网表调试也容易。

（6）时钟信号和复位信号命名。对于时钟信号，使用前缀 clk_*，并使用有含义的缩写构成时钟信号名，对于同一个时钟信号，在所有的模块中时钟信号名保持一致。对于复位信号，使用前缀 rst_*，并使用有含义的缩写构成复位信号名，对于同一个复位信号，在所有的模块中复位信号名保持一致。

（7）低电平有效信号命名。对于低电平有效信号，使用后缀 *_n。

示例：

```
rst_lbus_n,ad7680_cs_n
```

（8）仿真文件命名。用于仿真测试的文件的名字与被测试模块名字一一对应，添加后缀 *_tb。

（9）声明所有使用的信号。模块中所有使用的信号必须在信号声明部分进行声明。如果一个信号名没做声明，则 Verilog HDL 将假定它为 1 位宽的 wire 变量。

2）注释和文本规范

（1）文件头。每个设计文件开头应包含如下注释内容：公司名称；作者；创建时间；文件名；所属项目；顶层模块；所需库；使用的仿真器和综合工具（运行平台和版本）；模块名称及实现功能和关键特性描述；文件创建和修改记录（包括修改版本号、修改时间、修改人名字、修改内容）。

（2）注释使用。

①使用 // 进行的注释在 // 后加一个空格，并以分号结束。

②使用 /* */ 进行的注释，/* 和 */ 各占用一行，并且顶头。

③尽量在每个 always 块之前加一段注释，增强可读性和便于调试。

④注释应该与代码一致，修改程序时一定要修改相应的注释。

⑤注释不应重复代码已表明的内容，而应是简介式点明程序的突出特征。

示例：

```
//Edge detector used to synchronize the input signal;

/*
Edge detector used to synchronize the input signal;
*/
```

（3）端口定义。

①端口定义按照功能块划分，每个功能块中按照输入、输出、双向的顺序，各个功能块之间要有空行或注释作为间隔。

②每行声明一个端口并有注释，注释在同一行。

③用下述顺序声明端口，不同类型的端口声明使用一个空行间隔。

```
Inputs:
clocks
resets
enables
other control signals
data and address lines
Outputs:
clocks
resets
enables
other control signals
data and address lines
```

（4）时延单位和时延精度定义。在模块端口声明之前定义时延单位和时延精度，和文件头及端口声明之间各有一个空行间隔，格式为

```
`timescale 1ns/100ps;
```

（5）模块区域划分。模块按照下列功能块顺序组织。

文件头
时延单位和时延精度
端口声明
参数声明
信号声明
逻辑功能

各个功能块之间要有空行或注释作为间隔。

（6）独立成行。每条语句独立成行。尽管 VHDL 和 Verilog HDL 都允许一行写多条语句，但每条语句独立成行可以增强可读性和可维护性。

（7）缩进。

①用缩进提高续行和嵌套语句的可读性。

②缩进一般采用两个空格，如果空格太多则在深层嵌套时限制行长。

③禁止使用 Tab 键来进行缩进，因为不同的编辑器对 Tab 键的解释不一致。

（8）总线顺序。总线的有效位顺序定义从 MSB 到 LSB，如 data[4:0]。

（9）例化。

①模块名、模块例化名统一，例化前加 Un_ 区分，其中 n 表示多次例化标识。

②使用名字相关的显式映射，而不要采用位置相关的映射。

③输入和输出每类端口之间有一个空行来提高可读性。

④模块例化时不允许存在未连接的信号。这样可以提高代码的可读性和方便调试连线错误。

（10）空行。分节书写，各节之间加 1 个到多个空行。例如，每个 always、initial 语句块都是一节。每节基本上完成一个特定的功能，即用于描述某几个信号的产生。在每节之前有几行注释对该节代码加以描述，至少列出本节中描述的信号的含义。

（11）空格。

①不同变量之间、变量与符号之间、变量与括号之间都应当保留一个空格。

② Verilog HDL 关键字与其他任何字符串之间都应当保留一个空格。

③逻辑运算符、算术运算符、比较运算符的两侧各留一个空格,与变量分隔开来。

④单操作数运算符例外,直接位于操作数前,不使用空格。

(12)语句对齐。

①同一个层次的所有语句左端对齐。

② initial、always 等语句块的 begin 关键字放在首行的末尾,相应的 end 关键字与 initial、always 上下对齐。这样做的好处是避免因 begin 独占一行而造成行数太多。

③ initial、always 等语句块的关键字顶头书写。

3) 编码原则

(1)避免产生锁存器。产生锁存器的情况有:组合逻辑中 if 语句中缺乏 else 语句,case 语句中各个条件所处理的变量不同。避免的方法是:对所有输入条件都给出输出,在最终优先级的触发上使用 else 语句而不用 elsif 语句。

(2)定义完整的敏感表。

①对于组合模块,敏感表必须包含被 always 语句块所利用的所有信号,这通常意味着所有出现在赋值语句右边和条件表述式中的信号,可使用 always @ *。

②对于时序模块,敏感表必须包含时钟、异步复位信号。

③确保敏感表不包含不必要信息,否则会降低仿真性能。

(3)模块输出寄存器化。对所有模块输出加一级寄存器,这样做使输出驱动强度和输入延迟可预测,使得模块的综合过程更简单。

(4)优先级。用括号来表示执行的优先级,而不是依靠操作符本身的优先顺序。

(5)根据功能选用条件语句。有优先级的建议使用 if 语句;case 语句用于描述平行逻辑,即必须确保不同的条件是互斥的。

(6)总线对齐。赋值或条件判断时要注明比特宽度,注意表达式的位宽匹配。

(7)禁止组合环。组合环就是没有寄存器的反馈环路。这种结构在仿真和综合时都会有问题。组合环非常难以测试,因为它很难设成一个已知的状态。

（8）阻塞赋值和非阻塞赋值。

①时序逻辑使用非阻塞赋值。

②锁存器使用非阻塞赋值。

③组合逻辑使用阻塞赋值。

④同一个 always 模块中不允许同时有阻塞赋值和非阻塞赋值。

⑤不要在不同的 always 模块中对同一个变量赋值。

⑥如果要用 always 语句同时进行时序逻辑和组合逻辑建模，一定要使用非阻塞赋值。

（9）禁止使用内部三态电路。建议用多路选择电路代替内部三态电路。

（10）禁止使用任务（task）。RTL 代码禁止使用 task，原因是 task 根据调用的情况不同，可综合成组合逻辑电路，也可综合成时序逻辑电路，增加了电路的歧义性。

（11）case 语句。

① case 语句中如果不需要优先级，则必须确保不同的条件是互斥的。

② case 语句必须覆盖所有的条件，不管是指定还是用 default 语句。如果可能的话，在 default 语句中把 x 值赋给输出。

③在 case 语句中都要使用 begin/end 结构，并使用缩格。

（12）数值指定宽度。对于数值，一律指定进制和宽度；否则，默认数值宽度是 32 位，会导致比预想的大得多的算术运算单元。

（13）显式表明判决条件。

示例：

不好的

```
if(signal_ctl)
...
```

好的

```
if(signal_ctl==1'b1)
...
```

4）状态机设计规范

（1）状态定义。状态定义用 parameter 定义，不使用 `define 宏定义的方式。`define 宏定义在编译时替换整个设计中所定义的宏，而 parameter 定义仅定义模块内部的参数，定义的参数不会与模块外的其他状态机混淆。

（2）保持层次。使有限状态机（FSM）保持在层次中自己所在的那一级，不允许综合工具在输出和下一个状态译码逻辑之间共享资源。

（3）处理所有状态。必须对所有状态都处理，不能出现无法处理的状态使状态机失控。

（4）三段式状态机。状态机要写成三段式的（这是最标准的写法）：第一部分产生 sequential 的状态寄存器，第二部分产生下一状态的组合逻辑，第三部分为输出的组合逻辑。

（5）状态机完备性。一个完备的状态机（鲁棒性强）应该具备初始化（reset）状态和默认（default）状态。

5）目录结构和工具设定

（1）目录划分。每个设计至少有 4 个主要的目录：src、lib、syn、sim。src 目录包含原有的设计源文件，lib 目录包含所有的外部文件，syn 目录包含所有的综合及布局布线后产生的输出文件，sim 目录包含所有的仿真文件。

（2）资源共享。资源共享的应用限制在同一个模块中，尽可能将关键路径上所有相关逻辑放在同一个模块中。关键路径所在的模块与其他模块分别综合，对关键路径所在的模块采用速度优先的综合策略，对其他模块采用面积优先的综合策略。这样，综合工具才能最大限度地发挥其资源共享综合作用，发挥其最佳综合效果。

（3）组合逻辑限于本模块。组合电路设计中应当没有层次，每个模块输出尽量采用寄存器输出形式，做到这一点，对约束比较方便；同一个路径上的组合逻辑尽可能分散在各个模块中，这对综合非常有利，可以方便地达到速度、面积双赢的目的；模块按功能合理划分，模块大小适中，一般为 2000 门左右，具体按照综合工具性能确定。

3.2.2　跨时钟域分析

跨时钟域（Clock Domain Crossing，CDC）问题主要分为 3 类：亚稳态的传播、不同时钟域之间信号传播时出现数据破坏、当跨时钟域信号再聚合（Reconvergence）时导致功能错误。后两类究其原因均是由亚稳态所造成的。本小节将介绍跨时钟域分析的方法及主要内容。

1.　测试策略

跨时钟域分析的方法主要是使用跨时钟域分析工具（如 Questa CDC、vChecker 等）。这样能够尽量避免传统的人工检查亚稳态问题的工作。这是一种全面解决跨时钟域验证问题的自动化方式。

跨时钟域分析工具通常能够发现并确认所有的跨时钟域亚稳态问题，自动分析设计并指出可能导致亚稳态问题的信号，避免跨时钟域信号传输丢失，防止由于亚稳态效应导致跨时钟域信号相位相对变化导致的功能错误，从而极大地保证验证的完备性与设计的可靠性。

当前，复杂 FPGA 或芯片设计，特别是 SoC 设计，通常都包含多个时钟域，在实际硬件上，经常会遇到亚稳态问题。然而，亚稳态问题在通常的仿真过程中很难被暴露出来，因此导致当芯片生产出来之后才发现跨时钟域问题，但昂贵的生产与项目成本费用使得业界急需相应的 EDA 工具来预先发现这样的问题。

2.　测试内容

FPGA 软件设计存在的跨时钟域问题主要有 3 类。

（1）第 1 类：亚稳态的传播。设计人员通常需要采用同步器的方式去减小亚稳态传播的概率。

（2）第 2 类：不同时钟域之间信号传播时出现数据破坏。有时，设计人员虽然在跨时钟域信号上添加了同步器，但仍无法保证数据在接收点能正确接收来自发送端的数据。这时需要设计人员利用跨时钟域协议来保证数据的完整性与正确性。这种情况的一个例子是：一个单位控制信号，当从高速时钟域进入低速时钟域时，是否有足够长的稳定时间以保证被慢速时钟采样到。

（3）第 3 类：当跨时钟域信号再聚合时导致功能错误。由于亚稳态会造成接收的跨时钟域信号有变化的或不可预测的延时，这些不同延时的信号在再聚合时就可能导致功能错误。例如，组合方式的再聚合很有可能出现毛刺。

如果设计中存在多个时钟域，那么就必然会存在跨时钟域的时序路径。如果对跨时钟域的时序路径处理不当，则容易导致亚稳态、毛刺（Glitch）、再聚合、多路扇出（Fan-out）等问题，导致设计不能稳定工作，或者根本就不能正常工作。

1）亚稳态

对时序逻辑电路来说，一个 D 触发器（DFF）的输入信号必须在该 D 触发器的时钟沿前、后一段时间内都保持稳定才能保证 D 触发器能锁存到正确的值，这就是建立时间和保持时间。正常情况下，如果 D 触发器的输入能满足建立时间（T_{su}）和保持时间（T_h）的要求，那么在 T_{CO}（时钟沿到数据输出的延时）时间内 D 触发器的输出就会达到一个有效的逻辑值（高电平或低电平）。否则，D 触发器的输出就需要远大于 T_{CO} 的时间来达到有效的逻辑值，在这段时间内，D 触发器的输出信号是不稳定的，被称为不稳定状态，或者叫亚稳态。如图 3-1 所示，D 不属于 CLK 所在的时钟域，如果 CLK 在 D 变化的时候来对 D 进行采样，那么 Q 端就会出现亚稳态。

对于同时钟域的信号，无论是在 ASIC 设计中还是在 FPGA 设计中，都可以通过静态时序分析来保证同时钟域的信号能满足建立时间和保持时间的要求，不会出现亚稳态问题。

但对于异步信号，相位关系是完全不可控的，而且会随时间发生变化，这就必然会存在亚稳态问题，而且静态时序分析工具也没有办法对不同时钟域之间的时序路径进行分析。也就是说，在这种情况下的设计就没有办法完全避免异

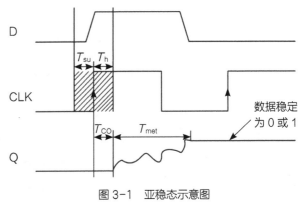

图 3-1 亚稳态示意图

步信号之间的亚稳态问题，但是可以通过在跨时钟域信号上加入一些特殊的电路来减小亚稳态问题对电路功能所产生的负面影响。

2）毛刺

跨时钟域信号很容易产生毛刺并最终影响电路功能。如图 3-2 所示，在 CLK A 时钟域中，DA1 和 DA2 分别为两个 D 触发器的输出，理想状态下，DA1 和 DA2 到达与门两个输入端的时间是一样的，这样设计就不会出问题。但后端布局、环境等因素导致的传播延迟 T_d 会使 A&B 存在一个毛刺。而由于 CLK B 和 CLK A 为两个时钟域，之间不存在固定的相位关系，假设这个毛刺恰好被 CLK B 锁存住，那么就会在 DB2 上生成一个有效的高电平信号，这个高电平信号不是电路设计所期望的，那就会导致后继的电路功能出现问题。

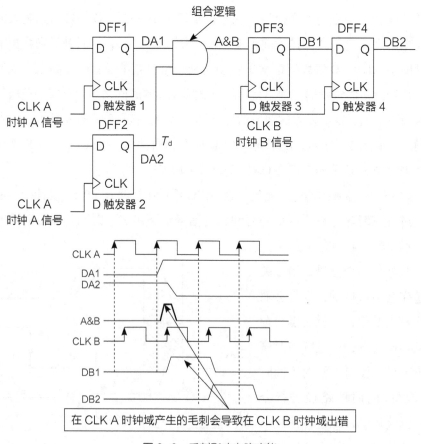

图 3-2　毛刺影响电路功能

在实际系统中，如果没有处理好跨时钟域信号，那么由此导致的问题是很容易出现的。由跨时钟域导致的问题，在实际系统中的表现并不是非常一致，但经常表现出来的就是设计时而可以正常工作，时而出错，而且出错的概率不尽相同，这对问题的分析解决是非常不利的。所以设计人员在做设计时，要尽量从一开始就解决掉这些问题。

除上述情况外，还可能出现的情况是：虽然两个时钟源同时发出脉冲，但传播延迟 T_d 掩盖了脉冲，导致最后 DB2 始终保持低电平，如图 3-3 所示。

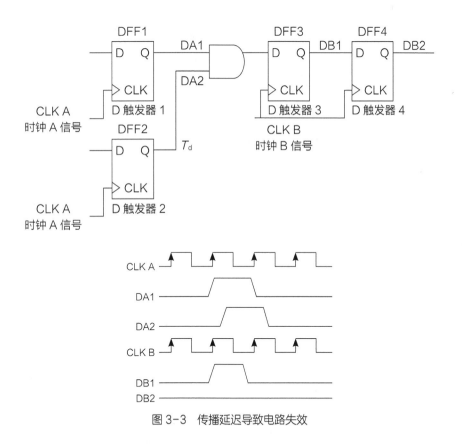

图 3-3　传播延迟导致电路失效

3）再聚合

如果多个信号从一个时钟域进入另外一个时钟域，然后这些信号在目标时钟域中又聚合到一起，那么就有可能因为信号的再聚合导致电路功能异常。一旦同步完成，同步器之外的结构仍然很重要。设计必须确保同步信号不再聚合

（若聚合会产生功能错误），后同步逻辑可能会导致 DB1 和 DB2 信号出现毛刺。如图 3-4 所示，原本 IN1 和 IN2 转换时钟域后，期望得到的值是 2'b00 和 2'b11，但由于 IN1 和 IN2 到达 CLK B 时钟域的时间有差异，实际得到的值是 2'b00、2'b10 和 2'b11，最终导致后继电路功能出现问题。

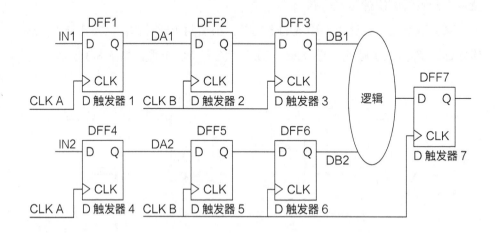

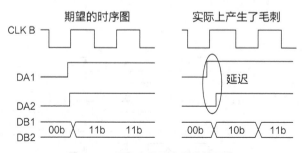

图 3-4　再聚合导致电路功能异常

4）多路扇出

扇出是定义单个逻辑门能够驱动的数字信号输入最大量的术语。大多数 TTL 逻辑门能够为 10 个其他数字门或驱动器提供信号，因而一个典型的 TTL 逻辑门有 10 个扇出信号。在一些数字系统中，必须有一个单一的 TTL 逻辑门来驱动 10 个以上的其他数字门或驱动器。在这种情况下，被称为缓冲器的驱动器可以用在 TTL 逻辑门与它必须驱动的多重驱动器之间。这种类型的缓冲器有 25 ~ 30 个扇出信号。逻辑反向器（也被称为非门）在大多数数字电路中能够辅助这一功能。

模块的扇出是指模块的直属下层模块的个数。一般认为，设计得好的系统平均扇出是 3 或 4。一个模块的扇出过大或过小都不理想，过大比过小更严重。一般建议扇出的上限不超过 7。扇出过大意味着管理模块过于复杂，需要控制和协调过多的下级。解决的办法是适当增加中间层次。模块的扇入是指有多少个上级模块调用它。扇入越大，表示该模块被越多的上级模块共享。这当然是设计人员所希望的。但是，不能为了获得大扇入而不惜代价。例如，把彼此无关的功能凑在一起构成一个模块，虽然扇入大了，但这样的模块内聚程度必然低。这是设计时应避免的。设计得好的系统，上层模块有较大的扇出，下层模块有较大的扇入。其结构图是上面尖、中间宽、下面小。

如果信号从一个时钟域分多路进入另外一个时钟域，那么很可能导致功能错误。如图 3-5 所示，由于传播延迟 T_d 和亚稳态的稳定时间 Metastable Settling Time）的不同，导致 DA1 和 DA2 到达 CLK B 时钟域的时间不同，Fsm1_en 和 Fsm2_en 在不同的时间（相差一个 CLK B 周期）启动，这很有可能会影响后续电路功能。在同步到两个 FSM 后，通过展开单个 FSM 启用来避免这种结构。

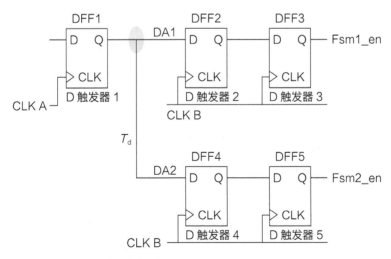

图 3-5　多路扇出影响后续电路功能

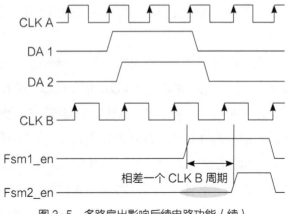

图 3-5　多路扇出影响后续电路功能（续）

3.2.3　静态时序分析

静态时序分析（Static Timing Analysis，STA）是依照同步电路设计的要求，依据项目中全部的电路拓扑结构，计算并检查电路中每个 D 触发器的建立时间和保持时间及其他基于路径的时延要求是否满足。静态时序分析是一种穷尽分析的方法。静态时序分析作为 FPGA 设计的主要验证手段之一，不需要设计人员编写测试向量，由软件自己主动完成分析，验证时间大大缩短，测试覆盖率可达 100%。静态时序分析的前提就是设计人员先提出要求，然后时序分析工具才会依据特定的时序模型进行分析，给出正确的时序报告。进行静态时序分析的主要目的是提高系统的工作主频及增强系统的稳定性。对很多的数字电路设计来说，提高工作频率非常重要，因为高工作频率意味着高处理能力。通过附加约束能够控制逻辑综合和布局布线，以减小逻辑综合和布局布线延迟，从而提高工作频率。

静态时序分析是检查数字电路系统时序是否满足要求的主要手段。以往时序的验证依赖于仿真，采用仿真的方法，覆盖率跟所施加的激励有关，有些时序违规会被忽略。此外，仿真方法效率非常低，会大大延长产品的开发周期。静态时序分析工具很好地解决了这两个问题。它不需要激励向量，可以报出芯片中所有的时序违规，并且速度很快。通过静态时序分析，可以检查设计中的关键路径分布，检查电路中的路径延迟是否会导致建立时间违规，检查电路中是否由于时钟偏移过大导致保持时间违规，检查时钟树的偏移和延时等情况。此外，静态时序分析工具还可以与信号完整性工具结合在一起分析串扰问题。常用的静态时序分析工具是 PrimeTime。

1. 测试策略

静态时序分析是一种验证电路时序是否收敛的方法，其基本前提是同步逻辑设计。静态时序分析主要是分析电路的时序是否满足需求，而不是评估逻辑功能。静态时序分析无须用向量去激活某个路径，时序分析工具会对所有的时序路径进行错误分析，能处理百万门级的设计，分析速度比时序仿真工具快几个数量级。在同步逻辑情况下，可以达到 100% 的时序路径覆盖（一般要求至少 95% 的时序路径覆盖）。静态时序分析的基本目的是找出隐藏的时序问题，根据时序分析结果优化逻辑或约束条件，使得设计达到时序收敛。静态时序分析工具可以识别的时序故障要比仿真多得多，包括检查建立 / 保持和恢复 / 移除（包括反向建立 / 保持）、最小和最大跳变、时钟脉冲宽度和时钟畸变、总线竞争与总线悬浮错误、受约束的逻辑通道等。随着 FPGA 的设计规模越来越大，FPGA 单片系统越来越多，而对设计进度要求也越来越快，静态时序分析就显现了它的优点。通过使用静态时序分析工具（如 PrimeTime 等）提取整个电路的所有时序路径，通过计算所有路径上的器件延迟、传播延迟来确定违背时序约束的路径。静态时序分析不依赖于输入激励，并且可以穷尽所有路径，运行速度很快，克服了动态时序验证的缺陷，适合进行大规模的片上系统电路的验证。对中等规模及大规模设计来说，时序仿真工作量巨大，所以一般采用静态时序分析与功能仿真相结合的方式进行。

2. 测试内容

静态时序分析是根据综合或布局布线后的静态时序信息，找到不满足建立 / 保持时间路径及不符合约束路径的过程。下面从静态时序分析原理、时序路径和时序分析中可能出现的问题 3 个方面进行详细介绍。

1）静态时序分析原理

静态时序分析必须提取整个电路的所有时序路径，通过计算信号在路径上的延迟传播找出违背时序约束的错误，主要是检查建立时间和保持时间是否满足要求，而它们又分别通过对最大路径延迟和最小路径延迟的分析得到。静态时序分析运行速度很快，占用内存很少，可以节省多达 20% 的设计时间。静态时序分析在功能和性能上满足全片分析的目的，支持片上系统设计，能提供百万门级设计所要求的性能，并在一个合理的时间内分析设计，而且它带有先进的时序分析技术和可视化的特性。静态时序分析的优点如下。

①能够详尽地覆盖时序路径。

②不需要测试向量。

③执行速度快。

④能够为时序冲突生成全面的报告。

⑤能够完成使用仿真所不能实现的复杂分析，如 min/max 分析、组合环检测、自动地检测并消除无效路径。

当然，静态时序分析具有如上所述的优点并不意味着它能够完全替代动态仿真。静态时序分析工具与动态时序验证工具必须协同存在，一个主要的原因是静态时序分析不能验证一个设计的功能。静态时序分析原理如图 3-6 所示。

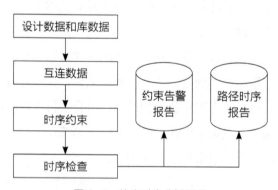

图 3-6 静态时序分析原理

如图 3-6 所示，要进行静态时序分析，就需要了解构成静态时序分析的 4 个组成部分：设计数据（Design Data）、库数据（Library Data）、互连数据（Interconnect Data）和时序约束（Timing Constraints）。

（1）设计数据（Design Data）。在设计数据中，一般在 Design Compiler 做完综合之后，便能得到门级网表，这时做静态时序分析可以利用已经产生的门级网表。

（2）库数据（Library Data）。在库数据中，静态时序分析所需要的时序模型就放在元件库中。这些必要的时序信息以 Timing Arc（时序弧）的方式呈现在标准元件库中。

静态时序分析是基于时序弧的数据的时序分析。时序弧是用来描述两个节点延迟信息的数据，时序弧的信息一般分为连线延迟和单元延迟，如图 3-7 所示。连线延迟是单元输出端口和扇出网络负载之间的延迟信息，单元延迟是单元输入端口到输出端口的延迟信息。因此，一个完整路径的时序信息计算由连线延迟和单元延迟组成。

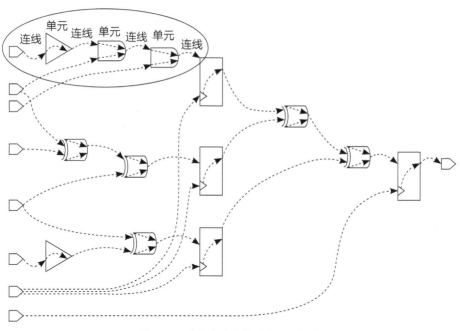

图 3-7　数字电路中的时序弧示意图

时序弧定义逻辑器件的任意两个端点之间的时序关系。它分为组合时序弧（Combinational Timing Arc）、建立时序弧（Setup Timing Arc）、保持时序弧（Hold Timing Arc）、边沿时序弧（Edge Timing Arc）、复位清零时序弧（Preset and Clear Timing Arc）、恢复时序弧（Recovery Timing Arc）、移除时序弧（Removal Timing Arc）、三态使能时序弧（Three State Enable & Disable Timing Arc）、

脉宽时序弧（Width Timing Arc）。其中，组合时序弧、边沿时序弧、复位清零时序弧和三态使能时序弧定义时序的延迟，其他各项则定义了时序的检查。

①组合时序弧是最基本的时序弧。如图 3-8 所示，组合时序弧分为 3 种，分别是：同向（non-inverting）时序弧、反向（inverting）时序弧及不定态（non-unate）时序弧。

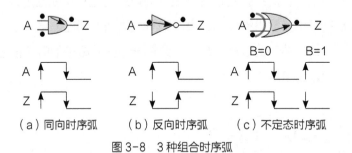

（a）同向时序弧　　　（b）反向时序弧　　　（c）不定态时序弧

图 3-8　3 种组合时序弧

在图 3-8 中，当特定输入和特定输出信号的变化相同时，时序弧为同向时序弧；当特定输入和特定输出信号的变化相反时，时序弧为反向时序弧；而当特定输出无法由特定输入决定时，时序弧为不定态时序弧。

②建立时序弧定义组件所需的建立时间。保持时序弧定义组件所需的保持时间。

如图 3-9 所示，建立时间就是指触发器在时钟沿到来前，其数据输入端的数据必须保持不变的时间。如图 3-10 所示，保持时间就是指触发器在时钟沿到来后，其数据输入端的数据必须保持不变的时间。建立时间和保持时间如图 3-11 所示。

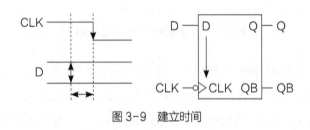

图 3-9　建立时间

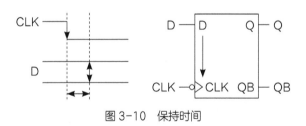

图 3-10　保持时间

一个下降沿触发的触发器有 3 个端口，即数据输入端（Data Input）、数据输出端（Data Output）和控制端（Control Input）。它的基本工作原理是：当控制端由高电平变化为低电平时，触发器对数据输入端进行采样，并把采样值送到数据输出端；当控制端为其他情况时，数据输出端维持原采样值直至控制端第二次由高电平变化为低电平。

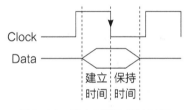

图 3-11　建立时间和保持时间

③复位清零时序弧定义组件清除信号（Preset 或 Clear）发生后数据被清除的时间，如图 3-12 所示。

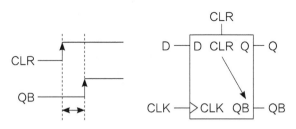

图 3-12　组件清除信号发生后数据被清除的时间

④恢复时序弧定义组件时钟沿有效之前清除信号提前有效的时间，如图 3-13 所示。

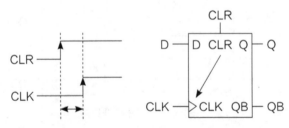

图 3-13 组件时钟沿有效之前清除信号提前有效的时间

⑤移除时序弧定义组件时钟沿有效之后清除信号不准启动的时间，如图 3-14 所示。

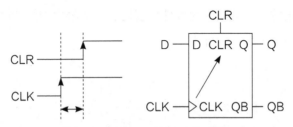

图 3-14 组件时钟沿有效之后清除信号不准启动的时间

⑥三态使能时序弧定义三态组件使能信号（Enable）有效到输出的延迟时间，如图 3-15 所示。

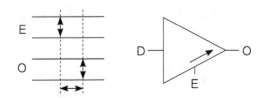

图 3-15 三态组件使能信号有效到输出的延迟时间

⑦脉宽时序弧定义信号需要维持稳定的最短时间，如图 3-16 所示。

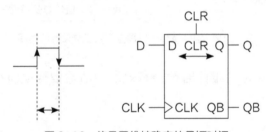

图 3-16 信号需维持稳定的最短时间

以上内容仅提出了时序弧包括的一些项目，而没有具体量化的说明。以组合时序弧为例，信号从输入到输出的延迟时间可以描述成以输入的转换时间（Transition Time）和输出的负载为变量的函数。描述的方式可以是线性的方式，也可以是时序表格的形式。

（3）互连数据（Interconnect Data）。在一个电路中，逻辑器件和逻辑器件之间的连线延迟一般是不考虑的，但是随着系统频率的提高，在互连线上的延迟越来越不可忽视。连线延迟依照布局布线前、后有不同的考虑。在布局布线之前，组件在芯片中摆放的位置尚未确定，所以连线延迟是一个预估值。而在布局布线之后，连线延迟则是根据实际布线计算出来的。对布局布线之前的连线延迟，通常是用 Wireload Model 来预估的。Wireload Model 根据芯片面积的预估大小及连线的驱动组件数量来决定连线的电阻值和电容值，静态时序分析工具则利用这些电阻值和电容值计算出连线延迟。在布局布线之后，可以利用电阻电容萃取软件将布线图形转换成实际的电阻电容电路，然后贴回（Back-annotate）静态时序分析工具计算连线延迟。

（4）时序约束（Timing Constraints）。时序约束是由设计人员设定的、用来检验设计电路时序的准则。其中最重要的一项就是对时钟（Clock）的描述。时钟规格包含波形、延迟（Latency）及不确定延迟（Uncertainty）的定义。波形定义一个时钟的周期及信号上升沿和下降沿的时间点。Latency 定义从时钟来源到组件时钟输入端的延迟时间。Uncertainty 则定义时钟信号到组件时钟输入端可能早到或晚到的时间，如图 3-17 所示。

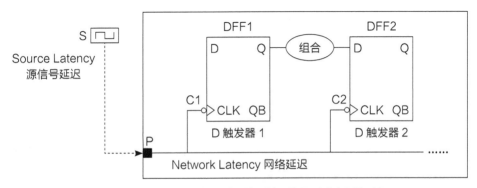

图 3-17　时钟信号到组件时钟输入端可能早到或晚到的时间

在图 3-17 中，左边的 D 触发器 1 在第 1 个时钟上升沿时会通过 Q 发出数据，此数据会在第 2 个时钟上升沿到来时让右边的 D 触发器 2 接收。要分析右边的 D 触发器 2 能否正确得到数据就必须知道第 1 个上升沿到达节点 C1 的时间点和第 2 个上升沿到达节点 C2 的时间点。假设在时间点为 0 时，时钟信号由 S 点出发，经过一段时间（Source Latency，源信号延迟，1 个时间单位，仿真芯片外的时钟延迟时间，如板子上布线产生的信号延迟时间）到达电路的时钟输入端点 P，接下来再经过一段时间（Network Latency，网络延迟，芯片内时钟布线造成的信号延迟时间），时钟信号分别到达 C1 和 C2 节点。如果电路已经进行布局布线，则从输入端点 P 到 C1 和 C2 的信号延迟时间可由连线上的寄生电阻电容计算得来。例如，经过计算发现信号由 P 传递到 C1 需要 1 个时间单位，由 P 传递到 C2 需要两个时间单位，则时钟信号第 1 个上升沿到达 C1 的时间点和第 2 个上升沿到达 C2 的时间点就会如图 3-18 中最下方两行所示，分别为时间点 2 和 13（因为加上了 1 个时间单位的 Source Latency）。

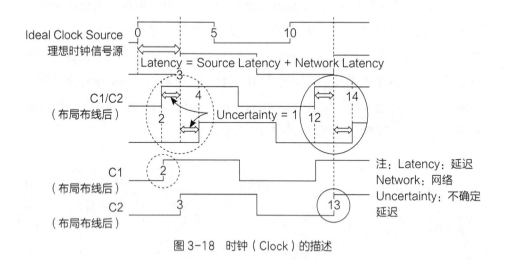

图 3-18　时钟（Clock）的描述

在布局布线之前，设计人员无法准确得知从 P 到 C1 和 C2 的信号延迟时间，仅能先做个预估。图 3-17 中所示的网络延迟（Network Latency）及上面提到的 Uncertainty 就是用来做此种预估的。首先假设某种完美的布局布线软件可以让从时钟输入端点 P 到所有触发器的时钟输入端的信号延迟时间一模一样，那么只要知道这个信号延迟时间就可以得到时钟信号到达 C1 和 C2 的时间点了。这个信号延迟时间可以通过电路特性（如预估面积大小，触发器数量等）来做预估，而这个预估值就是所谓的 Network Latency。如果这种完美的软件存在，那么时钟的上升沿到达 C1 和 C2 的时间点就可以由 Latency（Source Latency + Network Latency）计算出来。不过，在布局布线后，从时钟输入端点 P 到所有触发器的时钟输入端的信号延迟时间不会完全一样。也就是说，时钟的某个上升沿不会同时到达 C1 和 C2。因此，要对上述的预估值做些修正，加入 Uncertainty 的描述来定义时钟上升沿左右移动的可能范围。如图 3-18 中第 3、4 行所示，Uncertainty 为 1 个时间单位，所以时钟的第 1 个上升沿会在时间点 3（假设 Latency 为 3，如图 3-18 中第 2 行所示）左右 1 个时间单位（也就是时间点 2 到时间点 4）的范围内到达 C1，第 2 个上升沿则会在时间点 12 到时间点 14 的范围内到达 C2。

除对时钟进行描述之外，还要对边界条件（Boundary Condition）进行说明。在此之前，首先要弄明白路径（Path）的定义。路径根据起点和终点的不同，可以分为 4 种：从输入到输出、从输入到触发器、从触发器到输出、从触发器到触发器。

当时钟确定之后，第 4 种情况的时序限制就已经确定了。为了确定其他 3 种的时序限制，需要定义边界条件。

① Driving Cell：定义输入端点的驱动能力。

② Input Transition Time：定义输入端点的转换时间。

③ Output Capacitance Load：定义输出电容负载。

④ Input Delay（输入延迟）：定义输入端点相对于某个时钟域的延迟时间，如图 3-19 所示。

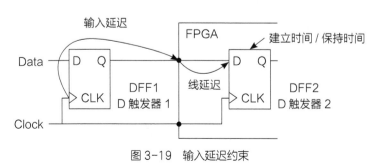

图 3-19　输入延迟约束

⑤ Output Delay（输出延迟）：定义输出端点相对于某个时钟域的延迟时间，如图 3-20 所示。

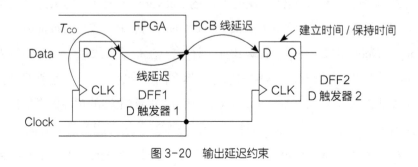

图 3-20　输出延迟约束

由于每个路径都有时序约束，所以时序分析都能够进行。但在某些情况下，有些路径的分析可能没有意义，因此会想忽略这些路径的分析；或是有些路径的分析方式不一样，会想指定这些路径的分析方式。此时，就要设定一些时序例外情况（Timing Exceptions）。时序例外情况包括错误路径（False Paths）、多循环路径（Multi-cycle Paths）、用户定义的最大最小延迟约束及无效的时序。必须正确地定义时序例外情况，否则它们不会被静态时序分析工具接受。例如，错误路径和多循环路径必须指定一个完整、有效的路径，包括正确的起点和终点，其中起点应该是主要的输入端口、时钟引脚或单元，而终点应该是主要的输出端口、时钟引脚或单元。

综上所述，静态时序分析非常适合于同步设计，如流水式的处理器结构和数据通路类的逻辑电路。同步时序电路的特点是，电路主要由存储单元和组合逻辑电路组成。在进行静态时序分析前，用户需要提供给时序分析工具的主要信息包括设计的网表和电路的时钟参数；时序分析工具能够从工艺库中获得建立时间和保持时间等时序参数，通过计算时序部件之间每个组合逻辑块的延迟，判断这些延迟是否和与之相对应的寄存器的时序参数冲突。静态时序分析包括 3 个基本的过程：查找、延迟计算和结果管理。在算法实现上，静态时序分析将要分析的电路抽象为有向图，这个图以各种延迟为边的权重，以电路基本存储单元为节点，并不考虑电路的逻辑功能。因此，那些原本并不具备逻辑功能的连接也可能被作为时序分析的一个路径给予计算和检查，这些路径就成为"虚假路径"。虚假路径的出现妨碍用户确定真正的关键路径，从而导致时序验证效率的降低，因此利用特定的约束减少最终路径报告中虚假路径的数量也是静态时序分析工具的主要工作任务。然而，由于电路自身信号流的复杂性和搜索算法的局限，虚假路径的出现总是难以避免，所以关键路径的最终确定还是需要用户仔细分析路径报告。

同传统设计流程中的后仿真方法验证相似，静态时序分析也依据设计流程所处的不同阶段和需要处理的电路基本单元的不同而分为不同的层次：晶体管级和门级。晶体管级的时序分析耗时长，但提供的时序信息精确且详细，不过由于晶体管级信号流方向的模糊性，也会有更多的虚假路径；而门级的时序分析因为信号流明确，产生虚假路径的数量也较少。

2）时序路径

静态时序分析工具可以查找并分析设计中的所有时序路径（Timing Path）。每个时序路径有一个起点（Startpoint）和一个终点（Endpoint）。起点是设计中数据由时钟沿触发的位置。数据通过时序路径上的组合逻辑传播，然后在终点位置被另一个时钟沿捕获。

时序路径的起点是时序元件的时钟引脚或设计的输入端口。在起点位置，时钟沿触发数据。输入端口也能被视作起点，是因为输入端口是由外部源触发的。在终点位置，时钟沿捕获数据。输出端口也能被视作终点，是因为输出端口是在外部捕获的。

如图 3-21 所示，每个路径从时序路径起点开始，经过一些组合逻辑，然后在终点被捕获。

①路径 1：从输入端口开始，到时序元件的数据输入。

②路径 2：从时序元件的时钟引脚开始，到时序元件的数据输入。

③路径 3：从时序元件的时钟引脚开始，到输出端口结束。

④路径 4：从输入端口开始，到输出端口结束。

设计中的每个路径都有一个相应的时序 Slack（Timing Slack）。Slack 是一个时间值，可以是正的、零或负的。具有最差 Slack 的单一路径称为关键路径（Critical Path）。可以将设计的时序路径分组，以便进行时序分析、报告和优化。例如，可以将输入到寄存器（Input-to-Register）路径、寄存器到寄存器

（Register-to-Register）路径和寄存器到输出（Register-to-Output）路径分成 3
个单独的组，因为它们具有不同类型的时序约束。在默认情况下，设计中使用
的每个时钟都有一个时序路径组（Path Group）。

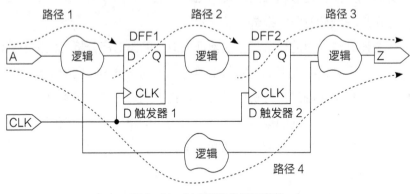

图 3-21　时序路径分析示意图

在静态时序分析中经常出现的概念就是时钟抖动。时钟抖动是指一个时钟
信号到达源触发器和目标触发器之间时间的差异。根据时钟信号到达的先后顺
序，有负时钟抖动和正时钟抖动之分。

①负时钟抖动（Negative Clock Skew）。如果目标触发器的时钟信号在源
触发器的时钟信号以前到达，则这种情况引起的时钟抖动叫作负时钟抖动。负
时钟抖动意味着最小时钟周期为路径延迟和时钟抖动之和，如图 3-22 所示。

②正时钟抖动（Positive Clock Skew）。如果源触发器的时钟信号在目标
触发器的时钟信号以前到达，则这种情况引起的时钟抖动叫作正时钟抖动。正
时钟抖动意味着最小时钟周期为路径延迟与时钟抖动的差，如图 3-23 所示。
可见正时钟抖动没有对时钟周期产生不利影响，所以在时序分析器中并不计算
正时钟抖动，时序分析器认为正时钟抖动为 0。

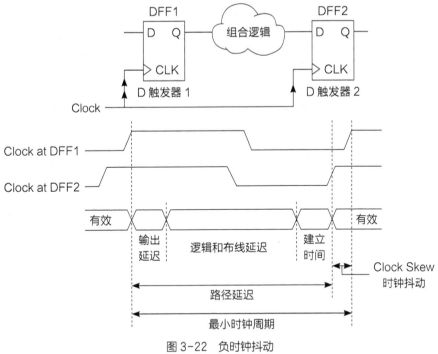

图 3-22 负时钟抖动

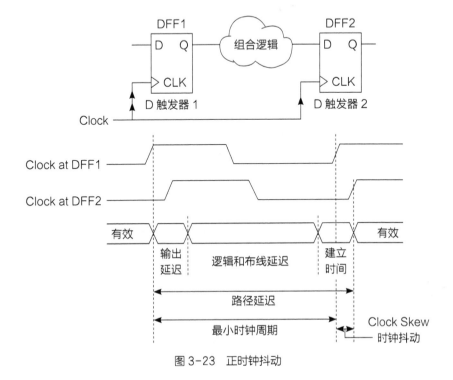

图 3-23 正时钟抖动

静态时序分析中的基本时序路径一般包括 Clock to Setup 路径、Clock to Pad 路径、Setup to Clock at the Pad 路径、Clock Pad to Output Pad 路径、Pad to Pad 路径和 Pad to Setup 路径。

（1）Clock to Setup 路径。Clock to Setup 路径从触发器的时钟输入端开始，结束于另外一个触发器的数据输入端。Clock to Setup 路径延迟包括触发器的 Clock to Q 延迟、触发器之间的路径延迟（经过两个触发器之间的所有组合逻辑），还需要加上目标触发器的建立时间。Clock to Setup 路径延迟是数据从源触发器开始，在下一个时钟沿到达之前经过中间所有组合逻辑和布线的最大时间要求。路径上所有触发器使用相同的时钟，同时时钟周期大于路径延迟就能满足设计的频率要求。Clock to Setup 路径和时序关系如图 3-24 所示。

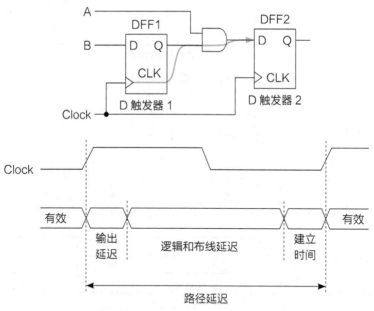

图 3-24　Clock to Setup 路径和时序关系

但是，也有一些场合同时使用时钟的上升沿和下降沿作为触发信号（如 DDR），此时如图 3-25 和图 3-26 所示。

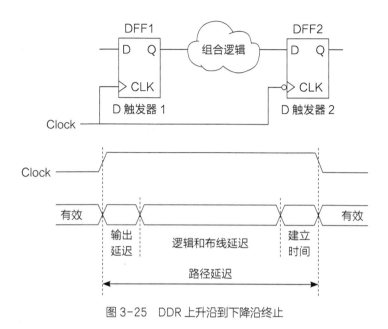

图 3-25　DDR 上升沿到下降沿终止

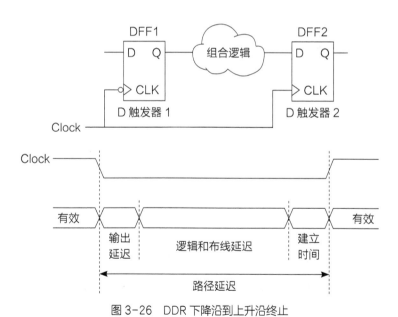

图 3-26　DDR 下降沿到上升沿终止

（2）Clock to Pad 路径。Clock to Pad 路径从触发器的时钟输入端开始，经过触发器的 Q 输出端和所有组合逻辑，在输出 Pad 处终止。Clock to Pad 路径延迟包括触发器的 Clock to Q 延迟、从触发器输出到芯片输出的路径延迟。Clock to Pad 路径延迟是数据从触发器开始，经过所有组合逻辑和布线，最后离开芯片的最大时间要求。在进行约束编辑时，如果使用 OFFSET 语句，则延迟计算将自动包含时钟 Buffer/Routing 延迟；如果使用 FROM:TO 约束，如 TTMESPEC TSF2P=FROM:FFS:TO:PADS:25ns，则在这种约束中的延迟计算将从触发器自身开始，并不包括时钟输入路径。因此，建议在对 Clock to Pad 路径进行约束时使用 OFFSET 语句。Clock to Pad 路径和时序关系如图 3-27 所示。

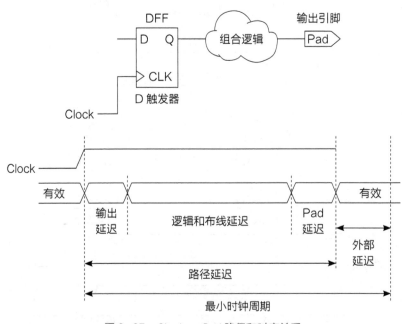

图 3-27　Clock to Pad 路径和时序关系

　　Clock to Pad 路径会在下级触发器的时钟输入端、异步复位端和异步置位端终止，也就是在这种情况下并不能构成一个完整的 Clock to Pad 路径，如图 3-28（a）所示。Clock to Pad 路径可以通过三态器件的使能端传播，同时这类路径都会在双向端口处打断终止，如图 3-28（b）所示。

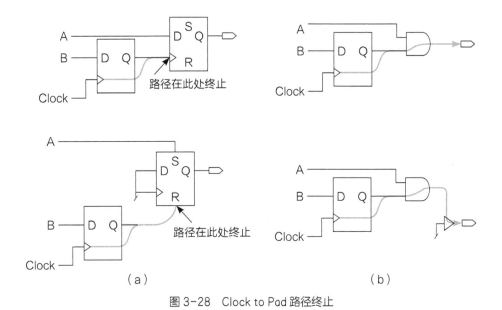

图 3-28　Clock to Pad 路径终止

（3）Setup to Clock at the Pad 路径。Setup to Clock at the Pad 路径从输入 Pad 开始，经过输入驱动器（Input Buffer）和所有组合逻辑，在触发器的 D/T 输入端终止。Setup to Clock at the Pad 路径延迟包括目标触发器的建立时间。这类路径不会在触发器处终止，这类路径终止于双向端口。

全局时钟路径从一个全局时钟的 Pad 开始，经过全局时钟 Buffer，在一个触发器的时钟输入端结束，如图 3-29 所示。

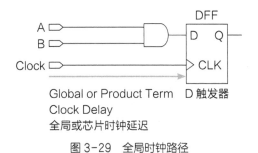

图 3-29　全局时钟路径

（4）Clock Pad to Output Pad 路径。Clock Pad to Output Pad 路径开始于时钟输入 Pad，通过触发器进行传播（不包括路径上触发器异步复位、置位输入），结束于输出 Pad。

（5）Pad to Pad 路径。Pad to Pad 路径从芯片的输入 Pad 开始并经过所有组合逻辑，结束于芯片的输出 Pad。Pad to Pad 路径延迟是数据输入芯片中，经过所有组合逻辑和布线，最后输出芯片的最大时间要求。这个约束不影响和约束任何一个时钟信号，组合逻辑路径不会经过触发器。这类路径在双向端口处终止。Pad to Pad 路径和时序关系如图 3-30 所示。

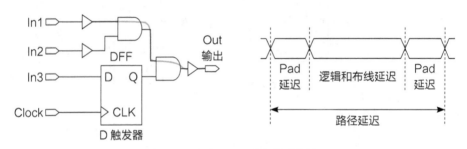

图 3-30　Pad to Pad 路径和时序关系

（6）Pad to Setup 路径。Pad to Setup 路径从芯片的输入 Pad 开始，在触发器、锁存器的 D/T 输入端结束，或者在 RAM 的输入端结束。这类路径可以经过输入驱动器和所有组合逻辑，但是不能经过触发器和双向端口。Pad to Setup 路径延迟是数据到芯片的最大时间要求。在进行约束编辑时，如果使用 OFFSET 语句对 Pad to Setup 路径进行约束，则时序分析器在进行延迟计算时会自动包含时钟延迟；如果使用 FROM:TO 约束，则不考虑时钟延迟。因此，建议在对 Pad to Setup 路径进行约束时使用 OFFSET 语句。Pad to Setup 路径和时序关系如图 3-31 所示。

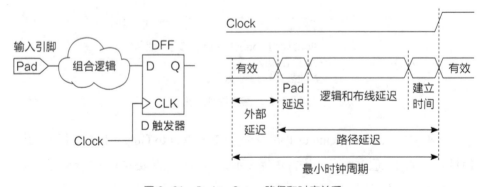

图 3-31　Pad to Setup 路径和时序关系

3）时序分析中可能出现的问题

在时序分析中可能会遇到一些问题，下面对常出现的问题分别进行介绍。

（1）反馈环路。在设计中存在异步反馈环路可能会引起时序误报。在进行时序分析时，异步反馈环路会误报很多并不存在的延迟路径。为了正确地进行时序分析，需要排除这些有可能产生误报的特殊网线。一般情况下，触发器使用异步复位、置位都会产生反馈环路，同时使用锁存器结构也会引入反馈环路。例如，在对一个使用了异步复位逻辑的状态机进行时序分析时，需要在时序报告中将包含复位逻辑的所有路径全部排除在外，这样才会得到正确的分析结果。

（2）时序约束不满足要求。如果在设计中使用了时序约束，则可以通过时序分析器来检查时序约束是否可以满足要求。若时序约束不满足要求，则可以通过时序分析器与布局规划器的交叉探查功能对设计的局部布局进行调整并改进。

（3）存在时钟抖动等信息。时钟抖动是指一个时钟信号到达源触发器和目标触发器之间时间的差异。因为相对于全局布线资源，其他的布线资源可预知性都比较差，所以如果时钟网络没有使用全局布线资源一般都会引起大的时钟抖动。当然，使用全局布线资源也会有时钟抖动，在进行时序分析时，这些问题都需要考虑在内。时钟抖动将会影响设计对时钟周期的要求，会降低系统的工作频率。

（4）确定芯片之间的延迟。为了确定系统级的时钟速率，必须添加外部的延迟信息到芯片传输路径上，这样时序分析器在计算路径延迟时就会包括外部的延迟。除非设计人员指定了芯片之间的延迟信息，否则时序分析器并不对芯片之间的延迟进行分析。由此可见，类似于 OFFSET 的时序约束在板级及系统级是必需的。

3.2.4　仿真测试

仿真测试包含功能仿真和时序仿真。功能仿真也就是通常所说的前仿真，是 RTL 的仿真，对象是 RTL 代码，其作用是验证 RTL 代码功能的正确性。时序仿真是综合和布局布线后的仿真，对象是电路网表，也就是后仿真。时序仿真加入了 FPGA 芯片的延迟信息。如果不进行前仿真，则无法通过仿真测试得到的波形判断设计是否达到任务需求。同样，如果不进行后仿真，则不能判断加入延迟信息后的波形是否达到设计所规定的时序要求。在仿真测试时需要搭建仿真测试平台（Testbench）。

1. 测试策略

FPGA 设计的总体目标是保证设计满足设计规范的要求。为了达到这一点，测试人员不仅需要对硬件描述语言（如 Verilog HDL、VHDL）所描述的设计进行仿真，而且还要保证测试手段、测试方法、测试平台的搭建等都是合理恰当的，并且能证明 FPGA 设计满足设计规范的要求。

测试人员使用仿真工具（如 Modelsim、VCS 等）测试 FPGA 设计所采用的方法是创建一个仿真测试平台（Testbench）。仿真测试平台同真实的实验测试平台很类似，都要在输入端施加一些测试激励，然后测试电路的输出响应，检查是否满足设计规范的要求。

实际上，仿真测试平台（以下简称测试平台）也是一个简单的 FPGA 设计，或称为一个简单的 FPGA 模型，由它产生一些必要的测试激励，并检查被测试模块的输出响应。通过这种方法，测试人员或设计人员可以观察波形，人工检查结果，或者使用 VHDL 结构加入常用于调试和差错的系统任务自动检查输出响应。

1）测试平台简介

FPGA 软件测试平台就是给待验证的设计施加激励，同时观察输出响应是否符合设计要求。测试平台在做功能仿真、门级仿真和时序仿真时都需要用到。初学者遇到的都是一些简单的设计，测试平台相应地也很简单，用一个文件就可以很清晰地呈现测试结构。对于一些复杂的项目，测试平台就没有那么简单了，由此专门产生一个行业——测试行业。这时要用到的一个概念就是结构化测试。

测试平台构成如图 3-32 所示。对设计测试结果的判断不仅可以通过观察波形得到，而且可以通过灵活使用脚本命令将有用的输出信息打印到终端或产生文本进行观察，也可以写一段代码让它们自动比较输出结果。

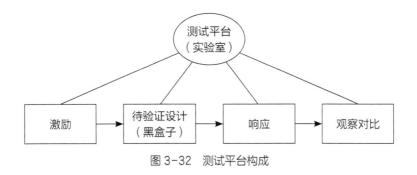

图 3-32 测试平台构成

下面说明如何给"一个简单的计数器控制 LED 灯"的例子搭建测试平台，如图 3-33 所示。

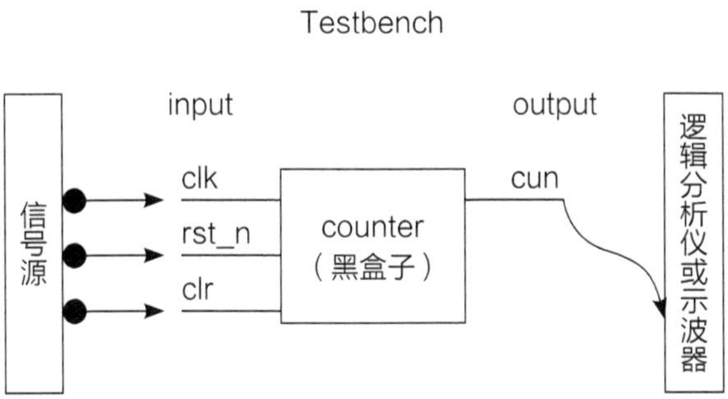

Testbench

图 3-33 counter 测试平台

图 3-34 中描述的是简单归纳的 3 个步骤。有时，最后一步还要比较复杂一点，不一定只是简单的输出观察，可能还需要反馈一些输入值给待测试用例设计模块。例化的目的就是把待测试用例设计和 Testbench 进行对接，和 FPGA 内部例化是一个概念。下面以时序逻辑电路设计之计数器来阐述这一过程。在图 3-34 中，对于这个待测试 counter 模块，Testbench 需要把 input 转换成 reg 类型，因为待测试模块设计的输入值是由 Testbench 决定的；相应的 output 就应该转换成 wire 类型，因为待测试模块设计的输出值不是由 Testbench 决定的。

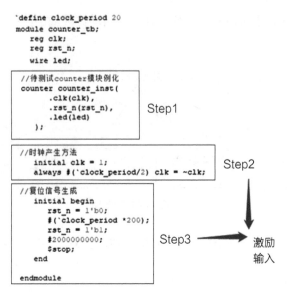

```
`define clock_period 20
module counter_tb;
    reg clk;
    reg rst_n;
    wire led;

    //待测试counter模块例化
    counter counter_inst(
        .clk(clk),                      Step1
        .rst_n(rst_n),
        .led(led)
    );

    //时钟产生方法
    initial clk = 1;                    Step2
    always #(`clock_period/2) clk = ~clk;

    //复位信号生成
    initial begin
        rst_n = 1'b0;
        #(`clock_period *200);
        rst_n = 1'b1;             Step3        激励
        #2000000000;                          输入
        $stop;
    end

endmodule
```

图 3-34　counter 对应 Testbench 激励分析

对于激励的产生，最基本的是时钟信号和复位信号的产生。时钟信号的产生有很多种，主要是使用 initial 和 always 语句。对于复位信号的产生，图 3-34 中的描述是比较简单的，另一种常见的做法是封装成一个 task，在需要复位的时候直接调用即可。

图 3-35 所示为 counter 功能仿真波形图，可以看出 led 高、低电平转换的时间均是 0.5s，也就是 500ms，符合既定的设计要求。

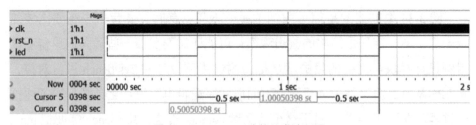

图 3-35　counter 功能仿真波形图

2）组合电路和时序电路的测试

下面通过两个简单的例子分别介绍组合电路的测试和时序电路的测试。

（1）组合电路的测试。设计组合电路的测试平台时，待测试模块及其功能决定了激励的选择与测试次数。对于一个已有的待测试模块，测试平台中需要声明与待测试模块输入 / 输出端口对应的变量。与输入端口相连的变量定义为 reg 类型，与输出端口相连的变量定义为 wire 类型，例化时将测试平台中声明的变量与待测试模块的输入 / 输出端口相关联。使用 initial 语句控制程序运行，initial 语句是一种过程结构，在 initial 块中可使用延迟控制语句来控制 initial 块中的程序流动。

这里对一个简单的算术逻辑单元（ALU）进行测试。该单元的 Verilog HDL 代码描述如下。

```verilog
// 多动能 ALU 的 Verilog HDL 代码
`timescale 1ns/100ps
module alu_4bit(a,b,f,oe,y,p,ov,a_gt_b,a_eg_b,a_lt_b);
    input[3:0]a,b;
    input[1:0]f;
    input oe;
    input[3:0]y;
    output p,ov,a_gt_b,a_eg_b,a_lt_b;
    reg[4:0]im_y;
     always @(a or b or f)
      begin
          ov=1'b0;
          im_y=0;
          case(f)
           2'b00:
            begin
             im_y=a+b;
             if(im_y>5'b01111)
               ov=1'b1;
            end
           2'b01:
            begin
             im_y=a-b;
             if(im_y>5'b01111)
               ov=1'b1;
            end
           2'b10:
             im_y[3:0]=a&b;
```

```
        2'b11:
            im_y[3:0]=a^b;
        default:
            im_y[3:0]=4'b0000;
        endcase
    end
  always @(a or b)
   begin
     if(a>b)
       {a_gt_b,a_ge_b,a_lt_b}=3'b100;
     else if(a<b)
       {a_gt_b,a_ge_b,a_lt_b}=3'b001;
     else
       {a_gt_b,a_ge_b,a_lt_b}=3'b010;
    end
  assign p=^im_y[3:0];
  assign y=oe?im_y[3:0]:4'bz;
endmodule
```

模块 alu_4bit 是四功能的算术逻辑单元，输入包括数据信号 a、b 和功能信号 f，输出包括数据信号 y 和 ALU 生成的奇偶校验信号 p、溢出信号 ov 及比较信号。alu_4bit 模块的测试平台（Testbench）描述如下。

```
module test_alu_4bit;
   reg[3:0]a=4'b1011,b=4'b0110;
   reg[1:0]f=2'b00;
   reg oe=1;
   wire[3:0]y;
   wire p,ov,a_gt_b,a_eg_b,a_lt_b;
   alu_4bit cut(a,b,f,oe,y,p,ov,a_gt_b,a_eg_b,a_lt_b);
   initial begin
    #20 b=4'b1011;
    #20 b=4'b1110;
    #20 b=4'b1110;
    #80 oe=1'b0;
    #20 $finish;
   end
   always #23 f=f+1;
endmodule
```

与 alu_4bit 模块相连的变量在声明时被赋初值。用 initial 语句对 ALU 的输入数据 b 和输出使能 oe 赋值，在前 60ns，每隔 20ns 给 b 赋一个新值，然后等待 80ns，给 oe 赋 0 值来禁止 ALU 的输出，再等待 20ns 后结束仿真。最终等待 20ns 后，显示的仿真结果包含最后一个输入数据产生的输出。

用 always 语句对 alu_4bit 模块的输入数据 f 赋值，f 的初值为 0，以后每隔 23ns 它的值加 1。initial 块的 $finish 语句在 160ns 时被执行，此时所有正在运行的过程语句都停止，仿真结束。

（2）时序电路的测试。时序电路的测试包括测试电路时钟与输入数据的同步。这里以一个名为 misr 的模块为例说明时序电路的测试方法。

misr 模块描述的电路有一个输入时钟、一个复位信号、输入数据与输出数据。该电路有一个 poly 参数（程序中 poly 参考默认为 0，可以在实际调用时修改该参数）。在每个时钟上升沿到来时，通过已有的 misr 模块寄存器数据和输入数据计算新的输出值。misr 模块的 Verilog HDL 代码描述如下。

```
'timescale 1ns/100ps
module misr#(parameter[3:0]poly=0)(
input clk, rst, input[3:0]d_in, output reg[3:0]d_out );
   always @(posedge clk )
    if(rst)d_out =4'b0000;
    else d_out = d_in ^({4{d_out[0]}} & poly)^ {1'b0,d_out[3:1]};
endmodule
```

下面是 misr 模块的测试平台。

```
module test_misr;
   reg clk=0,rst=0;
   reg[3:0]d_in;
   wire[3:0]d_out;
   misr #(4'b1100) MUT(clk,rst,d_in,d_out);
   initial
    begin
       #13 rst=1'b1;
       #19 d_in=4'b1000;
       #31 rst=1'b0;
       #330 $stop;
```

```
        end
    always #37 d_in=d_in+3;
    always #11 clk=~clk;
endmodule
```

测试平台中的 initial 语句产生 rst 信号的一个上升脉冲，从 13ns 到 63ns。这样做的目的是让这个脉冲至少覆盖一个时钟上升沿，这样，同步的 rst 信号可以初始化 misr 模块的寄存器。输入数据 d_in 初始值为不定态，当 rst 为 1 时，被赋予初值 4'b1000。

除这个 initial 语句块外，test_misr 模块还包括两条 always 语句，用于生成 clk 和 d_in。时钟是周期信号，每隔 11ns 翻转一次。另外，每隔 37ns 就给输入 d_in 一个新值。为了减小多个输入同时翻转的概率，对时序电路的输入一般采用素数作为时间间隔。

3）编写测试平台的注意事项

编写测试平台的注意事项如下。

（1）使用 initial 和 always。initial 和 always 是两条基本的过程结构语句，在仿真的一开始即开始相互并行执行。通常，被动的检测响应使用 always 语句，而主动的产生激励使用 initial 语句。

initial 和 always 的区别是：always 语句不断地重复执行，而 initial 语句则只执行一次。但是，如果希望在 initial 语句块中多次运行一个语句块，则可以在 initial 语句块中嵌入循环语句（while、repeat、for、forever 等）。例如：

```
initial
    begin
        forever/* 无条件连续执行 */
        begin
            …
        end
    end
```

另外，如果希望在仿真的某一时刻同时启动多个任务，则可以使用 fork...join 语句。例如，在仿真开始的 100ns 后，希望同时启动发送和接收任务，而不是发送完毕再进行接收。

（2）使用 force 和 release。force 是可以对变量和信号强制性地赋予确定的值，而 release 就是解除 force 的作用，恢复为驱动源的值。例如：

```
wire a;
assign a = 1'b0;
initial
begin
  #10  force a = 1'b1;
  #10  release a;
end
```

在 10ns 时，a 的值由 0 变为 1，在 20ns 时，a 的值又恢复为 0。

force 和 release 并不常用，有时可以利用它们和仿真工具做简单的交互操作。例如，Verilog-XL 的图形界面可以方便地将一个信号或变量 force 为 0 或 1，在测试平台中，可以检测变量是否被 force 为固定的值，当被 force 为固定的值时就执行预定的操作，实现了简单的交互操作。

相应于被测试模块的输入激励设置为 reg 类型，输出相应设置为 wire 类型，双向端口 inout 在测试中需要进行处理。

4）代码编写技术

下面讨论有关测试激励生成与输出结果观测的代码编写技术。

在这里待测试模块设计中使用一个如下描述的 moore 状态机，用于实现序列检测功能。当检测到输入序列为 101 时，当前状态值变为 d，输出 z 的值为 1。这是一个同步复位电路。具体代码描述如下。

```
`timescale 1ns/100ps
module moore_detector(input x,rst,clk,output z);
   parameter[1:0]a=0,b=1,c=2,d=3;
   reg[1:0]current;
   always @(posedge clk )
      begin
          if(rst)
             current = a;
          else
             case(current)
              a:current=x? b:a;
```

```
                b:current=x? b:c;
                c:current=x? d:a;
                d:current=x? b:c;
                default:current=a;
             endcase
          end
      assign z =(current==d)?1'b1:1'b0;
   endmodule
```

如下代码描述了 moore_detector 模块的测试平台，与前面类似，测试平台是一个没有输入 / 输出端口的模块。这个模块有 4 个过程块用于生成待测试状态机的测试数据。与例化模块 MUT 的输入端相连的变量在过程块中位于赋值语句的左侧，它们被定义为 reg 类型。

```
module test_moore_detector;
   reg x,reset,clock;
   wire z;
   moore_detector MUT(x,reset,clock,z);
    initial
      begin
        clock=1'b0;
        x=1'b0;
        reset=1'b1;
      end
    initial
    #24 reset=1'b0;
    always #5 clock=~clock;
    always #7 x=~x;
endmodule
```

通常，不是在声明 reg 类型变量时对其进行初始化，而是采用 initial 块对其进行初始化。初始化变量很重要，特别是对 clock 这种需要利用它前一时刻的值来计算当前时刻的值的变量，若不对其进行初始化，则它的初始值为不确定状态，并将一直保持为该状态。仿真波形图如图 3-36 所示。

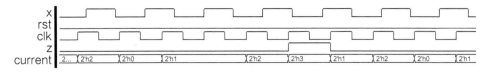

图 3-36 仿真波形图

（1）控制仿真。如下代码描述了 moore_detector 模块的另一种测试平台。前面介绍的测试平台，如果不中断它或停止它，则它会一直运行。下面描述的测试平台解决了这个问题，它加入另一个 initial 块，使仿真在 189ns 时停止。

```
// 有 $stop 仿真控制任务的测试平台
module test_moore_detector;
    reg x=0,reset=1, clock=0;
    wire z;
    moore detector MUT(x, reset, clock, z);
        initial
        #24 reset=1'b0;
        always #5 clock=~clock;
        always #7 x=~x;
        initial
        #189 $stop;
endmodule
```

$stop 和 $finish 是仿真控制任务。

如下代码描述了 moore_detector 模块的第 3 种测试平台，它把 reset 信号无效和仿真控制任务放在同一个 initial 块中，在这种时序下，仿真在 189ns 时停止。

```
// 有 $finish 仿真控制任务的测试平台
module test_moore_detector;
    reg x=0,reset=1,clock=0;
    wire z;
    moore_detector MUT(x,reset,clock,z);
     initial
      begin
       #24 reset=1'b0;
       #165 $finish;
      end
```

```
    always #5 clock=~clock;
    always #7 x=~x;
endmodule
```

（2）设置数据限制。测试平台也可以不通过设置仿真时间限制来控制仿真时间，而是通过对输入数据的数量进行设置来达到控制仿真时间的目的。同样，也可以停止仿真，避免其无限制地运行。

如下代码描述了 moore_detector 模块的第 4 种测试平台。这里采用 $random 对输入 x 生成随机数据。第 2 个 initial 块中的 repeat 语句让时钟共执行 13 次变化，每 5ns 变化一次。第 3 个 initial 块中的 repeat 语句让 x 共得到 10 个新数据，每隔 7ns 变化一次。这里采用随机数据代替预定的测试数据。这种策略生成数据比较简单，但是分析输出时比较困难，因为它的输入是不可预测的。对大规模电路来说，随机数据比可控的数据更有用。

```
// 用 repeat 语句限制输入数据的测试平台
module test_moore_detector;
    reg x=0, reset=1, clock=0;
    wire z;
    moore_detector MUT(x,reset, clock, z);
        initial #24 reset=1'b0;
        initial repeat(13)#5 clock=~clock;
        initial repeat(10)#7 x=$random;
endmodule
```

（3）采用同步数据。在前面介绍的几个测试平台的例子中，时钟和数据均采用独立时序，当同时施加几组数据时，数据的系统时钟的同步将出现困难。改变时钟频率会造成待测试模块所有输入数据时序的改变。

如下代码描述的 moore_detector 模块的测试平台解决了这个问题。它采用事件控制语句来同步由测试平台生成的 x 与时钟。在第 2 个 initial 块中用 repeate 语句生成 clock 信号。第 3 个 initial 块用于生成随机的数据 x。其中，用一个 forever 循环来重复执行这项操作。这个循环语句等到 clock 上升沿到来 3ns 后执行，为 x 生成新的随机数。这个时钟上升沿后稳定的数据在下一个时钟上升沿时施加到 moore_detector 模块。这种激励技术保证数据和时钟不会同时变化。

```
// 与时钟同步的数据
module test_moore_detector;
    reg x=0,reset=1, clock=0;
    wire z;
    moore_detector MUT(x, reset, clock, z)
        initial #24 reset=1'b0;
        initial repeat(13)#5 clock=~clock;
        initial forever @(posedge clock)#3 x=$random;
endmodule
```

这里采用 3ns 的延迟，使该测试平台既可以用于行为仿真，又可以用于综合时序仿真。在综合时序仿真时，采用带有真实时延的元件模型，测试平台的延迟使该测试数据比其余测试数据先结束。

（4）同步显示输出结果。在前面所描述测试平台的基础上，下面介绍一种可以用于同步观测待测试模块的输出或内部信号的方法。当采用层次化命名时，这种测试平台能够显示待测试模块的内部变量和内部信号。在这种测试平台中用到了任务 $display 和 $monitor。

如下代码描述的 moore_detector 模块的测试平台就采用了这一方法。该平台用于观测 moore_detector 模块的状态值 current 和输出值 z，其中用任务 $monitor 来显示寄存器 current 的值，在 always 块中用任务 $display 来显示输出结果 z。每当状态值 current 和输出值 z 变化时，就会显示变化后的值。

```
module test_moore_detector;
    reg x=0,reset=1, clock=0;
    wire z;
    moore_detector MUT(x, reset, clock, z);
        initial #24 reset=1'b0;
        initial repeat(13)#5 clock=~clock;
        initial forever @(posedge clock)#3 x=$random;
        initial $monitor("New state is %d and occurs at %t", MUT.
        current, $time);
        always @(z)
        $display("Output changes at %t to %b",$time,z);
endmodule
```

该测试平台中最后一个过程赋值语句是对 z 值敏感的 always 语句。该语

句中嵌套了一个 $display 任务，用于在 z 值变化时表示变化后的值及其变化时间。下面所示是运行测试平台生成的结果。

```
#  New state is x and occurs at 0
#  Output changes at 5 to 0
#  New state is 0 and occurs at 5
#  New state is 1 and occurs at 25
#  New state is 2 and occurs at 85
#  Output changes at 95 to 1
#  New state is 3 and occurs at 95
```

（5）采用随机时间间隔。前面介绍了如何使用系统任务 $random 产生随机数据。下面讨论在测试平台中采用随机时间作为输入 x 赋值语句中的延迟。

如下代码描述的测试平台用 $random 产生延迟控制，对前面的 101 序列检测器进行测试。在测试平台中，命名为 running 的 initial 语句块为电路产生适当的 reset 和 start 信号。在这个过程块中，由非阻塞赋值语句生成的时间延迟被作为绝对的时刻值。

```
// 采用随机时间间隔的测试平台
module test_moore_detector;
    reg x,start,reset,clock;
    wire z;
    reg[3:0]t;
    moore_detector MUT(x,start,reset,clock,z);
      initial
        begin:running
          clock<= 1'b0;
          x <= 1'b0;
          reset <= l'bl;
          reset <= #17 1'b0;
          start <= l'b0;
          start <= #17 l'bl;
          repeat(13)
            begin
              @(posedge clock);
              @(negedge clock);
            end
```

```
        start = 1'b0;
        #5 $finish;
    end
    always #5 clock=~clock;
    always begin
      t=$random;
      #(t)x=$random;
    end
  endmodule
```

状态机开始工作后，测试平台等待 13 个完整的时钟周期，然后对输入 start 信号赋 0 值后停止仿真。和 running 语句块并行执行的一个 always 块生成周期为 10ns 的时钟信号；另一个 always 块生成随机时间 t，并把 t 作为向 x 赋随机值时的延迟，这个 always 块不停地为输入 x 信号产生数据，直到 running 语句块中执行到 $finish 才停止。采用随机时间间隔仿真波形图如图 3-37 所示。

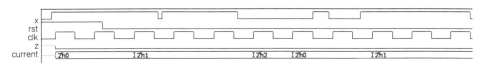

图 3-37　采用随机时间间隔仿真波形图

2. 测试内容

仿真测试涉及的测试内容主要包括功能测试、性能测试、接口测试、边界测试、强度测试、余量测试、逻辑测试等。

实际测试时应根据承担任务范围的具体情况确定所需进行的具体测试内容，或者增补其他必要的测试内容，并应在测试需求中加以说明。

各测试内容的具体描述如下。

1）功能测试

功能测试是对 FPGA 产品需求或设计文档中规定的功能需求逐项进行的测试，以验证其功能是否满足需求和设计要求。功能测试一般需要进行：

（1）用正常值的等价类输入数据值测试；

（2）用非正常值的等价类输入数据值测试；

（3）进行每个功能的合法边界值和非法边界值输入的测试；

（4）用一系列数据类型和数据值运行，测试超负荷、饱和及其他"最坏情况"的结果。

2）性能测试

性能测试是对 FPGA 产品需求或设计文档中规定的性能需求逐项进行的测试，以验证其性能是否满足需求和设计要求。性能测试一般需要进行：

（1）测试在获得定量结果时程序计算的精确性（处理精度）；

（2）测试其时间特性和实际完成功能的时间（处理时间）；

（3）测试为完成功能所处理的数据量。

3）接口测试

接口测试是对 FPGA 产品需求或设计文档中规定的接口需求逐项进行的测试，以验证其接口是否满足需求和设计要求。接口测试一般需要进行：

（1）测试所有外部接口，检查接口时序、接口信息的格式及内容；

（2）对每个外部输入/输出接口都必须进行正常和异常情况下的测试。

4）边界测试

边界测试是对 FPGA 产品处在边界或端点情况下运行状态的测试。

5）强度测试

强度测试是强制 FPGA 产品运行在不正常到发生故障的情况（设计的极限状态到超出极限）下，检验 FPGA 产品在扩展情况下可工作的临界点。

6）余量测试

余量测试是对 FPGA 产品的逻辑资源使用率和时钟速率降额情况是否达到需求规格说明中要求的余量的测试。

7）逻辑测试

逻辑测试是对软件代码中语句、分支、条件、状态机等的覆盖率进行统计。FPGA 软件测试中通常要求语句、分支、条件、状态机的覆盖率需要达到100%，若在测试中未能达到 100% 的覆盖率，则应给出具体说明。

覆盖率是度量测试完整性的一个手段，是测试有效性的一个度量，体现了测试的充分性。逻辑测试主要依赖于功能仿真。功能仿真结束后，测试人员可通过仿真工具查看软件代码中语句、分支、条件、状态机等的覆盖情况，分析被测试模块的设计是否合理，所有代码中的语句、分支、条件、状态机是否全部覆盖，如果未能达到 100% 的覆盖率，则需要进行补充测试或给出不能 100% 覆盖的原因分析。

（1）语句覆盖（Statement Coverage）又称为行覆盖（Line Coverage），是最常用的一种覆盖方式，用于度量代码中每条可执行语句是否被执行到。这里说的是"可执行语句"，因此就不能包括代码注释、空行等。需要注意的是，单独一行的 begin 或 end 也常常被统计进去。语句覆盖只考虑代码中的可执行语句，而不考虑各种分支的组合等情况。语句覆盖要求代码中每条可执行语句在测试中尽可能都被检验过。

语句覆盖率用于记录代码中可执行语句被执行的情况，其计算方法为

语句覆盖率 =（被执行到的可执行语句数量 / 可执行语句总数）× 100%

（2）分支覆盖（Branch Coverage）要求代码中每个判断的取真分支和取假分支至少经历一次，即判断的真、假均曾被满足。分支覆盖用于度量代码中每个判断的分支是否都被执行到。在控制流图内的每条边（有向线）都至少被执行一次，分支覆盖率才是 100%。对 Verilog HDL 编写的代码而言，分支覆盖就是统计 if、case 等语句各分支的执行情况。分支覆盖要求代码中每个判断的分支在测试中尽可能都被检验过。

分支覆盖率用于记录分支测试覆盖的情况，其计算方法为

分支覆盖率 =（已测试的分支数 / 分支总数）× 100%

（3）条件覆盖（Condition Coverage）用于度量代码中判定式中的每个子表达式结果（布尔值 true 和 false）是否都被测试到。当判定式中有多个条件时，条件覆盖要求每个条件的取值均得到测试。

条件覆盖率用于记录条件被测试的情况，其计算方法为

条件覆盖率 =（已测试的条件数 / 条件总数）× 100%

（4）状态机覆盖要求代码中每个状态机中的各个状态都被执行到。功能仿真之后，使用仿真工具能够统计出状态机覆盖情况。依据状态机覆盖情况，可以初步判断代码在功能仿真流程中哪些状态没有跳转到。测试人员可进一步分析状态机覆盖率没有达到 100% 的原因，如编写的测试激励存在充分性不足

或代码中的状态机本身存在设计缺陷导致存在无法跳转到的状态等。

状态机覆盖率用于记录状态机中被执行到的状态的情况，其计算方法为

状态机覆盖率 =（状态机中被执行到的状态数量 / 所有状态机的状态总数）× 100%

3.3　本章小结

本章主要介绍了 FPGA 软件测试相关标准和方法。通过本章的学习，读者应该掌握 FPGA 软件测试相关标准和 FPGA 软件测试方法。

## 第4章

FPGA 软件测试工具及使用方法

　　FPGA 软件测试内容基本上都需要通过 FPGA 软件测试工具辅助完成，因此学会 FPGA 软件测试工具的使用方法在 FPGA 软件测试中具有很重要的作用。为了提高 FPGA 软件测试效率，可选取重要测试方法形成基本测试方法组合。基本测试方法组合包含"设计检查＋功能仿真＋时序仿真＋静态时序分析"。其中，设计检查包含文档审查、编码规则检查（代码审查）和代码走查；功能仿真主要是针对 RTL 代码开展的仿真测试，重点关注 RTL 代码逻辑功能的正确性和仿真测试的覆盖率信息；时序仿真则重点对布局布线之后的网表文件和标准延迟文件展开测试；静态时序分析用于计算并检查电路中每一个时序器件的建立时间、保持时间及其他基于路径的延迟要求是否满足。其中，FPGA 软件设计文件、测试过程和测试工具的对应关系如图 4-1 所示。本章主要对几种 FPGA 软件测试工具的使用方法进行介绍。

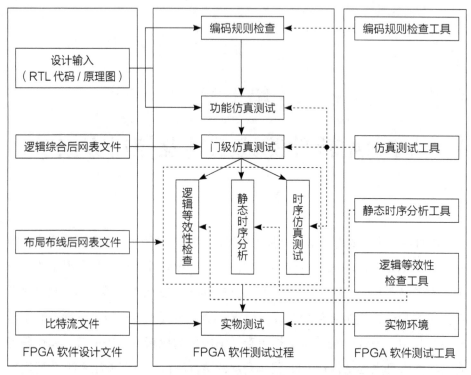

图 4-1　FPGA 软件设计文件、测试过程和测试工具的对应关系

4.1　编码规则检查工具及使用方法

通过 3.2.1 小节了解了什么是编码规则及编码规则检查的具体内容，但在实际工作中还面临以下困境：首先，编码规则检查需要付出很繁重的劳动，需要重新理解代码，即使是非常专业的测试人员，理解别人的代码也是很烦琐的工作，并且容易出错；其次，当前环境对产品质量及研制周期都提出了很高的要求，往往要求在有限的时间内，利用有限的经费完成高可靠性的软件测试。因此，在 FPGA 软件测试中使用编码规则检查工具来提高测试效率与测试质量是非常必要的。编码规则检查工具可以实现对代码是否符合相关标准规则的检查，能按照代码规则自动、快速判断与相关标准的符合性，还能检测代码是否与设计相符，并且判断代码的可读性、逻辑表达正确性及代码结构是否合理。

其具体作用表现在以下几个方面：①代码自动检查，辅助各单位普及编程标准；②软件开发实时自查，在开发阶段发现代码问题；③代码级评测，作为代码评审依据。目前，市场上主流的编码规则检查工具主要有 LEDA（Synopsys 公司）、ALINT（Aldec 公司）、HDL Designer（Mentor Graphics 公司）、vLinter（vSync Circuits 公司）等。

LEDA 是 Synopsys 公司开发的一款可编程代码设计规则检查器，它提供全芯片级混合语言（Verilog HDL 和 VHDL）处理能力，从而加快了复杂 SoC 设计的开发。LEDA 预装的检查规则大大地增强了设计人员检查 HDL 代码的能力，包括可综合性、可仿真性、可测试性和可重用性。利用所提供的设计规则，能进一步提高 Synopsys 工具（如 Design Compiler 及 Formality）的性能。LEDA 的规则集有助于设计人员共享他们的设计经验，对硬件设计进行预检查，并将设计风险减到最小。使用 LEDA，可以对硬件设计的仿真和综合进行预检查，消除设计流程中的瓶颈。

ALINT 是 Aldec 公司推出的编码规则检查工具，它主要是依据规则集来进行编码规则检查。规则集是规则的集合，ALINT 工具的规则集主要来源于以下 3 个方面，即经业界验证的指南、内部硬件设计经验、ALINT 客户反馈，如图 4-2 所示。

图 4-2　ALINT 工具的规则集来源

目前，ALINT 工具支持四大规则集：ALINT、STARC、RMM 和 DO-254。四大规则集都有自己的侧重点，互为补充且不冲突。ALINT 是基本的代码规则，用来防止基础的代码错误，对于高级的检查并不支持；STARC（半导体学术研究中心）是目前业内最全面的主流规则集，STARC 本身是由日本 Sony、Panasonic 等公司联合成立的，因此也是工程师实际设计经验的总结；RMM 侧重代码的可重用性、可读性等，特别适合 IP 核提供商遵循；DO-254 是电子器件的安全设计标准，侧重于代码的安全性。

根据以往项目的测试经验，本节主要介绍 HDL Designer、vLinter 工具。

4.1.1 HDL Designer

HDL Designer 是 Mentor Graphics 公司独有、完善的硬件设计复用、创建和管理环境，广泛地应用在 FPGA、ASIC 和 SoC 等多种设计流程中。HDL Designer 可以实现 HDL 与图形方式混合的层次化设计，结合数据管理、版本管理、文档管理、设计流程管理等全面的设计管理功能，为大规模设计提供有力的支持。HDL Designer 提供和多种仿真器、逻辑综合器的接口，用户可以根据实际情况定制自己的设计流程。HDL Designer 主界面如图 4-3 所示。

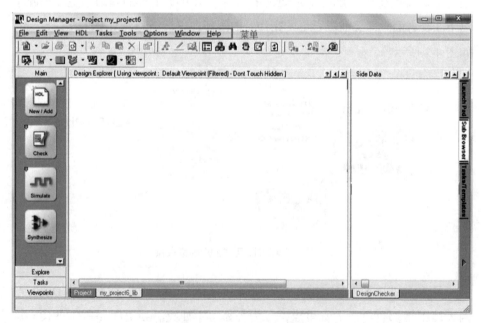

图 4-3　HDL Designer 主界面

HDL Designer 与仿真工具（如 QuestaSim）和综合工具（如 Precision）结合，可提供完整的 FPGA/CPLD 设计流程。其主要优点如下。

（1）采用多种高级设计输入工具，快速创建设计。

（2）快速地分析设计代码，评估代码，对 RTL 代码进行图形化处理。

（3）内置与其他 EDA 工具和版本管理工具的接口。

（4）与 Mentor Graphics 的其他工具构成完整的 FPGA/ASIC 设计流程。

HDL Designer 提供丰富强大的输入手段，可以实现 HDL 与图形方式混合的层次化设计，支持 Top-Down 和 Bottom-Up 的设计方法，支持团队使用灵活的设计手段，结合 IP 核复用，为用户提供一个高效的设计创建环境。针对不同厂家的器件，可以采用相同的设计方法。HDL Designer 内置了不同的设计规则集，用户可以选择相应的设计规则，构建自己的评估策略，对工程中的模块自顶向下地进行评估，对规则集中的每一个条目进行检查并给出评分。这样，根据最终的总体分数，代码质量的高低就一目了然，设计人员也可以直接了解到代码中的潜在问题。

如图 4-4 所示，HDL Designer 包含 Xilinx 和 Altera（Intel）公司的设计规则，并支持用户根据自身需要进行灵活的修改来制定适合本公司的设计规则。而且，根据航空航天及军工等安全关键行业的设计特点，HDL Designer 集成了 DO-254 规则集，可以确保设计具备足够的可靠性及安全性。

图 4-4　HDL Designer 规则集

4.1.2 vLinter

vLinter 是以色列 vSync Circuits 公司开发的一个基于规则的 HDL 代码静态分析工具。它能识别并报告与不符合启用规则（包括 VHDL/Verilog HDL 的 IEEE 标准）相关的代码问题，提供多种 RTL 语言及其混合语言模式，包括 Verilog 1995、Verilog 2001、SystemVerilog 2005、SystemVerilog 2009、VHDL 1987、VHDL 1993、VHDL 2002、VHDL 2008 等。vLinter 能自动识别设计中用到的第三方厂家（Altera、Xilinx、Actel、Synopsys、Lattice 等）提供的 IP 核，并能对设计中存在的没有 RTL 源码形式的第三方 IP 模块进行黑盒化；支持通过加载已设计好的工程文件（如扩展名为 .xise、.xpr、.qsf、.qip 的工程文件）或由 Synplify 工具综合后生成的 .prj 工程文件向项目中添加源文件，如图 4-5 所示。

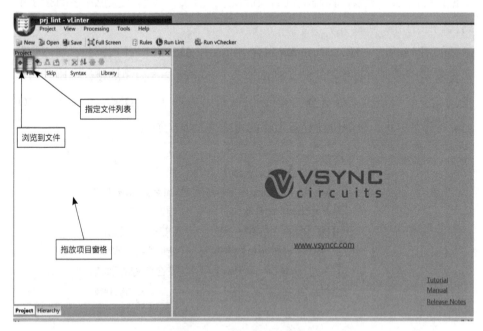

图 4-5　向项目中添加源文件

vLinter 支持的规则集包括 Verilog HDL 与 VHDL 的 STARC、RMM 和 DO-254 规则集，可对规则集进行自由裁剪和设置，如图 4-6 所示。

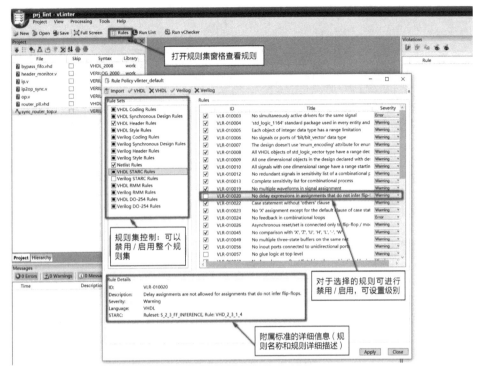

图 4-6 vLinter 规则集设置

同时，vLinter 也支持将设置好的规则集进行保存。用户需要单击"Apply"按钮，然后 vLinter 请求将规则集保存到一个新的 VPRP 文件中，以确保自定义规则集被保留，并可以稍后导出到其他项目中。VPRP 文件保存在项目层次结构中：<项目名称>\PRP\<VPRP 文件名称>。当规则集是预定义的时（例如，当公司有一个预定义的规则集，该规则集应该被所有公司项目使用时），应该使用规则集窗格中的"Import"按钮将预定义的规则集文件导入项目中。规则集的保存与导入如图 4-7 所示。

按照制定规则分析完以后，vLinter 将在设计中发现的违规列表呈现给用户。违规在一个特殊的窗口"Violations"中列出。这个窗口也可以通过执行 View → Lint Results 命令访问。违规窗口如图 4-8 所示。

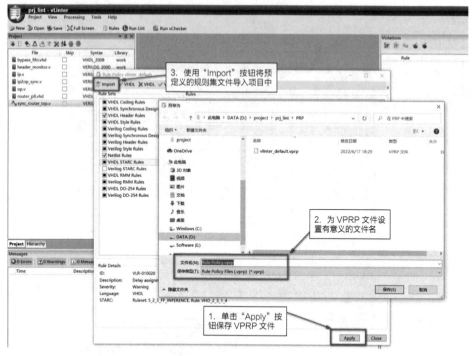

图 4-7　规则集的保存与导入

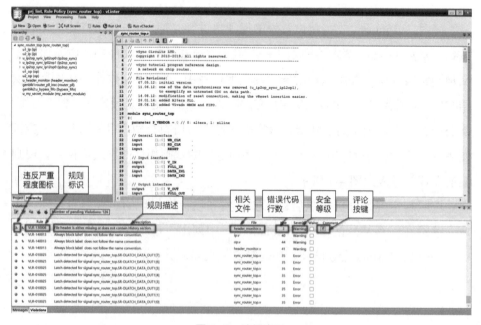

图 4-8　违规窗口

每个报告的违规都应该由用户审查，目标是将违规的数量减少到零。用户可以双击正在检查的违规项以查看相关的 HDL 源文件，然后可以浏览源文件，查看报告的问题并修复它。

对于某些违规，有一个相关的信号 / 字符串名称。用户可以使用文本编辑器的 Find 菜单（Ctrl+F 快捷键）查找查看的字符串。vLinter 的文本编辑器允许常规的文本编辑器操作：保存（Ctrl+S 快捷键）、剪切、复制、粘贴、撤销、重做、搜索、查找和替换特殊字符串。

4.2 静态时序分析工具及使用方法

3.2.3 小节已经简单介绍了静态时序分析的定义和分析方法，本节主要介绍 FPGA 静态时序分析的相关工具及使用方法。目前，各 FPGA 厂家的工具均提供静态时序分析功能。例如，Altera（Intel）公司的 Quartus II 自带的静态时序分析工具可以进行时序路径的延迟分析、建立时间 / 保持时间分析。Synopsys 公司的 PrimeTime 是业界最流行的静态时序分析工具，占据最大的市场份额，因此本节主要介绍 PrimeTime 工具的使用。

4.2.1 PrimeTime 简介

PrimeTime 简称 PT，是 Synopsys 公司推出的静态时序分析工具，不仅可以独立运行，不需要逻辑综合过程中所必需的各种数据结构，而且对内存的要求相对也比较低。同时，PrimeTime 还适用于规模较大的 SoC 设计，在数据集成电路设计的流程中、版图前、全局布线之后，都可以使用 PrimeTime 进行静态时序分析。PrimeTime 有两种模式：第 1 种模式为 pt_shell 模式，是命令行模式，如图 4-9 所示；第 2 种模式为 GUI 模式，是图形界面模式，如图 4-10 所示。

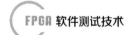
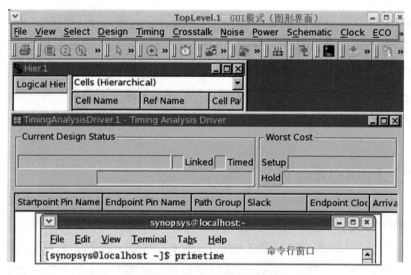

图 4-9　PrimeTime pt_shell 模式

图 4-10　PrimeTime GUI 模式

PrimeTime 的分析原理是：首先把整片芯片按照时钟分成许多时序路径，然后对每个时序路径进行计算和分析。PrimeTime 可以提供建立时间和保持时间的检查（Setup and Hold Checks）、时钟脉冲宽度的检查（Clock Pulse Width Checks）、时钟门锁检查（Clock-Gating Checks）、恢复和去除检查（Recovery and Removal Checks）、未约束的时序端点检查、主从时钟分离（Master-slave

Clock Separation）检查、有多个时钟的寄存器（Multiple Clocked Registers）检
查、组合反馈环路检查、基于设计规则的检查（包括对最大电容、最大传输时
间、最大扇出的检查等）。

在 PrimeTime 使用过程中，除要了解如何对该工具进行使用外，还需要了
解怎样通过该工具对时序问题进行分析。本节通过一个 AM2910 微处理器的
例子介绍 PrimeTime 使用流程。

4.2.2 PrimeTime 使用流程

PrimeTime 使用流程主要包括准备工作、设置运行环境、保存设置、基本
分析、情形分析、模式分析、其他分析、退出。其中，情形分析、模式分析和
其他分析都属于高级分析。

1. 准备工作

1）建立目录

将 AM2910 例子中所有的文件复制到新建的目录下（如新建目录为
primetime），方法如下。

```
mkdir primetime
cd primetime
cp -r $SYNOPSYS/doc/pt/tutorial ./
```

以上复制命令也可以用下列命令替换。

```
cp -r $SYNOPSYS/doc/pt/tutorial .
```

确认 primetime 目录下有以下这些文件：AM2910.db、CONTROL.db、
REGCNT.db、UPC.db、Y.data、Y.mod、Y_lib.db、STACK_lib.db、pt_lib.db、
stack.qtm.pt、optimize.dcsh、timing.dcsh、tutorial.pt。

2）运行 PrimeTime

在命令行中输入"pt_shell"，进入 pt_shell 模式。

2. 设置运行环境

1）定义搜索路径和链接路径

```
pt_shell>set search_path "."
pt_shell>set_link_path "* pt_lib.db STACK_lib.db Y_lib.db"
```

2）读入设计

PrimeTime 支持以下设计格式。

（1）Synopsys 数据库文件（.db）：使用 read_db 命令。

（2）Verilog 网表文件：使用 read_verilog 命令。

（3）电子设计交换格式（Electronic Design Interchange Format，EDIF）网表文件：使用 read_edif 命令。

（4）VHDL 网表文件：使用 read_vhdl 命令。

读入 AM2910 顶层设计文件的命令如下。

```
pt_shell> read_db AM2910.db
```

输入以上命令后，界面显示信息如下。

```
Loading db file '/u/joe/primetime/tutorial/AM2910.db'1
```

3）链接设计

相关命令如下。

```
pt_shell> link_design AM2910
```

输入以上命令后，界面显示信息如下。

```
Loading db file '/u/joe/primetime/tutorial/pt_lib.db'
Loading db file '/u/joe/primetime/tutorial/STACK_lib.db'
Loading db file '/u/joe/primetime/tutorial/Y_lib.db'
Linking design AM2010…
Loading db file '/u/joe/primetime/tutorial/STACK.db'
…
Designs used to link AM2910:
CONTROL,REGCNT,STACK,UPC,Y
Libraries used to link AM2910:
STACK_lib, Y_lib, pt_lib
```

```
Design 'AM2910' was successfully linked
```

4）显示当前已载入的设计和单元的信息

显示当前已载入的设计的命令如下。

```
pt_shell>list_designs
```

得到当前载入单元的信息的命令如下。

```
pt_shell>report_cell
```

5）编译一个标记模型（Stamp Model）

标记模型是一个像 DSP 或 RAM 那样复杂模块的静态时序模型。标记模型与 .lib 模型共存，而不能代替它们。建立标记模型是用在晶体管层次的设计上，在这个层次上没有门级网表。标记模型语言是一种源代码语言，被编译成 Synopsys 的 .db 文件，可以被 PrimeTime 或 Design Compiler 使用。标记模型包含引脚到引脚的时序弧、建立时间和保持时间数据、模式信息、引脚的电容和驱动能力等。标记模型还能保存属性（面积等）。三态输出、锁存器和内部生成的时钟都可以被建模。一个标记模型包括两种源代码文件，分别为 .mod文件和 .data 文件。标记模型可以有多个 .data 文件来描述不同运行条件下的时序。两种格式文件都需要编译成一个 .db 模型。

编译 AM2910 中 Y 模块的标记模型（标记模型源代码文件是 Y.mod 和 Y.data）的命令如下。

```
pt_shell>compile_stamp_model -model_file Y.mod\-data_file Y.data
-output Y
```

这样，PrimeTime 生成两个 .db 文件：Y_lib.db（一个库文件，包含若干单元核）和 Y.db（一个设计文件，引用 Y_lib.db 中的单元核）。

6）编译一个快速时序模型（Quick Timing Model）

可以为设计中还没有完成的模块建立一个快速时序模型，以使完整的时序分析能够进行。通常的情形可能有 3 种，分别是：①模块的 HDL 代码还没有完成时；②为了划分设计，在评估阶段为实际设计进行时序预测和约束估计时；③模块的标记模型还没有完成时。

一个快速时序模型是一组 PrimeTime 命令，而不是一种语言。为了方便和文档化，可以将它们写在一个脚本文件中，然后保存为 .db 的格式。还可以将快速时序模型保存为标记模型，这是建立一个复杂标记模型的一种便利的方法。本例中的 STACK 模块的快速时序模型脚本文件是 stack.qtm.pt，建立其对应的标记模型的命令如下。

```
pt_shell>source -echo stack.qtm.pt
…
pt_shell>report_qtm_model
…
pt_shell>save_qtm_model -output STACK -format db
```

输入以上命令后，界面显示信息如下。

```
Wrote model library core to './STACK_lib.db'
Wrote model to './STACK.db'
```

7）建立运行条件和连线负载模型

PrimeTime 在生成建立时间时序报告（Setup Timing Reports）时使用最大（Maximum）运行条件和连线负载模型，在生成保持时间时序报告（Hold Timing Reports）时使用最小（Minimum）运行条件和连线负载模型。

```
pt_shell>set_operating_conditions -library pt_lib -min BCCOM
-max WCCOM
pt_shell>set_wire_load_mode top
pt_shell>set_wire_load_model -library pt_lib -name 05×05 -min
pt_shell> set_wire_load_model -library pt_lib -name 20×20 -max
```

如果运行条件在两个不同的库中，用 set_min_library 命令来在最大库和最小库间建立联系。

得到一张库的列表的命令如下。

```
pt_shell>list_libraries
```

输入以上命令后，界面显示信息如下。

```
Library Registry:
STACK_lib /home/gray/primetime/tutorial/
```

```
STACK_lib.db:STACK_lib
Y_lib/home/gray/primetime/tutorial/Y_lib.db:Y_lib
* pt_lib /home/gray/primetime/tutorial/
pt_lib.db:pt_lib
```

要得到一个库的详细信息，输入如下命令。

```
pt_shell>report_lib pt_lib
```

8）基本声明（Basic Statement）

```
pt_shell> create_clock -period 30[get_ports CLOCK]
pt_shell> set clock[get_clock CLOCK]
pt_shell> set_clock_uncertainty 0.5 $clock
pt_shell> set_clock_latency -min 3.5 $clock
pt_shell> set_clock_latency -max 5.5 $clock
pt_shell> set_clock_transition -min 0.25 $clock
pt_shell> set_clock_transition -max 0.3 $clock
```

9）时钟门锁检查（Clock-Gating Checks）

```
pt_shell> set_clock_gating_check -setup 0.5 -hold 0.1 $clock
pt_shell> set_min_pulse_width 2.0 $clock
```

如果设计被反标注（Back-annotate），则 PrimeTime 会使用 SDF（Standard Delay Format，标准延迟格式）文件中的建立时间值、保持时间值和时钟脉冲宽度说明。通过命令 report_design 和 report_reference 可以得到一个时序摘要。

10）检查时序声明和设计的结构

在进行时序分析之前运行 check_timing 命令是关键。这个命令能够检查到所有可能的时序问题。

11）设置端口延迟并检查设置情况

```
pt_shell>set_input_delay 0.0[all_inputs]-clock $clock

pt_shell>set_output_delay 2.0[get_port INTERRUPT_DRIVER_
ENABLE]-clock $clock
pt_shell>set_output_delay 1.25[get_port MAPPING_ROM_ENABLE]
-clock $clock
pt_shell>set_output_delay 0.5[get_port OVERFLOW]-clock $clock
pt_shell>set_output_delay 1.0[get_port PIPELINE_ENABLE]-clock
$clock
```

```
pt_shell>set_output_delay 1.0[get_port Y_OUTPUT]-clock $clock
pt_shell>set_driving_cell -lib_cell IV -library pt_lib[all_
inputs]
pt_shell>set_capacitance 0.5[all_outputs]
pt_shell>check_timing
```

3. 保存设置

将所设置的时序信息保存为脚本文件可以确保在接下来的运行中保留一个时序环境的复本。使用 write_script 命令将 Clocks（时钟）、Exceptions（时序例外情况）、Delays（延迟）、Net and Port Attributes（网线和端口属性）、Design Environment（设计环境）、Design Rules（设计规则）、Minimum and Maximum Fanout（最小和最大扇出）、Min and Max Transition（最小和最大转换周期）等信息保存到一个命令文件中。write_script 命令可以将脚本写成 Design Compiler 格式（dcsh 或 dctcl）或 PrimeTime 格式（ptsh）。不能用 PrimeTime 写一个被标注设计的 .db 文件，因为 PrimeTime 只能写时序模型的 .db 文件。以脚本为主要方式是为了与 Design Compiler 传递数据。

```
pt_shell>write_script -format dctcl -output AM2910.tcl
pt_shell>write_script -format dcsh -output AM2910.dcsh
pt_shell>write_script -format ptsh -output AM2910.pt
```

4. 基本分析

1）得到 AM2910 的约束报告

```
pt_shell>report_constraint
```

2）得到违规情况

得到报告中的时序违规（Timing Violations）和约束违规（Constraint Violations）情况的命令如下。

```
pt_shell>report_constraint -all_violators
```

通过这个报告可以确定设计中有多少违规的结束点（终点）。

3）得到基于路径的时序报告

```
pt_shell>report_timing
```

4）设置时序例外情况

因为 PrimeTime 直到进行完整的时序升级（Timing Update）之前才检查时序例外情况的正确性，所以要运行 report_exceptions 以确定它们的正确性。声明 AM2910 的时序例外情况，设置一个有两个时钟周期的路径，其中建立时间为 2ns，保持时间为 1ns，命令如下。

```
pt_shell> set_false_path -from U3/OUTPUT_reg/CP -to U2/OUTPUT_
reg/D
pt_shell> set_multicycle_path -setup 2 -from INSTRUCTION -to
U2/OUTPUT_reg
pt_shell> set_multicycle_path -hold 1 -from INSTRUCTION -to
U2/OUTPUT_reg
pt_shell> update_timing
pt_shell> report_exceptions
pt_shell> report_exceptions -ignored
```

5）评估时序例外情况结果

（1）通过命令 pt_shell>report_constraint -all_violators 得到另外一个约束报告并评估违规情况。检查这个时序例外的约束报告，确认所设置的例外情况能否使设计中的违规比以前更少。确认设计中的最差余量。

（2）通过命令 pt_shell>report_timing 得到一个详细的时序报告，检查这个报告是否满足要求。

（3）从这个时序例外的约束报告中选择一个结束点（终点），并通过 report_timing 命令得到其他违规路径的时序报告，命令如下。

```
pt_shell>report_timing-to endpoint
```

在本例中，从详细的时序报告中看到模块 U3（REGCNT）和 U2（UPC）可以进一步优化。因为要纠正建立时间时序违规，所以要设置最差情况的运行条件，命令如下。

```
pt_shell> set_operating_conditions -library pt_lib WCCOM
```

```
pt_shell> characterize_context {U2 U3}
pt_shell> write_context U2 -output UPC.char.dcsh -format dcsh
pt_shell> write_context U3 -output REGCNT.char.dcsh -format
dcsh
pt_shell> write_script -format ptsh -output AM2910.new.pt
% dc_shell
dc_shell> include optimize.dcsh
…
dc_shell> quit
pt_shell> read_db {REGCNT.opt.db UPC.opt.db}
pt_shell>current_design AM2910
pt_shell> swap_cell U3 {REGCNT.opt.db:REGCNT}
pt_shell> swap_cell U2 {UPC.opt.db:UPC}
pt_shell> source AM2910.new.pt
pt_shell> check_timing
pt_shell>report_constraint -all_violators
pt_shell> report_constraint -all_violators -verbose
```

这样再检查这个新生成的报告，违规情况就比原来少很多了。

5. 情形分析（Case Analysis）

PrimeTime 允许将设计中的端口设置成逻辑 1 或逻辑 0，并使其像实际中那样生效，恰当地使时序弧有效或无效，这叫作情形分析（Case Analysis）或常量传播（Constant Propagation）。情形分析能沿着电路正向地使所指定的逻辑常量生效，但是逆向不行。PrimeTime 可以这样做是因为它知道门的逻辑功能。PrimeTime 不能使逻辑常量通过 RAM 或其他黑箱单元传播。黑箱单元是没有定义功能的单元。可以使用标记时序模型有条件地定义被情形分析影响的时序弧。使用情形分析，可以在不同的条件下进行时序分析，如测试模式的开或关。PrimeTime 自动使一直高或一直低的信号生效。作为情形分析的范例，完成以下一些步骤。

1）观察时序弧受到的影响

在设计中的一个端口上设置一个情形分析逻辑常量，观察时序弧受到的影响。

```
pt_shell> set_case_analysis 0[get_ports CONDITION_CODE]
pt_shell> report_case_analysis
pt_shell> report_disable_timing
```

report_disable_timing 命令显示所有因为情形分析而无效的时序弧。

2）观察时序的改变

```
pt_shell> report_constraint
pt_shell> report_timing
```

3）检查报告

在这种情况下，将 CONDITION_CODE 端口设置成 0 改变了时序，所以关键路径也不一样了。

4）观察结果

将 CONDITION_CODE 端口设置成 1，观察结果。

5）去除刚才所设置的逻辑常量

```
pt_shell> remove_case_analysis[get_ports CONDITION_CODE]
```

6. 模式分析（Mode Analysis）

一些复杂的设计可能会有好多种功能模式，在每种模式中时序路径和特性完全不同。在 PrimeTime 中可以定义和说明这些模式的时序，然后再对每种模式分别进行分析。这样做可以去除许多时序违规现象，因为那些路径被设置成了无效的。例如，一个 RAM 的写地址和读地址路径是不同的，一个时序报告可能会显示一个 RAM 的写地址路径，但是这个路径只有在 RAM 工作在读模式时才有效。定义模式的两种方法分别是：①在标记模型中将模式和时序弧联系起来；②为一个特殊的路径定义一种模式。

在定义了模式之后，可以用一部分或所有定义的模式来进行时序分析。

1）查看已定义的模式

AM2910 的 Y 模型有模式功能，因为在它的标记模型中已经定义了。在 Y.mod 文件中查看已定义的模式。

```
pt_shell>report_mode
```

2）查看设置了模式之后时序的改变

```
pt_shell>set_case_analysis 0[get_pins U4/OPERATION]
pt_shell>set_mode data U4/core
pt_shell>report_mode
pt_shell>report_timing -to Y_OUTPUT*
pt_shell> set_mode stack U4/core
pt_shell>report_mode
pt_shell>report_timing -to Y_OUTPUT*
```

3）将所定义的模式复位

```
pt_shell>reset_mode
```

7. 其他分析

1）报告合法路径

PrimeTime 能够自动探测到设计中存在的一些不合法路径。这些路径可能是功能不合法路径或延迟不合法路径。

PrimeTime 还可以用自动生成测试模式（Automatic Test-Pattern Generation，ATPG）方法在需要测试的时序路径上生成测试向量来进行分析。用户不用自己去说明这些向量，PrimeTime 会自动生成并使其生效。如果 PrimeTime 能够生成一个向量，那么它会认为这个路径是合法的，否则是不合法的。

report_timing 命令有 3 个选项用于报告路径是否合法。-justify 选项用于报告每一个路径是否合法。如果合法，PrimeTime 会显示一条可以使其敏感的输入向量信息。加上 -nworst 和 -max_paths 选项就可以检查多个路径。-true 选项用于寻找最长的合法路径。-false 选项用于报告不合法路径。

在本例中，报告合法路径的命令如下。

```
pt_shell>report_timing -true
pt_shell>report_timing -justify -to MAPPING_ROM_ENABLE
pt_shell>report_timing -false -max_paths 5
```

2）提取时序模型

提取时序模型是从一个门级网表生成一个 .db 文件。设计人员可以用提取的方法生成一个与其他模块完全不相关的时序模型。具体方法可参见 PrimeTime 工具官方手册，本节不再赘述。

8. 退出

退出 PrimeTime 的命令如下。

```
pt_shell> quit
```

4.3 跨时钟域分析工具及使用方法

随着半导体技术的发展，数字电路的集成度越来越高，设计也越来越复杂。很少有系统只工作在同一个时钟频率。一个系统中往往会存在多个时钟，这些时钟之间有可能是同步的，也有可能是异步的。如果一个系统中，异步时钟之间存在信号通道，则会存在跨时钟域问题。Questa CDC 和 vChecker 都是目前业界著名的跨时钟域分析工具，能够全面解决跨时钟域验证的难题，避免了传统的人工检查亚稳态问题的工作。

如果某个设计只有一个或几个有固定相位关系的时钟驱动，那么这个设计就属于同一个时钟域。例如，一个时钟和它的反相时钟及分频时钟一般有固定的相位关系，属于同一个时钟域。而如果两个或多个时钟之间没有固定的相位关系，则它们属于不同的时钟域。如图 4-11 所示，clk_1 是由 clock_in 分频得到的，clk_1 和 clock_in 被认为是同步时钟，而由 clk_1 和 clock_in 驱动的设计被认为属于同一个时钟域。

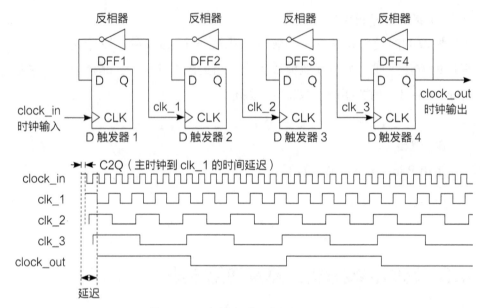

图 4-11　时钟之间有固定的相位关系

如图 4-12 所示，CLK A 和 CLK B 之间没有固定的相位关系，是异步时钟。前半部分设计属于时钟域 CLK A，后半部分设计属于时钟域 CLK B。DA 信号从时钟域 CLK A 进入时钟域 CLK B，是一个跨时钟域信号，这个路径也被称为 CDC 路径。

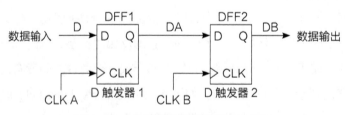

图 4-12　时钟之间没有固定的相位关系

如果对跨时钟域的时序路径处理不当，则容易产生亚稳态、毛刺、再聚合、多路扇出等问题，导致设计不能稳定工作，或者根本就不能正常工作。如图 4-13 所示，DA 是来自时钟域 CLK A 的信号，如果 CLK B 在 DA 变化的时候对 DA 进行采样，那么 DB 就会出现亚稳态。

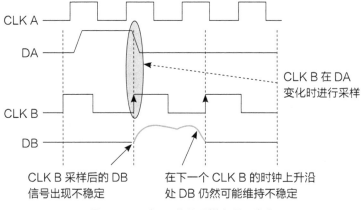

图 4-13　对 DA 信号采样出现亚稳态

对于同时钟域的信号，在 ASIC 设计和 FPGA 设计中，都可以通过静态时序分析来保证同时钟域的信号不会出现亚稳态问题。但是，设计人员是没有办法完全避免异步信号之间的亚稳态问题的，可以通过在跨时钟域信号上加入一些特殊的电路来减小亚稳态问题对电路功能所产生的负面影响。因此，采用跨时钟域分析工具来对设计进行跨时钟域分析是十分必要的。本节主要介绍 vChecker 工具的特点及使用方法。

4.3.1　跨时钟域分析中的 3 种问题

在了解如何使用 vChecker 工具之前，首先要了解跨时钟域分析中会遇到的 3 种问题，分别为违规信息（Violations）、警告信息（Cautions）和评价信息（Evaluations）。一般需要注意的是违规信息和警告信息。可以查看每一条信息，判断是否为真的违规或是误报，通过人工处理的方式来进行进一步的判断。

1. 违规信息（Violations）

（1）一位信号不同步，如图 4-14 所示。

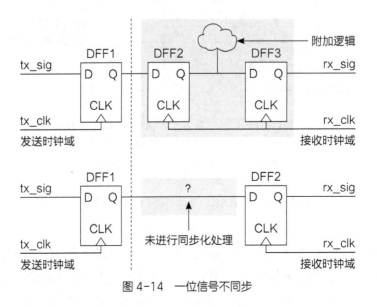

图 4-14　一位信号不同步

（2）多位信号不同步，如图 4-15 所示。

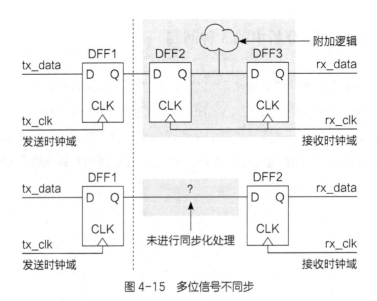

图 4-15　多位信号不同步

（3）组合逻辑之前未同步，如图 4-16 所示。

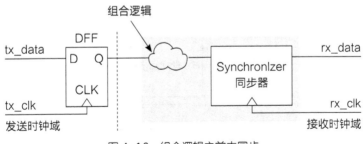

图 4-16 组合逻辑之前未同步

（4）异步复位信号未同步，如图 4-17 所示。

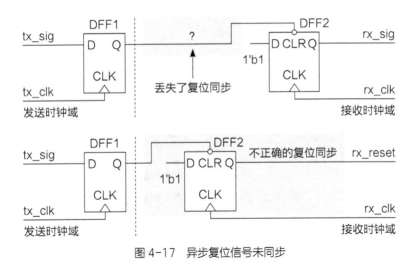

图 4-17 异步复位信号未同步

（5）FIFO 指针不匹配，如图 4-18 所示。

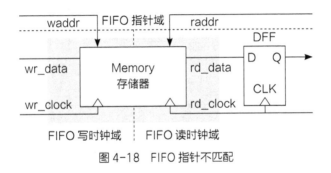

图 4-18 FIFO 指针不匹配

179

（6）一位自定义同步，如图 4-19 所示。

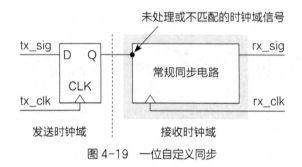

图 4-19 一位自定义同步

2. 警告信息（Cautions）

（1）两个 D 触发器同步时钟相反，如图 4-20 所示。

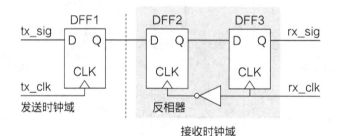

图 4-20 两个 D 触发器同步时钟相反

（2）D 触发器与封闭时钟同步，如图 4-21 所示。

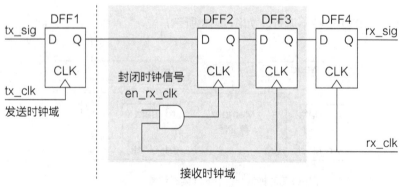

图 4-21 D 触发器与封闭时钟同步

（3）多路选择器同步，如图 4-22 所示。

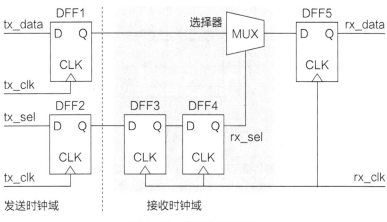

图 4-22　多路选择器同步

4.3.2　vChecker 工具的特点及使用方法

1. vChecker 工具的特点

vChecker 是以色列 vSync Circuits 公司推出的基于 MTBF（Mean Time Between Failure，平均无故障工作时间，也称平均故障间隔时间）计算的 FPGA 跨时钟域分析工具，针对在 Xilinx、Altera、Actel、Lattice 主流厂家的各种 FPGA 的多时钟域设计中的 RTL 代码进行全面深入的跨时钟域缺陷检查，自动识别设计中跨时钟域的控制信号和数据信号是否缺少同步电路、已存在的同步电路是否能达到实际同步效果，对于不能达到实际同步效果的同步电路或在缺少同步电路的情况下都能自动生成正确的同步电路 IP 核供用户选择使用，同时能精确计算出各同步电路的可靠性指标 MTBF。MTBF 的计算方法如图 4-23 所示。

对于一个典型的 0.25μm 工艺的 ASIC 库中的触发器，提取如下参数：$T=2.3\text{ns}$，$\tau=0.31\text{ns}$，$T_w=9.6\text{as}$，$f_c=100\text{MHz}$，$f_d=10\text{MHz}$。计算得 MTBF=2.01d，即触发器约每两天便可能出现一次亚稳态，说明一级同步很容易出现问题。

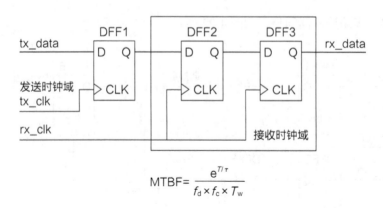

$$MTBF= \frac{e^{T/\tau}}{f_d \times f_c \times T_w}$$

T —分辨时间（亚稳态转稳定时间）；　　　f_d —输入数据的跳变频率；

τ —触发器参数；　　　　　　　　　　　f_c —采样时钟频率；

T_w —敏感时间窗口参数。

图 4-23　MTBF 的计算方法

如图 4-24 所示，对于单信号从慢时钟域到快时钟域，使用上面同样的参数，第 2 级触发器的 MTBF 为 9.57×10^9a。

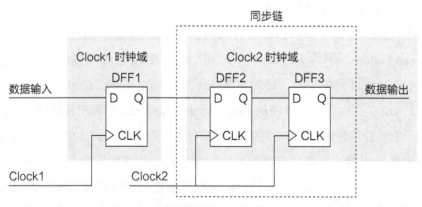

图 4-24　慢时钟域到快时钟域（单信号）

vChecker 在同步 MTBF 方面评估设计的可靠性，并在整个项目中实现 CDC 管理。vChecker 识别给定设计的 CDC，对它们进行分类并计算每个 CDC 和整个设计的可靠性（MTBF）。此外，vChecker 还提供了许多高级功能，包括自动约束（布局布线工具的约束生成）、黑盒处理、CDC 捆绑、CDC 过滤和报告。该工具包含许多 CDC 视图，有助于有问题的 CDC 调试。

2. vChecker 工具的使用方法

vChecker 的具体使用步骤如下。

1）新建工程

vChecker 新建工程如图 4-25 所示。

（1）Name：vChecker 工程命名为 CDC_test_example。

（2）Location：vChecker 工程的存储位置为 E:\4_CDC。

（3）Vendor：选择器件厂家为 Xilinx。

（4）Device：选择具体器件类型为 Spartan 6。

（5）Speed Grade：选择器件速度等级为 1L。

（6）Temperature range：选择项目的应用温度范围为 Commercial。

图 4-25　vChecker 新建工程

2）添加源文件

如图 4-26 所示，单击 "Add source file" 按钮，逐一添加源文件。

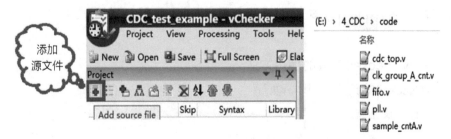

图 4-26　vChecker 添加源文件

vChecker 添加源文件之后的工程如图 4-27 所示。

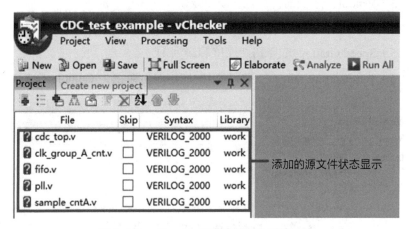

图 4-27　vChecker 添加源文件之后的工程

3）编译源文件

如图 4-28 所示，设置 cdc_top.v 为顶层文件，单击"Elaborate"按钮进行编译。

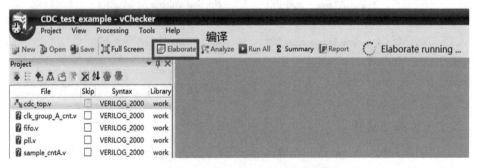

图 4-28　设置顶层文件并进行编译

编译之后的 Messages（信息）窗口如图 4-29 所示，窗口中 Errors（错误）为 0，并且显示 "Elaboration succeeded"。

Messages 信息窗口			
🔴 0 Errors ⚠️ 11 Warnings ℹ️ 18 Messages 🔥 🔥 📋 🔥			
错误 警告 信息			

	Time	Description	File	Line
ℹ️ 🔧	19:49:15	Module BUFG was identified as pre-defined IP, instance cd	E:\4_CDC\code\pll.v	135
ℹ️ 🔧	19:49:15	Module BUFG was identified as pre-defined IP, instance cd	E:\4_CDC\code\pll.v	139
ℹ️ 🔧	19:49:15	Module BUFG was identified as pre-defined IP, instance cd	E:\4_CDC\code\pll.v	144
⚠️ 🔧	19:49:15	Warning: Module cdc_top.ins5_trans_data has no internal c	E:\4_CDC\code\cdc_top.v	70
ℹ️	19:49:15	Processing user-defined BBs . . .		
ℹ️	19:49:15	Processing clock domains . . .		
ℹ️	19:49:15	Propagate reset domains started		
ℹ️	19:49:15	Elaboration completed 编译完成		
ℹ️	19:49:15	GUI update started . . .		
ℹ️	19:49:15	Elaboration succeeded, processing time is 00:00:08 编译成功		

图 4-29　编译之后的 Messages（信息）窗口

4）查看电路图

单击 Hierarchy 界面中的 "Hierarchy view" 按钮，查看电路图结果。

5）黑盒模块配置

对工程中的黑盒模块进行配置，如图 4-30 所示，单击 "Tools" 菜单中的 "User-defined Black-box" 命令，打开 User-defined Black Box（用户自定义黑盒）窗口。

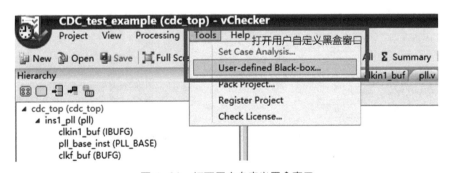

图 4-30　打开用户自定义黑盒窗口

对 User-defined Black Box 窗口中显示的黑盒模块选项进行配置。如图 4-31 所示，配置 "IBUFG" 选项，并单击 "Save"（保存）按钮保存。

图 4-31　配置"IBUFG"选项并保存

如图 4-32 所示，配置"PLL_BASE"选项，并单击"Save"按钮保存。

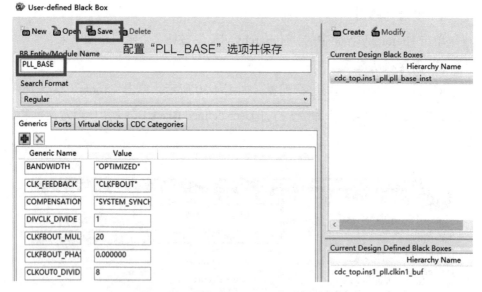

图 4-32　配置"PLL_BASE"选项并保存

6）时钟域配置

配置完成后再次进行编译，然后进行时钟域配置，如图 4-33 所示。

如图 4-34 所示，clk_group_B 和 clk_group_C 为外部输入时钟，分别输入 CP_B 和 CP_C 时钟域；CLKOUT0 和 CLKOUT1 为内部产生的时钟，均属于

CP_A 时钟域。

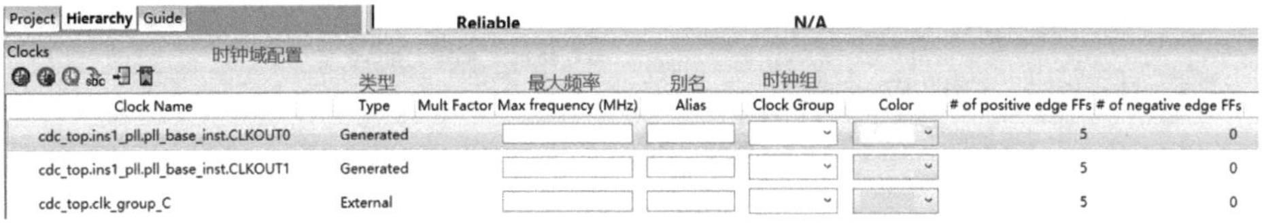

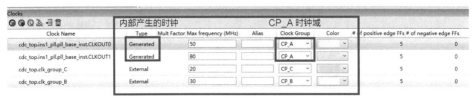

图 4-33　时钟域配置

图 4-34　时钟域配置详情

7）进行跨时钟域分析

如图 4-35 所示，单击"Run All"按钮，进行跨时钟域分析。

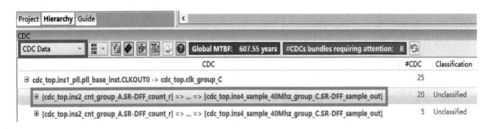

图 4-35　进行跨时钟域分析

8）跨时钟域分析结果

如图 4-36 所示，在"CDC Data"中查看内部信号跨时钟域分析结果，双击橙红色标记条目，弹出 RTL 原理图。

图 4-36　查看内部信号跨时钟域分析结果

RTL 原理图如图 4-37 所示。

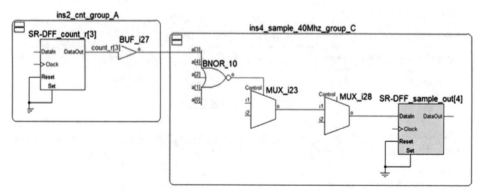

图 4-37　RTL 原理图

双击时钟接口可查看各个寄存器所属的时钟域，如图 4-38 所示。

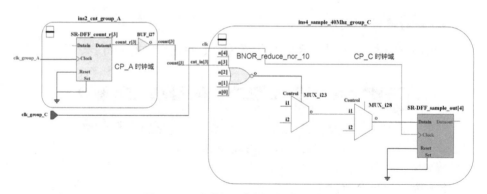

图 4-38　查看各个寄存器所属的时钟域

由图 4-38 可以看出，在 CP_A 时钟域下的 ins2_cnt_group_A 模块产生的 count[3] 信号传输到 CP_C 时钟域下的 ins4_sample_40Mhz_group_C 模块的过程中没有进行跨时钟域处理。

在"CDC External Port"中查看外部输入信号跨时钟域分析结果，双击橙红色标记条目，弹出 RTL 原理图，如图 4-39 所示。

由图 4-39 可以看出，外部输入异步复位信号 RESET 传输到 ins4_sample_ 40Mhz_group_C 模块时，未进行打两拍的同步处理操作。

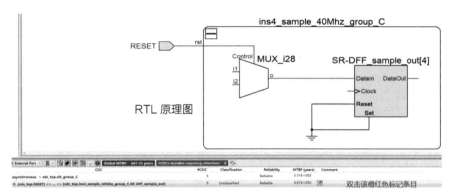

图 4-39 查看外部输入信号跨时钟域分析结果

4.4 仿真工具及使用方法

仿真测试包含功能仿真和时序仿真，也就是通常所说的前仿真和后仿真。

功能仿真的主旨在于验证电路的功能是否符合设计要求，其特点是不考虑电路的门延迟与线延迟，主要验证电路与理想情况是否一致。可综合 FPGA 代码是用 RTL 代码语言描述的，其输入为 RTL 代码与 Testbench。

时序仿真是指电路已经映射到特定的工艺环境以后，综合考虑电路的线延迟与门延迟的影响，验证电路能否在一定时序条件下满足设计构想的过程，是否存在时序违规。其输入文件为从布局布线结果中抽象出来的门级网表、Testbench 和扩展名为 .sdo 或 .sdf 的标准延迟文件。扩展名为 .sdo 或 .sdf 的标准延迟文件不仅包含门延迟，还包括实际线延迟，能较好地反映芯片的实际工作情况。一般来说，时序仿真是必选的，检查设计时序与实际 FPGA 运行情况是否一致，确保设计的可靠性和稳定性。

在仿真过程中一般都需要使用仿真工具来进行验证，目前使用较多的仿真工具包括 Modelsim 和 VCS。下面就分别对这两个工具进行简单介绍。

4.4.1 Modelsim

Modelsim 仿真工具是 Model Tech 公司开发的，支持 Verilog HDL、VHDL

及它们的混合仿真。

Modelsim 可以将整个程序分步执行，使设计人员直接看到其程序下一步要执行的语句，而且在程序执行的任何步骤、任何时刻都可以查看任意变量的当前值，可以在 Dataflow 窗口查看某一单元或模块的输入/输出的连续变化等，比 Quartus II 自带的仿真器功能强大得多，是目前业界最通用的仿真工具之一。

Modelsim 的仿真主要有以下几个步骤：建立仿真库并映射库到物理目录、编写与编译 Testbench、执行仿真。

1. 建立仿真库并映射库到物理目录

在执行一个仿真前先建立一个单独的文件夹，后面的操作都在此文件夹下进行，以防止文件间的误操作。然后，启动 Modelsim，将当前路径修改到该文件夹下，修改的方法是：执行 File → Change Directory 命令，选择刚刚新建的文件夹。仿真库用于存储已编译设计单元的目录，Modelsim 中有两类仿真库：一种是工作库，默认的库名为 work；另一种是资源库。work 库包含当前工程中所有已经编译过的文件。所以，编译前一定要建一个 work 库，而且只能建一个 work 库。资源库存放 work 库中已经编译文件所要调用的资源，这样的资源可能有很多，它们被放在不同的资源库中。例如，想要对综合在 Cyclone 芯片中的设计做时序仿真，就需要有一个名为 Cyclone_ver 的资源库。映射库就是将已经预编译好的文件所在的目录映射为一个 Modelsim 可识别的库，库中的文件应该是已经编译过的，在 Workspace 窗口中展开该库应该能看见这些文件，没有编译过的文件在库中是看不见的。

建立仿真库的方法有两种。一种方法是在用户界面模式下，执行 File → New → Library 命令，在出现的对话框中选择 "a new library and a logical mapping to it" 菜单选项，在 "Library Name" 文本框中输入要创建库的名称，然后单击 "OK" 按钮，即可生成一个已经映射的新库。另一种方法是在 Transcript 窗口中输入以下命令。

```
vlib work
/* 库名 */
vmap work work
```

/* 映射的逻辑名称存放的物理路径 */

如果要删除某库，只需要选中该库名，单击右键，执行"Delete"命令即可。需要注意的是，不要在 Modelsim 外部的系统盘中手动创建库或添加文件到库中；也不要在 Modelsim 用到的路径名或文件名中使用汉字，因为 Modelsim 可能无法识别汉字而导致莫名其妙的错误。

2. 编写与编译 Testbench

在编写 Testbench 之前，最好先将要仿真的目标文件编译到工作库中。执行 Compile → Compile 命令，将出现如图 4-40 所示的对话框。

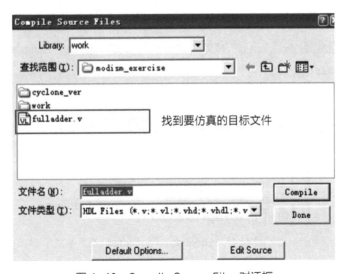

图 4-40　Compile Source Files 对话框

在"Library"中选择工作库，在"查找范围"内找到要仿真的目标文件，然后单击"Compile"和"Done"按钮。或者在命令行中输入"vlog fulladder.v"。此时，目标文件已经编译到工作库中，在"Library"中展开工作库会发现该文件。

当对要仿真的目标文件进行仿真时，需要给文件中的各个输入变量提供激励源，并对输入波形进行严格的定义，这种对激励源定义的文件称为 Testbench，即测试平台文件（简称测试平台）。下面先讲一下 Testbench 的产生方法。可以在 Modelsim 中直接编写 Testbench，而且 Modelsim 还提供了常用的各种模板。

1）直接编写 Testbench

执行 File → New → Source → Verilog 命令，或者直接单击工具栏中的新建按钮，会出现一个 Verilog 文档编辑窗口，在此窗口中即可编写 Testbench。需要说明的是，在 Quartus II 中许多不可综合的语句在此处都可以使用，而且 Testbench 只是一个激励源产生文件，只要对输入波形进行定义及显示一些必要信息即可。Testbench 编写完成后，按照前面的方法把 Testbench 也编译到工作库中。

2）使用 Testbench 模板

Modelsim 提供很多 Testbench 模板，直接拿过来用可以减少工作量。

（1）执行 View → Source → Show Language Templates 命令，会出现一个加载工程，接着会发现在刚才的文档编辑窗口左边出现一个 Language Templates 窗口，如图 4-41 所示。

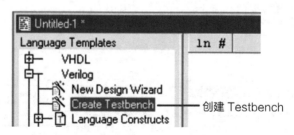

图 4-41 Language Templates 窗口

（2）展开"Verilog"项，双击"Create Testbench"，会出现一个创建向导窗口，可选择设计单元，如图 4-42 所示。

（3）单击"Next"按钮，出现如图 4-43 所示的对话框，可以指定 Testbench 的名称及要编译到的工作库等，此处可以使用默认设置。

（4）单击"Finish"按钮，这时在 Testbench 中会出现对目标文件中各个端口的定义和调用函数，如图 4-44 所示。

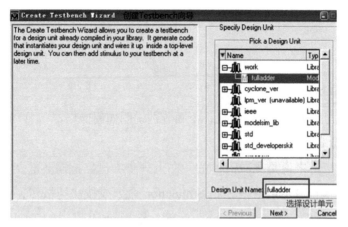

图 4-42　创建向导窗口

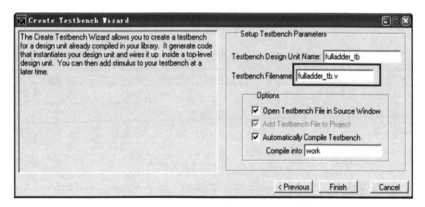

图 4-43　对话框

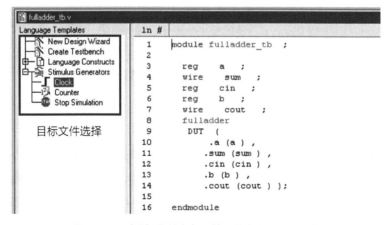

图 4-44　对目标文件中各个端口的定义和调用函数

（5）这时，设计人员就可以往 Testbench 中添加内容了，然后保存为 .v 格式即可。

3. 执行仿真

仿真分为前仿真和时序仿真，下面分别说明如何操作。

1）前仿真

前仿真相对来说是比较简单的。在上一步中已经把需要的文件编译到工作库中了，执行 Simulate → Start Simulation 命令或按快捷按钮，会出现 Start Simulation 对话框，单击"Design"标签，选择 work 库中的 Testbench，然后单击"OK"按钮，也可以直接双击 Testbench，此时会出现如图 4-45 所示的前仿真主界面。

图 4-45　前仿真主界面

在主界面中会多出来一个 Objects 窗口，里面显示 Testbench 中定义的所有信号引脚，在 Workspace 窗口中也会多出来一个"Sim"标签。右键单击 fulladder_tb.v，执行 Add → Add to Wave 命令，将出现如图 4-46 所示的 Wave 窗口，现在就可以仿真了。

Wave 窗口中已经出现了待仿真的各个信号，单击 按钮将开始执行仿真到 100ns，继续单击该按钮，仿真波形也将继续延伸。若单击 按钮，则仿真一直执行，直到单击 按钮才停止仿真。也可以在命令行中输入"run @1000"，则执行仿真到 1000ns，后面的 1000 也可以是别的数值，设计人员可以修改。在下一次运行此命令时将接着当前的波形继续进行仿真。

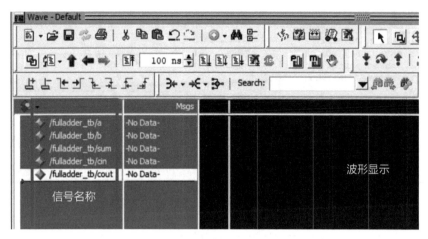

图 4-46 Wave 窗口

对于复杂的设计文件，最好自己编写 Testbench，这样可以精确定义各信号及各个信号之间的依赖关系等，提高仿真效率。对于一些简单的设计文件，也可以在 Wave 窗口中自己创建输入波形进行仿真。具体方法如下。

（1）双击 work 库中的目标仿真文件 fulladder.v，然后单击 Workspace 窗口中出现的 "Sim" 标签，右键单击 fulladder_tb.v，执行 Add → Add to Wave 命令，如图 4-47 所示。

图 4-47 执行 Add → Add to Wave 命令

（2）在 Wave 窗口中选中要创建波形的信号，如此例中的 a，然后单击右键，执行 Create → Modify → Wave 命令，出现如图 4-48 所示的窗口。

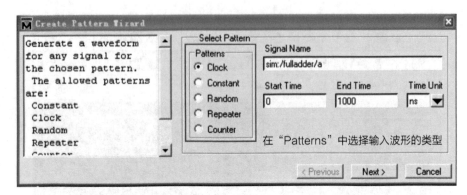

图 4-48　执行 Create → Modify → Wave 命令后出现的窗口

（3）在"Patterns"中选择输入波形的类型，然后在右边设定起始时间、终止时间及单位，单击"Next"按钮，出现如图 4-49 所示的窗口，将初始值的"HiZ"修改为"0"。

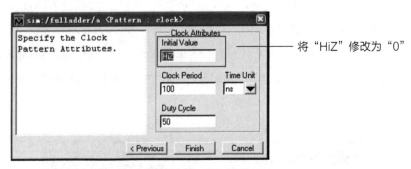

图 4-49　初始值修改窗口

（4）继续修改时钟周期和占空比，单击"Finish"按钮。接着继续添加其他输入波形，在出现的结果中，前面出现红点表示该波形是可编辑的。后面的操作与用 Testbench 仿真的方法相同。

如果设计人员只想查看指定信号的波形，则可以先选中 Objects 窗口中要观察的信号，然后单击右键，执行 Add to Wave → Selected Signals 命令，那么在 Wave 窗口中只添加选中的信号。

如果要在 Modelsim 中修改原设计文件，则在文档页面中单击右键，取消"Read Only"，即可修改，修改后继续仿真。如果想结束仿真，则可以执行 Simulate → End Simulation 命令或直接在命令行中输入"quit-sim"，此时

Quartus II 也会显示结束所有编译过程。

2）时序仿真

时序仿真与前仿真的步骤大体相同，只不过中间需要加添加仿真库、网表和延迟文件的步骤。时序仿真的前提是 Quartus II 已经对要仿真的目标文件进行编译，并生成 Modelsim 仿真所需要的 .vo 文件（网表文件）和 .sdo文件（延迟文件）。具体操作过程也有两种方法：一种是通过 Quartus II 调用 Modelsim，Quartus II 在编译之后自动把仿真需要的 .vo 文件及仿真库加入 Modelsim 中，操作简单；另一种是手动将需要的文件和库加入 Modelsim 中进行仿真，这种方法可以增强主观能动性，充分发挥 Modelsim 的强大仿真功能。

4.4.2 VCS

VCS 的全称是 Verilog Compile Simulator，是 Synopsys 公司的强有力的电路仿真工具。

1．VCS 的特点

VCS 具有目前行业中最高的模拟性能，其出色的内存管理能力足以支持千万门级的 ASIC 设计，而其模拟精度也完全满足深亚微米 ASIC Sign-Off 的要求。VCS 结合了节拍式算法和事件驱动算法，具有高性能、大规模和高精度的特点，适用于从行为级、RTL 到 Sign-Off 等各个阶段。VCS 已经集成了 Cover Meter 中所有的覆盖率测试功能，并提供 VeraLite、CycleC 等智能验证方法。VCS 和 Scirocco 也支持混合语言仿真。VCS 集成了 VirSim 图形用户界面，它提供对模拟结果的交互和后处理分析。VCS Linux 验证库建立在经实践验证的 DesignWare 验证 IP 核的基础上，并添加了对 Synopsys 的参考验证方法学（RVM）和本征测试平台的支持，能够实现覆盖率驱动的测试平台方法学，而且其运行时间性能提高了 5 倍。

2．VCS 的工作方式

VCS 的工作方式是：首先把输入的 Verilog HDL 源文件进行编译，然后生成可执行的模拟文件，也可以生成 .vcd 或 .vpd 文件；接下来运行这个可执行的文件，可以进行调试与分析，或者查看生成的 .vcd 或 .vpd 文件；最后生成一些供分析和查看的文件，以便于调试和仿真。VCS 的仿真步骤和 Modelsim 类似，都要先做编译，再调用仿真。

3. VCS 的工作模式

VCS 有调试模式和优化模式两种工作模式。

1）VCS 的调试模式

VCS 有 3 种调试模式：CLI 调试模式、VirSim 交互调试模式和 VirSim 后处理调试模式。

（1）CLI 调试模式。CLI 调试模式存在两种调用方法：一种是编译后马上执行，另一种是把编译、执行分开处理。

```
>vcs source.v +cli+3 -R -s
```

或者

```
>vcs source.v +cli+3
>simv source.v -s
```

其中，+cli+[1 2 3 4] 是指调试时交互调试的能力。

（2）VirSim 交互调试模式。启动 VirSim 交互调试模式和调用 CLI 调试模式一样，也有两种方法。

```
>vcs source.v -RI -line +vcsd +cfgfile+filename
```

或者

```
>vcs source.v -I -line +vcsd
>vcs source.v -RIG +cfgfile+filename
```

其中，-RI 的作用有两个，即编译生成可以在 VirSim 中执行的文件并且编译后马上启动 VirSim；要编译生成可以在 VirSim 中执行的文件必须在编译阶段加 -I，在要生成 .vcd 或 .vpd 文件时这个参数一定要添加；-RIG 的作用是通过一个已编译完成的默认的 simv 文件启动 VirSim，在启动之前一定要通过

vcs -RI（或 -I）对源文件做过编译。使用 vcs 命令编译源文件之后会发现目录下多了 simv 文件和 /csrc 文件夹。其中，simv 是默认的可执行文件，可以在使用 vcs 命令做编译的时候用 -o filename 改变输出的名字；/csrc 文件夹用于存放增量编译的结果文件。

（3）VirSim 后处理调试模式。在初步仿真时使用交互模式。若调试一个成熟的设计，或者很多人一起做调试，则可以使用 VirSim 后处理调试模式。其主要方法是通过仿真运行 Dump（转储）数据在 .vcd 或 .vpd 文件中，运行结束后通过 .vcd 或 .vpd 文件观察运行过程的情况。交互调试能力相对较差，但是通过记录的数据可以观察出其中异常的地方。VirSim 后处理调试模式包括以下两个步骤，用于生成文件并查看结果。

①步骤 1 如下。

```
>vcs source.v -line -R -PP +vcsd
```

其中，-R 的作用是自动运行并且生成 .vpd 文件；-PP 编译时为 faster VirSim post_processing（更快速的 VirSim 后处理）。

②步骤 2 如下。

```
>vcs -RPP source.v +vpdfile+vcdplus.vpd
```

另外，也可以使用 Verilog HDL 的系统任务 $vcdpluson 创建一个 .vpd 文件，其语法格式如下。

```
$vcdpluson(level_number,module_instance,net_or_reg)
```

其中，level_number 用于指定记录的层次，0 表示记录整个指定 module_instance 的所有信号，1 表示记录指定 module_instance 的顶层信号，n 表示记录从顶层开始到下面的 n 层例化模块的信号；module_instance 为例化模块的名称；net_or_reg 指定特定 wire 或 reg 作为记录对象，默认是所有信号。

使用 Verilog HDL 的系统任务 $vcdplusoff 可以停止写 .vpd 文件，其语法格式如下。

```
$vcdplusoff(module_instance, net_or_reg)
```

2）VCS 的优化模式

通过以下两个步骤运行 VCS 的优化模式。

（1）步骤 1 如下。

```
>vcs source.v -R -q
```

其中，-R 是指编译后立即启动仿真；-q 是指安静运行模式，即运行过程中不在屏幕中输出相关过程信息。

（2）步骤 2 如下。

```
>simv +rad[+1]
```

其中，+rad[+1] 是指尝试使用 Radiant 技术且支持增量编译和仿真。

在设计的初始阶段，因为设计不成熟，编写的源代码中设计问题比较多，主要以 VCS 调试模式运行，便于发现和解决问题。当大多数设计问题解决后，可以使用 VCS 优化模式，从而让 VCS 以最好的性能运行回归后的代码，达到加快项目执行进度的目的。

4.5 逻辑等效性检查工具及使用方法

依据测试用例的要求，对设计代码、逻辑综合后的网表文件及布局布线后的网表文件开展逻辑等效性检查。

OneSpin 公司的 360 EC-FPGA 逻辑等效性检查工具不仅提供了 ASIC 检查工具所具备的所有功能，还包括对 FPGA 中常用的时序优化功能的支持。

4.5.1　360 EC-FPGA 工具的功能和优点

1. 360 EC-FPGA 工具的功能

360 EC-FPGA 工具能验证 RTL 代码和后综合网表的功能等效性，以及门级和后布线 FPGA 网表的等效性。360 EC-FPGA 工具的功能大致划分为 5 个方面：①设计管理；②验证；③支持逻辑等效性和时序等效性检查；④生成报告；⑤诊断。

2. 360 EC-FPGA 工具的优点

与其他工具相比，360 EC-FPGA 工具具有很多优点。

（1）通过完备的验证覆盖将设计失败的可能性降到最低。

（2）降低了工具设置的需求，并提供快速错误隔离的功能，显著地缩短了传统等效性检查的周期。

（3）除提供逻辑等效性检查外，还验证包括寄存器在内的时序变化。

（4）可以处理当前所有的 FPGA 综合优化功能，可以与 Synplicity 公司的 Synplify Pro、Xilinx 公司的 ISE 和 Altera（Intel）公司的 Quartus II 综合工具一起使用，支持 Xilinx、Altera 和 Actel 的所有器件。

（5）针对复杂设计的典型验证时间大约是整个综合、布局布线所需时间的 10% ~ 30%。

（6）不要求扩展脚本或辅助文件，因此允许 FPGA 设计流程保持高度的自动化。

（7)可以接受预综合和后综合网表并加以比较,采用"直接按键"方式操作。

（8）支持 Windows 和 Linux 操作系统。

4.5.2　360 EC-FPGA 工具的使用方法

OneSpin 公司的 360 EC-FPGA 工具的使用方法如下。

1. 用户界面

360 EC-FPGA 工具的用户界面如图 4-50 所示。

图 4-50　360 EC-FPGA 工具的用户界面

2. 设置工作路径

如图 4-51 所示，执行 Session → Change Working Directory 命令，在路径配置界面选择工作路径并保存。

图 4-51　设置工作路径

3. 添加源文件

软件支持 Verilog HDL、VHDL、EDIF 和 System Verilog 输入文件，可通过如图 4-52 所示方法添加源文件。

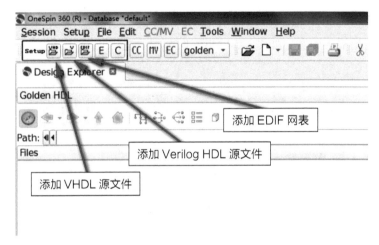

图 4-52　添加源文件

4. 编译

如图 4-53 所示，依次单击"Elaborate"按钮和"Compile"按钮，即可对添加的源文件进行编译。

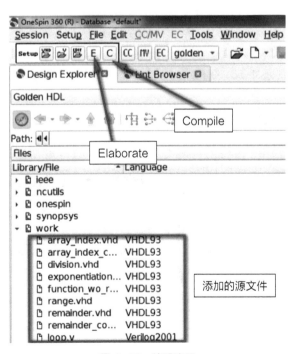

图 4-53　编译流程

软件会自动识别顶层，若源文件存在多个顶层，则需要在 Elaborate Options 对话框中设置，如图 4-54 和图 4-55 所示进行操作。

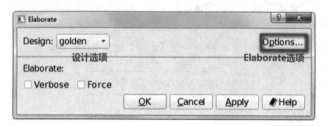

图 4-54　单击 Elaborate 对话框中的"Options"按钮

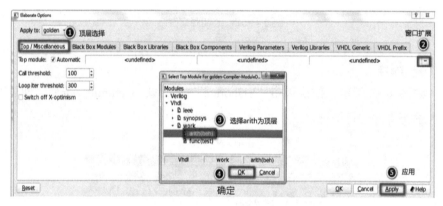

图 4-55　在 Elaborate Options 对话框中设置顶层

5.　进入 Inspect 工作模式

如图 4-56 所示，单击配置界面中的"CC"按钮，即可进入 Inspect 工作模式。

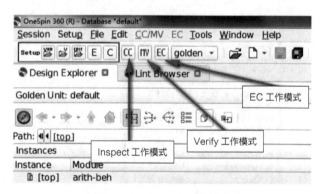

图 4-56　Inspect 工作模式

6. 执行缺陷检查

执行缺陷检查有两种方式。

1）方式 1

如图 4-57 所示，在 CC 界面中的任意空白处单击右键，执行"Check All"命令。

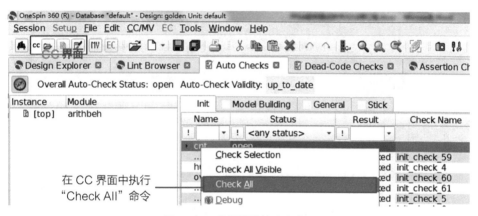

图 4-57　执行缺陷检查方式 1

2）方式 2

如图 4-58 所示，执行 CC/MV → Auto Check 命令，进入 Auto Check Options 界面，选择执行力度（Effort），默认是 default，选择执行的缺陷检查项，单击"OK"按钮。

7. 查看执行结果

缺陷检查完成后，绿色 Hold 表示正常，红色 Fail 表示异常，黄色 Open 表示未执行完整，需要重新在 Auto Check Options 界面中选择更高力度执行。定位问题操作如图 4-59 所示。

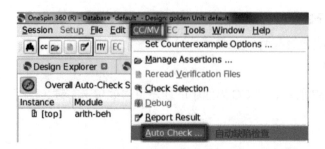

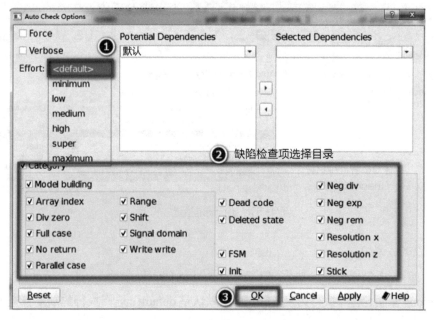

图 4-58　执行缺陷检查方式 2

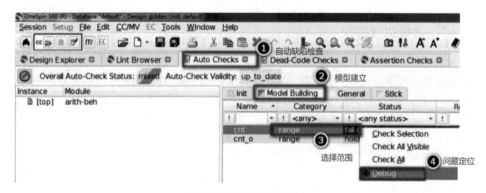

图 4-59　定位问题操作

4.6　本章小结

　　本章主要介绍了 FPGA 软件测试流程中用到的相关工具及其使用方法。了解 FPGA 软件测试流程中每种测试类型都需要应用什么样的测试工具是非常必要的。通过本章的学习，读者应该掌握 FPGA 软件测试工具的使用方法，为后续执行 FPGA 软件测试奠定基础。

第 5 章

FPGA 软件测试案例与分析

本章对代码审查、代码走查、逻辑测试、静态时序分析、跨时钟域分析、功能仿真、逻辑等效性检查几个方面，分别通过具体的案例进行分析。

5.1 代码审查

代码审查包括检查工程文件的完整性和一致性、检查代码实现的功能和设计文档的一致性、检查代码的编程规范性等。代码审查可以在测试初期将简单问题尽快找到，为后面的测试流程打下一个好的基础。

5.1.1 代码审查内容

代码审查需要采用编码规则检查工具结合人工判断的方式，对照编码规则检查表，对代码的编程规范性（包括代码执行标准情况、逻辑表达的正确性及代码结构的合理性）进行检查。编码规则检查表如表 5-1 所示。表 5-1 主要以 Verilog HDL 为例，列举出部分规则内容。

表 5-1 编码规则检查表

序　号	规 则 内 容
1	一个单独的文件应该只包含一个单独的模块（module），模块名应该和文件名相同
2	命名必须使用字母、数字及下画线"_"，且第一个字符必须是字母表中的字母
3	不能使用 Verilog HDL（IEEE 1364）、VHDL（IEEE 1076.X）、EDIF、SDF 中的关键字
4	不能使用包含"VDD""VSS""VCC""GND""VREF"的命名（无论是大写、小写还是大小写混合）
5	不要使用字母的大小写来区分命名
6	不要在端口名和模块名的末尾使用下画线，不要使用连续的下画线
7	极性为负的逻辑信号在命名时需要在末尾加上标识符"_N"
8	不要在不同的模块中使用相同的参数（parameter）名
9	只在同一个模块中使用 'define 语句（仅限于 Verilog HDL）。当使用全局宏语句时，综合工具将不可能为每个模块单独生成逻辑电路
10	固定值不应直接连接在输出端口上。优化综合后，在上级层次中，直接连接固定值的端口将会变成未连接，且会产生多余逻辑
11	对于参数，需要指明其值基数格式（'d、'b、'h、'o）
12	当数值大于 32 位后，需要指定位宽。当一个参数超过 32 位，且其位宽未定义时，此参数将会被编译器自动截取
13	一般使用"CLK"或"CK"作为时钟信号名字，使用"RST"或"RESET"作为复位信号名字。可在这些基本名字后加标识符
14	尽可能使用单时钟单触发沿
15	不要使用标准原语模块（如 AND、OR）产生 RS 锁存器或寄存器
16	不要在组合逻辑电路中使用反馈
17	寄存器初始化时使用异步复位会更可靠，同时也会使布线阶段复位树的综合更简单
18	除初始化可以使用寄存器的异步复位引脚外，其他情况下不要使用寄存器的异步复位引脚
19	不要在同一条复位线路中既使用异步复位又使用同步复位
20	不要在局部模块的复位线路中插入逻辑操作运算，用于提供复位信号的电路应该独立划分到单独的模块中
21	除初始化复位信号外，不要在寄存器的异步复位引脚上加其他信号
22	不要将寄存器的输出连接到其他寄存器的时钟引脚上
23	除寄存器的时钟输入引脚外，不要在其他引脚上输入时钟信号

续表

序　号	规　则　内　容
24	时钟信号不应该连在黑盒、双向引脚和复位线路上
25	为了避免亚稳态，不要在异步时钟区域放置组合逻辑电路
26	为避免出现亚稳态，不要在第 1 级准备寄存器和第 2 级同步寄存器间插入组合逻辑电路
27	异步时钟间第 1 级准备寄存器之后不应出现传输反馈回路
28	不要使用门控时钟
29	函数语句中的 case 语句要描述所有可能情况
30	在 always 结构中，函数语句不能使用异步复位线路逻辑
31	在函数语句中，不应该使用非阻塞赋值语句
32	在函数语句中，必须将所有的输入信号定义为 input
33	在 RTL 描述中，不能使用 task 语句
34	在 task 语句中，不要使用时钟沿描述
35	在函数语句中，input 声明的位宽应该与输入变量的位宽相一致
36	使用 assign 语句，应匹配左、右信号的位宽
37	在函数语句中，不要使用全局信号赋值语句
38	若条件语句没有被完全描述，则会产生锁存器。注意：不要产生锁存器
39	在使用 always 结构构造组合逻辑时，所有条件表达式、赋值语句右边表达式中的信号需要在敏感信号列表中定义
40	在一个 always 结构中有且只能有一个时钟事件控制语句
41	不要在组合逻辑电路的 always 结构中混用阻塞赋值（＝）和非阻塞赋值（<=）
42	不要在组合逻辑电路中使用非阻塞赋值语句重复赋值给同一个信号
43	不要在时序电路的 always 结构中给相同的信号重复赋值
44	对于 always 结构中的触发器使用非阻塞赋值
45	当多个时钟以门控时钟的方式存在时，会产生竞争现象。一个可行的方法是：在 D 输入端赋值时插入延迟量，但在异步复位赋值时不插入延迟量。在赋值时插入延迟量的目的是防止 RTL 仿真时出现竞争问题（在综合阶段延迟量被忽略）
46	always 结构组合逻辑电路中不要使用延迟量
47	寄存器使用异步复位时，需要注意异步复位信号的触发沿。若敏感信号列表中的触发沿与 if 语句中的极性不同，则不能被大多数逻辑综合工具综合
48	不要同时使用带异步置位和复位的锁存器，大多数供应商的库中都不提供同时带异步置位和复位的锁存器

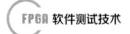
续表

序　号	规　则　内　容
49	避免包含锁存器的组合逻辑环路。当门信号无效时，锁存器是透明的，D 输入端的数据经过锁存器到达输出端。所以，组合逻辑环路包含锁存器意味着它是一个异步环
50	在一个 always 结构中不要描述一个以上的 if 语句或 case 语句，最好使用相互分离的模块来描述。描述中使用多个 if 结构，会导致信号间的关系不清晰，降低调试效率，并且有可能产生不必要的优先级电路
51	在 always 结构中，被赋值的信号不应该在该 always 结构的敏感信号列表中出现。否则，会认为此 always 结构反复执行，没有终止
52	在组合逻辑电路中，if 语句中必须以 else 语句结尾，避免产生锁存器
53	减少 if 语句中相同的条件表达式。具有相同内容的条件表达式会为每个条件产生相同的比较电路。一般来说，它们会在逻辑综合时被优化，但是初始优化电路将变得极大，降低优化性能
54	尽量避免无效的条件分支。无效条件分支（分支中没有语句）会引起潜在的错误，组合逻辑会产生一个锁存器，时序逻辑可能在编写其他条件时造成错误
55	避免 case 语句中的重叠。若 case 语句中存在重叠，则综合工具将综合一个 if 语句的优先级电路。若 case 语句中不存在重叠，则综合工具可以综合成一个并行的电路
56	注意 case 语句的可选范围及每一项的位宽（仅限于 Verilog HDL）
57	不要使用 x 信号作为 if 语句的条件表达式
58	在 case 语句末尾描述 default 项
59	当 case 语句没有在 default 项中赋值为 x 时，则赋值为 x 的信号不能用于其选择表达式
60	不要在 case 语句的选择表达式中使用固定值
61	不要在 case 语句选项中使用变量（或变量表达式）
62	不要在 case 语句的选择表达式中使用逻辑和算术运算符
63	除非是简单的重复语句，否则不要使用 for 语句。for 语句会导致逻辑的层叠从而危及电路的运行
64	for 语句的初始值和条件应为常数，另外不要在 for 语句主体内改变循环变量值
65	for 语句中除循环变量和常数外，不要描述任何算术运算
66	分别对复位部分和逻辑部分使用 for 循环。综合工具不支持同一个 for 循环语句中描述带异步控制的寄存器，否则会导致产生非期望的电路
67	不要使用 x 值或 z 值进行比较
68	相关运算符的左、右端表达式位宽应匹配
69	赋值语句的右端位宽应大于等于赋值语句的左端位宽

序　号	规　则　内　容
70	为常数指定基数格式（'d、'b、'h、'o）
71	为条件语句中的常数指定位宽（仅限于 Verilog HDL）
72	不要使用除 reg、wire 和 integer 类型外的数据类型
73	将一个整数赋值给 reg 和 wire 类型时注意位宽
74	给整数变量赋负值时不能超过 32 位。当给一个整数变量赋值为大于 32 位的负数时，可能会因使用的工具问题导致该数值被视为正数（可能会因数据溢出导致读数由负转正）
75	不要给定义为 reg 和 wire 类型的信号赋负值。负值应被看作有符号变量，但某些逻辑综合工具会产生错误的电路
76	在赋值语句中不要使用三目运算符来描述算术运算（将不会进行资源共享）
77	运算结果赋值信号需要考虑进位后的位宽
78	有符号运算时，赋值语句目标信号的位宽应与每一个自变量相匹配。符号位应该扩展至最高位，位宽应该相同
79	语句中不应同时使用有符号运算和无符号运算
80	不要在 RTL 描述中使用大型的乘法器，而应该通过逻辑运算来描述乘法器的内容，或者使用厂家提供的 IP 核
81	不要对输入信号赋值
82	不能引用输出信号
83	不要在非阻塞赋值语句前使用延迟，有可能不是上一个仿真周期的值
84	在 RTL 设计中不使用多个顶层
85	每个模块均需要有输出端口，除非是 Testbench。没有输出端口的模块会在多个不同设计模块互连时导致混淆
86	在 always 模块中为 case 语句加入 default 分支

在代码审查中，除检查代码实现的功能和设计文档的一致性外，还需要进行设计方法检查，并且需要对综合结果进行检查，确保综合结果的正确性。设计方法检查表如表 5-2 所示。综合结果检查表如表 5-3 所示。

表 5-2　设计方法检查表

检 查 内 容	检 查 项
文本格式	注释率不低于 20%
	每个文件只包含一个模块，文件名与模块名一致
	每行字符数不超过 80 个
	对代码进行详细注释，被注释过的代码和附带的文档将提供可信的设计基础
	在文件顶端加入注释，包括版权、项目名、模块名、文件名、作者、功能和特点、版本号、日期、详细的更改记录等
设计方法	不使用 FPGA 内部组合逻辑产生的信号作为时钟
	禁止使用配置（Configuration）
	推荐对 FPGA 的输入复位信号进行异步复位、同步释放
	把大扇出的信号映射到 FPGA 内部的高速布线网络上
	只使用时钟上升沿，便于 FPGA 实现
	在进行冗余设计时，在综合及布局布线阶段保证冗余逻辑不被工具优化
	采用同步设计
	在 FPGA 器件内部有相关时钟管理资源时，如果需要对外部输入时钟进行倍频、降频或相位变化等处理，调用 FPGA 内部的时钟管理资源来完成
抗/耐单粒子翻转（SEU）设计	周期性开环配置刷新寄存器
	对 Xilinx FPGA 器件应实现在轨重新配置，使发生了单粒子翻转（SEU）、SET、SEFI 错误的 FPGA 可以恢复正常
	对重要数据和逻辑进行冗余设计

表 5-3　综合结果检查表

序　　号	检 查 项
1	综合报告和综合网表的生成时间是否正确
2	器件选择是否正确
3	检查综合警告是否对功能设计和最终结果有影响
4	状态机的编码方式是否采用安全模式综合
5	综合选型中是否禁止寄存器复制
6	检查资源使用情况是否满足降额 80% 的要求
7	综合报告中给出的最差环境下的最小时钟频率是否满足实际需求

5.1.2　代码审查案例

本小节主要通过直放站通信控制模块和 I²C 接口通信模块这两个案例，说明代码审查的过程。

1．案例 1：直放站通信控制模块

本案例采用 HDL Designer 工具结合人工方式进行代码审查。相关的 FPGA 软件代码如下。

```verilog
`timescale 1ns/10ps
module adc_core(
    input clk,
    input rst_n,
    inout[11:0]pdata,
    input busy,
    output sck,
    output wb,
    output reg wrn,
    output reg rdn,
    output reg csn,
    output reg convstn,
    output[7:0]temp_sv
);
//-------- 变量、信号声明区 --------
parameter TIME1US =24'd20;
parameter TIME1MS =24'd20000;
parameter TIME500MS =32'd10000000;
parameter CONFIG_PM =2'b00;
parameter CONFIG_CF =1'b0;
parameter CONFIG_RZ =1'b0; //This bit is not used
parameter CONFIG_REF =1'b1; //internal reference
parameter CONFIG_MODE =2'b00; //four signal-ended input
channels
parameter CONFIG_SEQ =2'b00;
parameter CONFIG_RG =1'b0;
reg[7:0]pro_fsm;
```

```
reg[23:0]time_cnt;
reg pdata_dir;
wire[11:0]pdata_i;
reg[11:0]pdata_o;
reg[1:0]config_ad;
reg[11:0]ch0_data,ch1_data,ch2_data,ch3_data;
reg[23:0]ch3_data_sum;
reg[11:0]ch3_data_r0;
reg[11:0]ch3_data_r1;
reg[11:0]ch3_data_r2;
reg[11:0]ch3_data_r3;
reg[11:0]ch3_data_r4;
reg[11:0]ch3_data_r5;
reg[11:0]ch3_data_r6;
reg[11:0]ch3_data_r7;
reg[11:0]ch3_data_av;
reg[11:0]ch3_data_r8;
//----------------
// 双向 IO:pdata 为双向数据，对应 SDA(IIC 总线的数据信号线 )
assign pdata =pdata_dir?12'bzzzzzzzzzzzz:pdata_o;
assign pdata_i = pdata;
//----------------
assign wb =1'b1;
assign sck =clk;
always @(posedge clk)begin
    if(!rst_n)begin
      pro_fsm <=8'd0;
      time_cnt <=24'd0;
      pdata_dir <=1'b0;
      csn <=1'b1;
      wrn <=1'b1;
      rdn <=1'b1;
      convstn <=1'b1;
    end
    else begin
      case(pro_fsm)
          0:begin
              if(time_cnt ==TIME500MS)begin
                  time_cnt <=24'd0;
```

```verilog
            pro_fsm <=pro_fsm+1'b1;
        end
        else begin
            time_cnt <=time_cnt+1'b1;
            pro_fsm <=8'd0;
        end
    end
//--------convert ch0--------
1:begin
    config_ad <=2'b00;
    pdata_dir <=1'b0;   // 输出
    pro_fsm <=pro_fsm+1'b1;
end
//configure adc
2:begin
    pdata_o <=0;
    pro_fsm <=pro_fsm+1'b1;
end
3:begin
    csn <=1'b0;
    pro_fsm <=pro_fsm+1'b1;
end
4:begin
    wrn <=1'b0;
    pro_fsm <=pro_fsm+1'b1;
end
5:begin
    if(time_cnt ==TIME1US)begin
        time_cnt <=24'd0;
        pro_fsm <=pro_fsm+1'b1;
    end
    else begin
        time_cnt <=time_cnt+1'b1;
        pro_fsm <=pro_fsm;
    end
end
6:begin
    wrn <=1'b1;
    pro_fsm <=pro_fsm+1'b1;
```

```
                end
            7:begin
                csn <=1'b1;
                pro_fsm <=pro_fsm+1'b1;
            end
            //convert and read adc
            8:begin
                if(time_cnt ==TIME1US)begin
                    time_cnt <=24'd0;
                    pro_fsm <=pro_fsm+1'b1;
                end
                else begin
                    time_cnt <=time_cnt+1'b1;
                    pro_fsm <=pro_fsm;
                end
            end
            9:begin
                convstn <=1'b1;
                pro_fsm <=pro_fsm+1'b1;
            end
            10:begin
                convstn <=1'b0;
                if(busy ==1'b1)begin
                    pro_fsm <=pro_fsm+1'b1;
                end
                else begin
                    pro_fsm <=pro_fsm;
                end
            end
            //default here
            default:begin
              pro_fsm <=pro_fsm;
            end
        endcase
    end
end
assign temp_sv=(ch3_data_r8[11:4]==8'd120)?8'd0:ch3_data_
r8[11:4];
endmodule
```

通过 HDL Designer 加载该模块文件，可以发现在代码第 64 行中出现代码缺陷，如图 5-1 所示。

具体的代码缺陷描述为：第 64 行语句中运算符 == 的左边和右边位宽不匹配：time_cnt ==TIME500MS 中 == 的左边为 24 位，右边为 32 位。

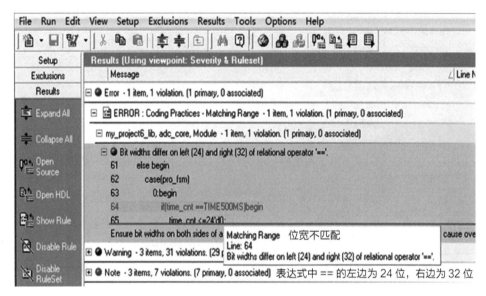

图 5-1 HDL Designer 代码审查中的代码缺陷（位宽不匹配）

2. 案例 2：I²C 接口通信模块

本案例采用 LEDA 工具结合人工方式进行代码审查。相关的 FPGA 软件代码如下（注意：在 FPGA 软件代码中用 IIC 替换 I²C）。

```
module IIC(
        clk_sys,
        rst_n,
        eeprom_scl,
        eeprom_sda,
        key_wr,
        key_rd,
        oseg,
        sel,
        led);
```

```
//-------- 输入端口 --------
input clk_sys;
input rst_n;
input key_wr;
input key_rd;
//-------- 输出端口 --------
output eeprom_scl;
output[7:0]oseg;
output[2:0]sel;
output led;
//-------- 双向总线 --------
inout eeprom_sda;
//-------- 内部连线 --------
wire[7:0]result;
//-------- 例化 IIC 读写模块 --------
iic_wr iic_wr(
        .clk_sys(clk_sys),
        .rst_n(rst_n),
        .eeprom_scl(eeprom_scl),
        .eeprom_sda(eeprom_sda),
        .key_wr(key_wr),
        .key_rd(key_rd),
        .result(result),
        .led(led));


//-------- 例化 IIC 读写显示数码管模块 --------
seg7_lut seg7_lut(
        .oseg(oseg),
        .idig(result),
        .clk_sys(clk_sys),
        .sel(sel));
endmodule
```

【程序】I^2C 读写模块。

```
module iic_wr(

        clk_sys,        // 系统时钟
        rst_n,          // 系统复位
        eeprom_scl,     //eeprom 串行时钟信号
```

```verilog
            eeprom_sda,    //eeprom 串行数据信号
            key_wr,        // 外部写控制按键
            key_rd,        // 外部读控制按键
            result,        // 数据采集结果寄存器
            led            //led 指示灯
            );
input clk_sys;
input rst_n;
input key_wr;
input key_rd;
output reg eeprom_scl;
inout eeprom_sda;
output reg led;
reg clk;
reg[7:0]cnt;           // 分频计数器
reg[7:0]state;         // 状态寄存器
reg[3:0]counter;       // 数据移位计数器
reg link_sda;          // 总线开关
reg wr;                // 写标志寄存器
reg rd;                // 读标志寄存器
reg sda_buf;           // 总线数据缓存器
output reg[7:0]result;
reg[7:0]data;// 待发出控制字、地址、数据寄存器
assign eeprom_sda=(link_sda)?sda_buf:1'hz;
//--------system clk--------
// 系统时钟分频
always @(posedge clk_sys or negedge rst_n)
begin
    if(!rst_n)
        begin
            clk<=0;
            cnt<=0;
        end
    else
    begin
        if(cnt<250)
            cnt<=cnt+1'b1;
        else
            begin
```

```
                    clk<=~clk;
                    cnt<=0;
                end
        end
end
//--------eeprom_scl--------
// 产生 eeprom_scl 信号
always @(negedge clk or negedge rst_n)
begin
    if(!rst_n)
        begin
            eeprom_scl<=0;
        end
    else
        eeprom_scl<=~eeprom_scl;
end
//--------eeprom control--------
always @(posedge clk or negedge rst_n)
    begin
        if(!rst_n)// 所有寄存器复位
            begin
                state<=0;
                link_sda<=0;
                sda_buf<=0;
                counter<=0;
                wr<=0;
                led<=1;
                rd<=0;
                result<=0;
                data<=0;
            end
        else
        begin
            case(state)
            //--------send start signal--------
            0:begin
                if(!key_wr)// 检测外部写控制按键是否按下
                        wr<=1;
                if(!key_rd)// 检测外部读控制按键是否按下
```

```
                    rd<=1;
            if(((rd==1)||(wr==1))&&(!eeprom_scl))
                    begin
                        link_sda<=1;
                        sda_buf<=1;
                        state<=1;
                    end
end
1:begin
    if(eeprom_scl)
// 在 eeprom_scl 高电平期间，使 sda_buf 由高变低，启动串行传输
            begin
                sda_buf<=0;
                state<=2;
                data<=8'b10100000;// 写控制字准备
            end
end
//--------send control word--------
2:begin
    if((counter<8)&&(!eeprom_scl))
// 在 eeprom_scl 低电平期间，完成并串转换，发出写控制字
            begin
                counter<=counter+1'b1;
                data<={data[6:0],data[7]};
                sda_buf<=data[7];
            end
    else if((counter==8)&&(!eeprom_scl))
            begin
                counter<=0;
                state<=3;
                link_sda<=0;//FPGA 释放总线控制权
            end
end
//-------receive ack signal--------
3:begin
    if(eeprom_scl)
// 在 eeprom_scl 高电平期间，检测是否有应答信号
        begin
            if(!eeprom_sda)
```

```
                                begin
                                    state<=4;// 有应答则状态继续跳转
                                    data<=8'b00000000;// 高字节地址准备
                                end
                        end
                end
        //--------send high byte address--------
        4:begin
            link_sda<=1;//FPGA 控制总线
            if((counter<8)&&(!eeprom_scl))
        // 在 eeprom_scl 低电平期间，完成并串转换，发出高字节地址
                begin
                    counter<=counter+1'b1;
                    data<={data[6:0],data[7]};
                    sda_buf<=data[7];
                end
            else if((counter==8)&&(!eeprom_scl))
                begin
                    counter<=0;
                    state<=5;
                    link_sda<=0;//FPGA 释放总线控制权
                end
end
//--------receive ack signal--------
5:begin
    if(eeprom_scl)
// 在 eeprom_scl 高电平期间，检测是否有应答信号
        begin
            if(!eeprom_sda)
                begin
                    state<=6;// 有应答则状态继续跳转
                    data<=8'b00000011;// 低字节地址准备
                end
        end
end
//--------send low byte address--------
6:begin
    link_sda<=1;//FPGA 控制总线
    if((counter<8)&&(!eeprom_scl))
```

```
// 在 eeprom_scl 低电平期间，完成并串转换，发出低字节地址
        begin
            counter<=counter+1'b1;
            data<={data[6:0],data[7]};
            sda_buf<=data[7];
        end
    else if((counter==8)&&(!eeprom_scl))
        begin
            counter<=0;
            state<=7;
            sda_buf<=1;
            link_sda<=0;//FPGA 释放总线控制权
        end
end
//--------receive ack signal--------
7:begin
    if(eeprom_scl)
// 在 eeprom_scl 高电平期间，检测是否有应答信号
    begin
            if(!eeprom_sda)
                begin
                    if(wr==1)
// 如果是写的话，跳到状态 8，遵循随机写时序
                        state<=8;
                    if(rd==1)
// 如果是读的话，跳到状态 11，遵循随机读时序
                        begin
                            state<=11;
                            sda_buf<=1;
// 准备再次发启动信号
                        end
                    data<=8'b00001111;
// 准备想要写入的数据
                end
        end
end
//--------send active data--------
8:begin
link_sda<=1;//FPGA 控制总线
```

```
        if((counter<8)&&(!eeprom_scl))
// 在 eeprom_scl 低电平期间, 完成并串转换, 发出有效数据
        begin
            counter<=counter+1'b1;
            data<={data[6:0],data[7]};
            sda_buf<=data[7];
        end
    else if((counter==8)&&(!eeprom_scl))
        begin
            counter<=0;
            state<=9;
            link_sda<=0;//FPGA 释放总线控制权
        end
end
//--------receive ack signal--------
9:begin
    if(eeprom_scl)
// 在 eeprom_scl 高电平期间, 检测是否有应答信号
        begin
            if(!eeprom_sda)// 有应答则状态继续跳转
                state<=10;
        end
end
//--------send stop signal--------
10:begin
    link_sda<=1;//FPGA 控制总线
    sda_buf<=0;// 拉低 sda_buf, 准备发出停止信号
    if(eeprom_scl)
// 在 eeprom_scl 高电平期间, 拉高 sda_buf, 终止串行传输
        begin
            led<=0;// 点亮 led, 说明写操作完毕
            sda_buf<=1;
            if(key_wr && key_rd)
            state<=0;// 状态跳回
            wr<=0;// 清除写标志信号
        end
end
//--------send start signal--------
11:begin
```

226

```
    link_sda<=1;//FPGA 控制总线
    if(eeprom_scl)
// 在 eeprom_scl 高电平期间，拉低 sda_buf，发出启动信号
        begin
            sda_buf<=0;
            state<=12;
            data<=8'b10100001;// 读控制字准备
        end
end
//--------send control word--------
12:begin
    if((counter<8)&&(!eeprom_scl))
// 在 eeprom_scl 低电平期间，完成并串转换，发出读控制字
        begin
            counter<=counter+1'b1;
            data<={data[6:0],data[7]};
            sda_buf<=data[7];
        end
    else if((counter==8)&&(!eeprom_scl))
        begin
            counter<=0;
            state<=13;
            link_sda<=0;//FPGA 释放总线控制权
        end
end
//--------receive ack signal--------
13:begin
    if(eeprom_scl)
// 在 eeprom_scl 高电平期间，检测是否有应答信号
        begin
            if(!eeprom_sda)// 有应答则状态继续跳转
                state<=14;
        end
end
//--------receive input active data--------
14:begin
    if((counter<8)&&(eeprom_scl))
// 在 eeprom_scl 高电平期间，完成串并转换，存储接收数据
        begin
```

```
                    counter<=counter+1'b1;
                    result[7-counter]<=eeprom_sda;
                end
            else if(counter==8)
                begin
                    counter<=0;
                    state<=15;
                    sda_buf<=1;
                    link_sda<=1; // 接收完毕以后 FPGA 继续控制总线
                end
        end
    //--------send no ack signal--------
    15:begin
        if(eeprom_scl)
    // 在 eeprom_scl 高电平期间, 拉高 sda_buf, 发出非应答信号
            begin
                sda_buf<=1;
                state<=16;
            end
    end
    //--------send stop signal--------
    16:begin
        if(!eeprom_scl)
    // 在 eeprom_scl 低电平期间, 拉低 sda_buf, 准备发出停止信号
            sda_buf<=0;
        if(eeprom_scl)
    // 在 eeprom_scl 高电平期间, 拉高 sda_buf, 发出停止信号
        begin
            sda_buf<=1;// 拉高 sda_buf
            state<=0;// 状态跳回
            rd<=0;// 清除读标志信号
        end
    end
    default:state<=0;
    endcase
        end
    end
endmodule
```

【程序】I²C 读写显示数码管模块。

```verilog
module seg7_lut(
    oseg,       // 数码管段选
    idig,       // 驱动数据
    clk_sys,    // 系统时钟
    sel,        // 数码管位选
    rst_n       // 系统复位
    );
//-------- 输入信号 --------
input[7:0]idig;
input clk_sys;
input rst_n;
//-------- 输出信号 --------
output reg[7:0]oseg;
output reg[2:0]sel;
//-------- 中间变量 --------
reg[3:0]cnt;
//-------- 系统时钟分频 --------
always @(posedge clk_sys or negedge rst_n)
 begin
    if(!rst_n)
        begin
            sel<=3'd0;// 数码管段选定位
        end
 end
//-------- 数码管显示译码 --------
always @(*)
    case(idig)
        8'h0:oseg<=8'hC0;
        8'h1:oseg<=8'hF9;
        8'h2:oseg<=8'hA4;
        8'h3:oseg<=8'hB0;
        8'h4:oseg<=8'h99;
        8'h5:oseg<=8'h92;
        8'h6:oseg<=8'h82;
        8'h7:oseg<=8'hF8;
        8'h8:oseg<=8'h80;
        8'h9:oseg<=8'h90;
```

```
            8'hA:oseg<=8'h88;
            8'hB:oseg<=8'h83;
            8'hC:oseg<=8'hC6;
            8'hD:oseg<=8'hA1;
            8'hE:oseg<=8'h86;
            8'hF:oseg<=8'h8E;
       endcase
   endmodule
```

【程序】I^2C 读写 Testbench。

```
`timescale 1ns/1ns
module tb;
reg clk_sys;
reg rst_n;
reg key_wr;
reg key_rd;
wire eeprom_scl;
wire eeprom_sda;
wire[7:0]oseg;
wire[2:0]sel;
wire led;
initial begin
        clk_sys=0;
        key_rd=1;
        rst_n=0;
        #1000 rst_n=1;
        #500 key_wr=0;
        #3000 key_wr=1;
        # 400000 key_rd=0;
        #300 key_rd=1;
end
always #10 clk_sys=~clk_sys;
IIC IIC(
        .clk_sys(clk_sys),
        .rst_n(rst_n),
        .eeprom_scl(eeprom_scl),
        .eeprom_sda(eeprom_sda),
        .key_wr(key_wr),
```

```
            .key_rd(key_rd),
            .oseg(oseg),
            .sel(sel),
            .led(led)
        );
endmodule
```

使用编码规则检查工具，根据被测内容进行编码规则检查，被测内容为 Verilog HDL，且器件为 Xilinx Virtex2 芯片。在使用编码规则检查工具时，按照器件及语言进行选择，并且选择合适的规则集进行检查（本次规则集选择主要依据 Verilog HDL 及 Xilinx 相关的规则集）。

设置好检查规则后，运行编码规则检查工具并得结果，列出所有的代码缺陷，以及每项缺陷的次数和位置。通过人工方式对所有的缺陷进行分析，判断哪些是违反规则，哪些是允许的内容。

下面对本案例中的代码缺陷进行分析。

（1）规则 86：在 always 模块中为 case 语句加入 default 分支。

在"数码管显示译码"部分的 case 语句中，缺少 default 分支，违反了编码规则的第 86 条规则，应在 case 语句中加入 default 分支。更改代码如下所示。

```
//-------- 数码管显示译码 --------
always @(*)
        case(idig)
            8'h0:oseg<=8'hC0;
            8'h1:oseg<=8'hF9;
            8'h2:oseg<=8'hA4;
            8'h3:oseg<=8'hB0;
            8'h4:oseg<=8'h99;
            8'h5:oseg<=8'h92;
            8'h6:oseg<=8'h82;
            8'h7:oseg<=8'hF8;
            8'h8:oseg<=8'h80;
            8'h9:oseg<=8'h90;
            8'hA:oseg<=8'h88;
            8'hB:oseg<=8'h83;
            8'hC:oseg<=8'hC6;
            8'hD:oseg<=8'hA1;
```

```
            8'hE:oseg<=8'h86;
            8'hF:oseg<=8'h8E;
            default: oseg<=8'h8E;
        endcase
endmodule
```

（2）规则 70：为常数指定基数格式（'d、'b、'h、'o）。

违反该条规则的地方共有 98 处，选取其中一处错误，如在 iic_wr. 模块中的 "send no ack signal" 部分中，常数 1 没有指定基数格式及位宽，按照规则建议修改，此处缺陷将消失。更改代码如下所示。

```
//--------send no ack signal--------
15:begin
    if(eeprom_scl)
// 在 eeprom_scl 高电平期间，拉高 sda_buf，发出非应答信号
    begin
        sda_buf<=1'b1;
        state<=8'd16;
    end
end
```

5.2　代码走查

代码走查可以在测试初期将一些隐藏的逻辑问题尽快找到，为后面的测试流程打下一个好的基础。代码走查的过程一般如下。

（1）准备阶段：对需求进行仔细分析，形成走查需求规格说明书，并认真研究相应程序的实现。

（2）生成用例：测试人员提出一些有代表性的测试用例，绘制程序实现的结构图、状态迁移图和时序关系图。

（3）会议走查：组长主持会议，其他测试人员对测试用例沿程序逻辑走一遍，并由测试人员讲述程序的执行过程，在纸上或黑板上监视程序状态，记录下发现的问题。

（4）形成报告：会议后将发现的错误形成报告，并交给程序开发人员。对发现错误较多或发现重大错误的程序，在改正错误之后再次进行会议走查。

5.2.1　代码走查内容

代码走查应根据代码逻辑查找被测软件的缺陷，一般包括以下内容。

（1）对至少一个完整的功能模块或完整的主题进行代码走查。

（2）人工检查程序实现的逻辑是否正确，记录人工走查的结果。

（3）必要时，应画出程序实现的结构图、状态迁移图和时序关系图等。

5.2.2　代码走查案例

本小节主要对某公司项目的捕获模块进行代码走查。相关的 RTL 代码如下。

```
////////////////////////////////////////////////////////
// Company:
// XXX Ltd.
// File:acq_bit_peel.v
// File history:
// <1.0>: <2014-12-1>: File created initially.
// <1.1>: <2015-12-1>: File created initially.
// Description:
// acq. for bd/ca
// Complement operation
// Output signals for track
// Targeted device:
// Author:
// Version:
// Modified by:
////////////////////////////////////////////////////////
module acq_bit_peel(
        clk,
        rst,
```

```
        bit_peel_enable,
        mf_sec_1_of_8,
        mf_sec_2_of_8,
        mf_sec_3_of_8,
        mf_sec_4_of_8,
        mf_sec_5_of_8,
        mf_sec_6_of_8,
        mf_sec_7_of_8,
        mf_sec_8_of_8,
        mode,
        mf_right_shift,
        bit_info,
        mf_sec_1_of_8_peeled,
        mf_sec_2_of_8_peeled,
        mf_sec_3_of_8_peeled,
        mf_sec_4_of_8_peeled,
        mf_sec_5_of_8_peeled,
        mf_sec_6_of_8_peeled,
        mf_sec_7_of_8_peeled,
        mf_sec_8_of_8_peeled,
        coh_ram_enable
        );
//input signals are from here
input clk;
input rst;
input bit_peel_enable;
input[25:0]mf_sec_1_of_8;
input[25:0]mf_sec_2_of_8;
input[25:0]mf_sec_3_of_8;
input[25:0]mf_sec_4_of_8;
input[25:0]mf_sec_5_of_8;
input[25:0]mf_sec_6_of_8;
input[25:0]mf_sec_7_of_8;
input[25:0]mf_sec_8_of_8;
input[2:0]mode;
input[2:0]mf_right_shift;
input[19:0]bit_info;

//output signals are from here
```

```verilog
output reg[15:0]mf_sec_1_of_8_peeled;
output reg[15:0]mf_sec_2_of_8_peeled;
output reg[15:0]mf_sec_3_of_8_peeled;
output reg[15:0]mf_sec_4_of_8_peeled;
output reg[15:0]mf_sec_5_of_8_peeled;
output reg[15:0]mf_sec_6_of_8_peeled;
output reg[15:0]mf_sec_7_of_8_peeled;
output reg[15:0]mf_sec_8_of_8_peeled;
output reg coh_ram_enable;

//internal signals
reg[7:0]mf_sec_x_of_8_i_adj[7:0];
reg[7:0]mf_sec_x_of_8_q_adj[7:0];
wire[12:0]mf_sec_x_of_8_i[7:0];
wire[12:0]mf_sec_x_of_8_q[7:0];
//assign the outside to inside
assign mf_sec_x_of_8_i[0]= mf_sec_1_of_8[25:13];
assign mf_sec_x_of_8_i[1]= mf_sec_2_of_8[25:13];
assign mf_sec_x_of_8_i[2]= mf_sec_3_of_8[25:13];
assign mf_sec_x_of_8_i[3]= mf_sec_4_of_8[25:13];
assign mf_sec_x_of_8_i[4]= mf_sec_5_of_8[25:13];
assign mf_sec_x_of_8_i[5]= mf_sec_6_of_8[25:13];
assign mf_sec_x_of_8_i[6]= mf_sec_7_of_8[25:13];
assign mf_sec_x_of_8_i[7]= mf_sec_8_of_8[25:13];
assign mf_sec_x_of_8_q[0]= mf_sec_1_of_8[12:0];
assign mf_sec_x_of_8_q[1]= mf_sec_2_of_8[12:0];
assign mf_sec_x_of_8_q[2]= mf_sec_3_of_8[12:0];
assign mf_sec_x_of_8_q[3]= mf_sec_4_of_8[12:0];
assign mf_sec_x_of_8_q[4]= mf_sec_5_of_8[12:0];
assign mf_sec_x_of_8_q[5]= mf_sec_6_of_8[12:0];
assign mf_sec_x_of_8_q[6]= mf_sec_7_of_8[12:0];
assign mf_sec_x_of_8_q[7]= mf_sec_8_of_8[12:0];
reg[10:0]code_counter;
reg[5:0]bit_counter;
always @(posedge clk or negedge rst)
begin
  if(!rst)
    begin
      code_counter <= 11'd0;
```

```
                    bit_counter <= 6'd0;
                    coh_ram_enable <= 1'b0;
                end
            else
                begin
                    if(bit_peel_enable)
                        begin
                            coh_ram_enable <= 1'b1;
                            if(code_counter == 11'd2045)
                                code_counter <= 11'd0;
                            else
                                code_counter <= code_counter+11'd1;
                            if(code_counter == 11'd2045)
                                begin
                                    if(bit_counter == 6'd39)
                                        bit_counter <= 6'd0;
                                    else
                                        bit_counter <= bit_counter+6'd1;
                                end
                        end
                    else
                        begin
                            coh_ram_enable <= 1'b0;
                        end
                end
        end
    //bit info from mode
    //nh= 1, 1, 1, 1, 1, -1, 1, 1, -1, -1, 1, -1, 1, -1, 1, 1, -1,
-1, -1, 1
    assign bit_info =
    (mode == 3'b001 || mode == 3'b101)?(20'b00000100110101001110):
20'h0;
    //assign bit_info = 20'h0;
    reg current_bit;
    always @(*)
    begin
        case(bit_counter[5:1])
            5'd0 :current_bit = bit_info[19];
            5'd1 :current_bit = bit_info[18];
```

236

```
        5'd2 :current_bit = bit_info[17];
        5'd3 :current_bit = bit_info[16];
        5'd4 :current_bit = bit_info[15];
        5'd5 :current_bit = bit_info[14];
        5'd6 :current_bit = bit_info[13];
        5'd7 :current_bit = bit_info[12];
        5'd8 :current_bit = bit_info[11];
        5'd9 :current_bit = bit_info[10];
        5'd10:current_bit = bit_info[09];
        5'd11:current_bit = bit_info[08];
        5'd12:current_bit = bit_info[07];
        5'd13:current_bit = bit_info[06];
        5'd14:current_bit = bit_info[05];
        5'd15:current_bit = bit_info[04];
        5'd16:current_bit = bit_info[03];
        5'd17:current_bit = bit_info[02];
        5'd18:current_bit = bit_info[01];
        5'd19:current_bit = bit_info[00];
        default:current_bit = 1'b0;
    endcase
end
//complement operation
always @(posedge clk or negedge rst)
begin
    if(!rst)
        begin
            mf_sec_1_of_8_peeled <= 16'h0;
            mf_sec_2_of_8_peeled <= 16'h0;
            mf_sec_3_of_8_peeled <= 16'h0;
            mf_sec_4_of_8_peeled <= 16'h0;
            mf_sec_5_of_8_peeled <= 16'h0;
            mf_sec_6_of_8_peeled <= 16'h0;
            mf_sec_7_of_8_peeled <= 16'h0;
            mf_sec_8_of_8_peeled <= 16'h0;
        end
    else
        begin
            if(bit_peel_enable)
                begin
```

```
            if(current_bit)
              begin
                mf_sec_1_of_8_peeled <={(~mf_sec_x_of_8_i_
                adj[0]+8'h1),
                        (~mf_sec_x_of_8_q_adj[0]+8'h1)};
                mf_sec_2_of_8_peeled <={(~mf_sec_x_of_8_i_
                adj[1]+8'h1),
                        (~mf_sec_x_of_8_q_adj[1]+8'h1)};
                mf_sec_3_of_8_peeled <={(~mf_sec_x_of_8_i_
                adj[2]+8'h1),
                        (~mf_sec_x_of_8_q_adj[2]+8'h1)};
                mf_sec_4_of_8_peeled <={(~mf_sec_x_of_8_i_
                adj[3]+8'h1),
                        (~mf_sec_x_of_8_q_adj[3]+8'h1)};
                mf_sec_5_of_8_peeled <={(~mf_sec_x_of_8_i_
                adj[4]+8'h1),
                        (~mf_sec_x_of_8_q_adj[4]+8'h1)};
                mf_sec_6_of_8_peeled <={(~mf_sec_x_of_8_i_
                adj[5]+8'h1),
                        (~mf_sec_x_of_8_q_adj[5]+8'h1)};
                mf_sec_7_of_8_peeled <={(~mf_sec_x_of_8_i_
                adj[6]+8'h1),
                        (~mf_sec_x_of_8_q_adj[6]+8'h1)};
                mf_sec_8_of_8_peeled <={(~mf_sec_x_of_8_i_
                adj[7]+8'h1),
                        (~mf_sec_x_of_8_q_adj[7]+8'h1)};
              end
            else
              begin
                mf_sec_1_of_8_peeled <= mf_sec_1_of_8_peeled;
              end
          end
        end
    end
  endmodule
```

通过代码走查，确认该代码的倒数第 33 行到倒数第 10 行赋值语句右边的 "取反加 1" 运算未考虑输入为负饱和值时的情况，这会导致 mf_sec_1_of_8_ peeled、mf_sec_2_of_8_peeled、……、mf_sec_8_of_8_peeled 出现溢出使其符号位出现错误，进一步降低捕获模块的性能。

通过功能仿真和实物测试进一步确认了该问题的存在。

通过编写仿真测试用例，进行代码走查分析，得到如图 5-2 所示的仿真波形图。

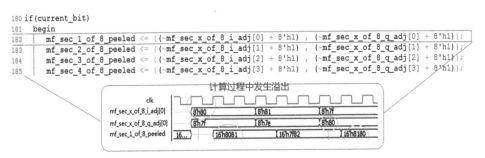

图 5-2 代码走查分析（计算过程中发生溢出的缺陷分析）仿真波形图

修复该问题之后进行实物回归测试，捕获灵敏度至少提高了 1 ~ 2dB。

5.3 逻辑测试

逻辑测试是测试程序逻辑结构的合理性、实现的正确性的，通过对整个逻辑路径进行测试来查找设计中存在的问题。同时，逻辑测试也能够帮助测试人员确认自己的测试流程是否正确、测试内容是否有效完整。

5.3.1 逻辑测试内容

FPGA 中逻辑测试主要是对覆盖率进行测试，包括语句覆盖率、分支覆盖率和状态机覆盖率等。覆盖率测试是在功能仿真后对测试充分性的一个验证，它是在仿真测试的过程中形成覆盖率文件。通过查看每个功能模块的覆盖情况，可以清楚地了解到该功能模块中所涉及的功能是否被全部覆盖，若未全部覆盖则要分析未全部覆盖的原因，从而能够更充分全面地进行测试。

5.3.2 逻辑测试案例

本小节主要对某项目遥测功能模块进行覆盖率测试。测试激励代码如下。

```
`timescale 1ns/1ps
`define CheckOpen
module tb_tc_all(flash_data);
parameter SPIPeriod=30; //SPIPeriod=20 of 50MHz,SPIPeriod=125
of 8MHz
inout[15:0]flash_data;
//output signals from tc_top
wire flash_ce;
wire flash_oe;
wire flash_we;
wire[17:0]flash_addr;
wire flash_wp;
wire flash_reset_n;
wire flash_byte;
wire ready;
wire[5:0]cmd_inhibit_a_o;
wire[3:0]cmd_en_a_o;
wire spi_miso_o;
reg spi_mosi_i=0;
reg spi_ssel_i=1; //low active
wire[7:0]K7_IMX6_CSI0_DAT;
wire[7:0]gray_data;
//to eeprom
wire EEPromCE;
wire EEPromOE;
wire[12:0]EEPromAddr;
wire[7:0]EEPromData;//from eeprom
//signal of UART transmit
reg uart_tx_start=0;
//input signals to u0_txmitt
reg[7:0]THR;
```

```verilog
reg ThrWRn_re;
//output signals from u0_txmitt
wire rxd_a_i;
reg sysclk_c=0;//22.1184MHz
reg CLK_100M=0;//100MHz
reg dvi_clk=0; //121.75MHz
reg rst_i=1;
reg spi_clk=0;
always #(45.2112/2)sysclk_c=~sysclk_c;
always #(10.0000/2)CLK_100M=~CLK_100M;
always #(8.21360/2)dvi_clk=~dvi_clk;
always #(SPIPeriod/2)spi_clk=~spi_clk;//8MHz
//SPI read from dut
reg[39:0]spi_rddata =0;
//generate interfer sign
reg interfer=1;
initial begin
  //#(208214+72393)interfer=0; //int
  #(1474531)interfer=0; //int
  #8680 interfer=0;
end
//generate rst_i signal
initial begin
  #0.1 rst_i <= 0;
  #(10000-2.100 + 0.001)rst_i <= 1;
  //1000000:1ms, → only for simulation
  //rst_i 毛刺信号
  //#(700000)rst_i <= 1;
  //#(8/2)rst_i <= 1; //#(8.21360/2)rst_i <= 1;
  //#(30000)rst_i <= 0;
  //#(8/2)rst_i <= 1;

  // 正常操作
  //CH0 的时序控制
  #(8680*50)TC_SeqControl({16'b1011000001000100,8'heb,8'd1,
          16'd5,16'd0,8'd0,8'b00000010});
  #(8680*50)TC_SeqControl({16'b1011000001000100,8'heb,8'd2,
          16'd5,16'd0,8'd1,8'b00000010});
  #(8680*50)TC_SeqControl({16'b1011000001000100,8'heb,8'd3,
```

```
           16'd5,16'd0,8'd2,8'b00000010});
#(8680*20)TC_SeqControl({16'b1011000001000100,8'heb,8'd4,
           16'd5,16'd0,8'd3,8'b00000010});


// 数据采集指令：提取 UART 数据返回遥测数据（包长 5）
#(8680*30)TC_SmpTmF({16'b1011000001000100,8'h49,8'd7,16'd5,
           16'hAAAA,16'hAAAA});
//CH28 的时序控制（异常通道）
#(8680*20)TC_SeqControl({16'b1011000001000100,8'heb,8'd00,
           16'd5,16'd0,8'd28,8'b00000001});
#(8680*20)TC_SeqControl({16'b1011000001000100,8'heb,8'd29,
           16'd5,16'd0,8'd28,8'b00000001});
#(8680*20)TC_SeqControl({16'b1011000001000100,8'heb,8'hff,
           16'd5,16'd0,8'd28,8'b00000001});


// 异常操作：包长设置为 3，实际应该为 5
#(8680*20)TC_SeqControl({16'b1011000001000100,8'heb,8'd1,
           16'd3,16'd0,8'd0,8'b00000001});


// 异常操作：错误的包类型标志
#(8680*20)TC_SeqControl({16'b1011000001000100,8'h99,8'd1,
           16'd3,16'd0,8'd0,8'b00000001});


// 数据采集指令：提取 UART 数据返回遥测数据（包长 5）
#(8680*30)TC_SmpTmF({16'b1011000001000100,8'h49,8'd7,16'd5,
           16'hAAAA,16'hAAAA});


// 遥控参数上注：提取 UART 数据写入 FLASH 中
// 正常操作 //96bits=12bytes
#(8680*0.1)TC_ParaUpToFlash({16'b1011000001000100,8'h27,
           8'd1,16'd7,16'h2233,16'd0,16'ha001});
#(8680*0.1)TC_ParaUpToFlash({16'b1011000001000100,8'h27,
           8'd1,16'd7,16'h2233,16'd0,16'ha001});
#(8680*110)TC_ParaUpToFlash({16'b1011000001000100,8'h27,
           8'd2,16'd7,16'h22ff,16'd0,16'ha001});


// 遥控参数读取：读取 FLASH 中的数据，通过 UART 反馈出去
// 正常操作
#(8680*0.1)TC_ParaReadFromFlash({16'b1011000001000100,
```

```
                    8'h36,8'd2,16'd5,16'h2211,8'd0,8'd0});
    #(8680*0.1)TC_ParaReadFromFlash({16'b1011000001000100,
                    8'h36,8'd2,16'd5,16'h2211,8'hff,8'hf0});

    // 遥控参数擦除：提取 UART 数据对 FLASH 进行擦除操作
    #(8680*0.1)TC_EraseFlash({16'b1011000001000100,8'h2b,8'd3,
                    16'd5,16'h2222,8'd0,8'd0});
    #(8680*0.1)TC_EraseFlash({16'b1011000001000100,8'h2b,8'd3,
                    16'd5,16'h2222,8'd0,8'd0});
    #(8680*0.1)TC_EraseFlash({16'b1011000001000100,8'h2b,8'd3,
                    16'd5,16'h2222,8'h0f,8'hff});

    // 数据采集指令：提取 UART 数据返回遥测数据（包长 5）
    //#(8680*115)TC_SmpTmF({16'b1011000001000100,8'h49,8'd4,
                    16'd5,16'hAAAA,16'hAAAA});

    //SPI control
    #(8680*17)SpiTxCtrl({16'haa55,16'h0000,8'hbb});// 分辨率检测状态
    #(8680*0.5)SpiTxCtrl({16'hxxxx,16'hxxxx,8'hxx});//SPI 反馈操作
    #(8680*0.5)SpiTxCtrl({16'haa66,16'h1111,8'hbb});// 版本读取
    #(8680*0.5)SpiTxCtrl({16'hxxxx,16'hxxxx,8'hxx});//SPI 反馈操作
    #(8680*0.5)SpiTxCtrl({16'heb90,16'h0000,8'hbb});// 视频参数读取
    #(8680*0.5)SpiTxCtrl({16'hxxxx,16'hxxxx,8'hxx});//SPI 反馈操作
    #(8680*235)$finish;
    end

//output signals from dvi_driver
wire[23:0]DVI_R_QE_IN;
wire[7:0]R,G,B;
dvi_driver  u0_dvi_driver(
  .dvi_clk(dvi_clk),
  .rst_i(rst_i),
  .dvi_hs(DVI_R_HS_IN),
  .dvi_vs(DVI_R_VS_IN),
  .dvi_de(DVI_R_DE_IN),
  .dvi_qe(DVI_R_QE_IN),
  .dvi_idclk(DVI_R_IDCLK),
  .R(R),.G(G),.B(B)
  );
```

```
//Clk16X: freq=1.8432MHz, baud rate=115200bps
reg Clk16X=0;
always #271.2673611111111 Clk16X=~Clk16X;   //1.8432MHz
reg[3:0]uart_tx_cnt=0;
//generate the Reset signal
reg Reset=0,Reset_1;
always @(posedge Clk16X)begin //Reset is high active
  Reset_1 <= !rst_i;
  Reset <= Reset_1;
end
//control bits for u0_txmitt(1+8+1+1=11bits)
parameter[1:0]DataBits=2'b11; //DataBits=\"11\"=8-bit
parameter[1:0]StopBits=2'b00; //StopBits=\"00\"=1-bit
//1'b1; \'1\'=parity bit enable, \'0\'=parity bit disable
parameter ParityEnable=1'b1;
//1'b0; \'1\'=even parity selected, \'0\'=odd parity selected
parameter ParityEven =1'b0;
parameter ParityStick =1'b0;  //no parity stick
parameter TxBreak =1'b0;
//posedge detection
reg uart_tx_start_1,uart_tx_start_2;
always @(posedge Clk16X)
begin
  if(Reset == 1'b1)begin
   uart_tx_start_1 <= 0;
   uart_tx_start_2 <= 0;
  end
  else begin
    uart_tx_start_1 <= uart_tx_start;
    uart_tx_start_2 <= uart_tx_start_1;
  end
end
always @(posedge Clk16X)
ThrWRn_re<=(uart_tx_start_2 == 0)&&(uart_tx_start_1 == 1);
always @(posedge Clk16X)
begin
   if(ThrWRn_re)
     uart_tx_cnt <= uart_tx_cnt + 1;
   else
```

```verilog
        ;
end
//output from u0_txmitt
txmitt u0_txmitt(
  .Reset(Reset),
  .Clk16X(Clk16X),
  .THR(THR),
  .ThrWRn_re(ThrWRn_re),
  .SOUT(rxd_a_i),
  .DataBits(DataBits),
  .StopBits(StopBits),
  .ParityEnable(ParityEnable),
  .ParityEven(ParityEven), //uart_tx_cnt == 1?1: ParityEven
  .ParityStick(ParityStick),
  .TxBreak(TxBreak),
  .THRE(THRE),
  .TEMT(TEMT),
  .TxFlag(TxFlag),
  .TxClkEnA(TxClkEnA)
  );
//--------FLASH module--------
MX29LV u_flash(
    .A(flash_addr),
    .Q(flash_data),
    .CE_B(flash_ce),
    .WE_B(flash_we),
    .WP(flash_wp),
    .OE_B(flash_oe),
    .BYTE_B(flash_byte),
    .RESET_B(flash_reset_n),
    .RYBY_B(ready)
    );
//eeprom
eeprom_driver eeprom(
  .EEPromCE(EEPromCE),
  .EEPromOE(EEPromOE),
  .EEPromAddr(EEPromAddr),
  .EEPromData(EEPromData)
  );
```

```
tc_top tc_top(
  .sysclk_c(sysclk_c),
  .rst_i(rst_i),
  .txd_o(txd_o),
  .rxd_a_i(rxd_a_i),
  .cmd_inhibit_a_o(cmd_inhibit_a_o),
  .cmd_en_a_o(cmd_en_a_o),
  .flash_ce(flash_ce),
  .flash_oe(flash_oe),
  .flash_we(flash_we),
  .flash_addr(flash_addr),
  .flash_wp(flash_wp),
  .flash_reset_n(flash_reset_n),
  .flash_byte(flash_byte),
  .flash_data(flash_data),
  .ready(ready&interfer),
  .CLK_100M(CLK_100M),
  .spi_ssel_i(spi_ssel_i),
  .spi_sck_i(spi_sck_i),
  .spi_mosi_i(spi_mosi_i),
  .spi_miso_o(spi_miso_o),
  .EEPromCE(EEPromCE),
  .EEPromOE(EEPromOE),
  .EEPromAddr(EEPromAddr),
  .EEPromData(EEPromData),
  .DVI_R_QE_IN(DVI_R_QE_IN),
  .DVI_R_DE_IN(DVI_R_DE_IN),
  .DVI_R_HS_IN(DVI_R_HS_IN),
  .DVI_R_VS_IN(DVI_R_VS_IN),
  .DVI_R_IDCLK(DVI_R_IDCLK),
  .gray_clk(gray_clk),
  .gray_hs(gray_hs),
  .gray_vs(gray_vs),
  .gray_de(gray_de),
  .gray_data(gray_data),
  .K7_IMX6_CSI0_DAT(K7_IMX6_CSI0_DAT),
  .K7_IMX6_CSI0_PIXCLK(K7_IMX6_CSI0_PIXCLK),
  .K7_IMX6_CSI0_DAT_EN(K7_IMX6_CSI0_DAT_EN),
  .K7_IMX6_CSI0_HSYNC(K7_IMX6_CSI0_HSYNC),
```

```verilog
  .K7_IMX6_CSI0_VSYNC(K7_IMX6_CSI0_VSYNC));


//tasks are from here
task TC_SeqControl;// 时序控制（任务）
parameter TxBits=80;
parameter Bytes=TxBits/8;
input[TxBits-1:0]data;
integer i;
integer j;
reg[7:0]mem_Seq[0:Bytes-1];
reg[7:0]check_even;
reg[7:0]check_odd;
begin
  //UART transmits
  check_even=0;
  check_odd=0;
  #1;
  for(i=0; i<Bytes; i=i+1)begin
    mem_Seq[i]=(data >> i*8);
  end
  `ifdef CheckOpen
  check_odd=mem_Seq[3]^mem_Seq[1];
  check_even=mem_Seq[2]^mem_Seq[0];
`endif
  for(i=0; i<Bytes+2; i=i+1)begin
   //update THR first
   if(i<Bytes)
     THR=mem_Seq[(Bytes-1)-i];
   else if(i == Bytes)
     THR=check_odd;
   else if(i == Bytes+1)
     THR=check_even;
   else
     THR=THR;
   //generate uart_tx_start
   uart_tx_start=0;
   #1 uart_tx_start=1;
   #8680 uart_tx_start=0;
```

```
  #(112847)uart_tx_start=0;
//UART of 8-bit data,transmit timing is 0.112847ms =13bits
  end
end
endtask

task TC_ParaUpToFlash; // 遥控参数上注（任务）
parameter TxBits=96;
parameter Bytes=TxBits/8;
input[TxBits-1:0]data;
integer i;
integer j;
reg[7:0]mem_Seq[0:Bytes-1];
reg[7:0]check_even;
reg[7:0]check_odd;
begin
  //UART transmits
  check_even=0;
  check_odd=0;
  #1;
  for(i=0; i<Bytes; i=i+1)begin
    mem_Seq[i]=(data >> i*8);
  end
  `ifdef CheckOpen
  check_odd=mem_Seq[5]^mem_Seq[3]^mem_Seq[1];
  check_even=mem_Seq[4]^mem_Seq[2]^mem_Seq[0];
  `endif
  for(i=0; i<Bytes+2; i=i+1)begin
   //update THR first
   if(i<Bytes)
     THR=mem_Seq[(Bytes-1)-i];
   else if(i == Bytes)
     THR=check_odd;
   else if(i == Bytes+1)
     THR=check_even;
   else
     THR=THR;
   //generate uart_tx_start
   uart_tx_start=0;
```

```
  #1 uart_tx_start=1;
  #8680 uart_tx_start=0;
   #(112847)uart_tx_start=0;
//UART of 8-bit data, transmit timing is 0.112847ms =13bits
  end
end
endtask


task TC_ParaReadFromFlash; // 遥控参数读取（任务）
parameter TxBits=80;
parameter Bytes=TxBits/8;
input[TxBits-1:0]data;
integer i;
integer j;
reg[7:0]mem_Seq[0:Bytes-1];
reg[7:0]check_even;
reg[7:0]check_odd;
begin
  //UART transmits
  check_even=0;
  check_odd=0;
  #1;
  for(i=0; i<Bytes; i=i+1)begin
    mem_Seq[i]=(data >> i*8);
  end
  `ifdef CheckOpen
  check_odd=mem_Seq[3]^mem_Seq[1];
  check_even=mem_Seq[2]^mem_Seq[0];
`endif
  for(i=0; i<Bytes+2; i=i+1)begin
   //update THR first
   if(i<Bytes)
     THR=mem_Seq[(Bytes-1)-i];
   else if(i == Bytes)
     THR=check_odd;
   else if(i == Bytes+1)
     THR=check_even;
   else
     THR=THR;
```

```
    //generate uart_tx_start
    uart_tx_start=0;
    #1 uart_tx_start=1;
    #8680 uart_tx_start=0;
     #(112847)uart_tx_start=0;
//UART of 8-bit data, transmit timing is 0.112847ms =13bits
   end
end
endtask

task TC_EraseFlash; // 遥控参数擦除（任务）
parameter TxBits=80;
parameter Bytes=TxBits/8;
input[TxBits-1:0]data;
integer i;
integer j;
reg[7:0]mem_Seq[0:Bytes-1];
reg[7:0]check_even;
reg[7:0]check_odd;
begin
  //UART transmits
  check_even=0;
  check_odd=0;
  #10;
  for(i=0; i<Bytes; i=i+1)begin
    mem_Seq[i]=(data >> i*8);
  end
  `ifdef CheckOpen
  check_odd=mem_Seq[3]^mem_Seq[1];
  check_even=mem_Seq[2]^mem_Seq[0];
`endif
  for(i=0; i<Bytes+2; i=i+1)begin
   //update THR first
   if(i<Bytes)
     THR=mem_Seq[(Bytes-1)-i];
   else if(i == Bytes)
     THR=check_odd;
   else if(i == Bytes+1)
     THR=check_even;
```

```
    else
      THR=THR;
    //generate uart_tx_start
    uart_tx_start=0;
    #1 uart_tx_start=1;
    #8680 uart_tx_start=0;
     #(112847)uart_tx_start=0;
//UART of 8-bit data, transmit timing is 0.112847ms =13bits
    end
end
endtask


task TC_SmpTmF;  // 数据采集指令（任务）
parameter TxBits=80;
parameter Bytes=TxBits/8;
input[TxBits-1:0]data;
integer i;
integer j;
reg[7:0]mem_Seq[0:Bytes-1];
reg[7:0]check_even;
reg[7:0]check_odd;
begin
  //UART transmits
  check_even=0;
  check_odd=0;
  #1;
  for(i=0; i<Bytes; i=i+1)begin
    mem_Seq[i]=(data >> i*8);
  end
  `ifdef CheckOpen
  check_odd=mem_Seq[3]^mem_Seq[1];
  check_even=mem_Seq[2]^mem_Seq[0];
`endif
  for(i=0; i<Bytes+2; i=i+1)begin
   //update THR first
   if(i<Bytes)
     THR=mem_Seq[(Bytes-1)-i];
   else if(i == Bytes)
     THR=check_odd;
```

```
     else if(i == Bytes+1)
       THR=check_even;
     else
       THR=THR;
     //generate uart_tx_start
     uart_tx_start=0;
     #1 uart_tx_start=1;
     #8680 uart_tx_start=0;
      #(112847)uart_tx_start=0;
//UART of 8-bit data, transmit timing is 0.112847ms =13bits
   end
 end
endtask

task SpiTxCtrl;
parameter TxBits=40;
input[TxBits-1:0]data;
integer i;
integer j;
begin
  //CPU writes only
  j=0;
  for(i=0; i<TxBits; i=i+1)
  begin
   @(posedge spi_clk)
   begin
         #0.1 spi_ssel_i <= 0; end  //CPU writes only
         #0.5 spi_mosi_i <= data[TxBits-(i+1)];
         j=j + 1;
   end
     @(negedge spi_clk)#(SPIPeriod/2-1)spi_ssel_i <=1;
end
endtask

assign #0.5 spi_sck_i=spi_clk;
always @(negedge spi_clk)begin
  if(spi_ssel_i == 1'b0)
    spi_rddata <= {spi_rddata[38:0],spi_miso_o};
end
```

```
endmodule
```

编写测试激励并使用功能仿真 EDA 工具对该模块功能进行仿真后，EDA
工具会自动保存覆盖率的文件，通过 Modelsim 仿真工具加载文件，可以清楚
地看到各个模块功能的覆盖情况。本次测试的模块为 tc_top，逻辑测试覆盖率
如图 5-3 所示。

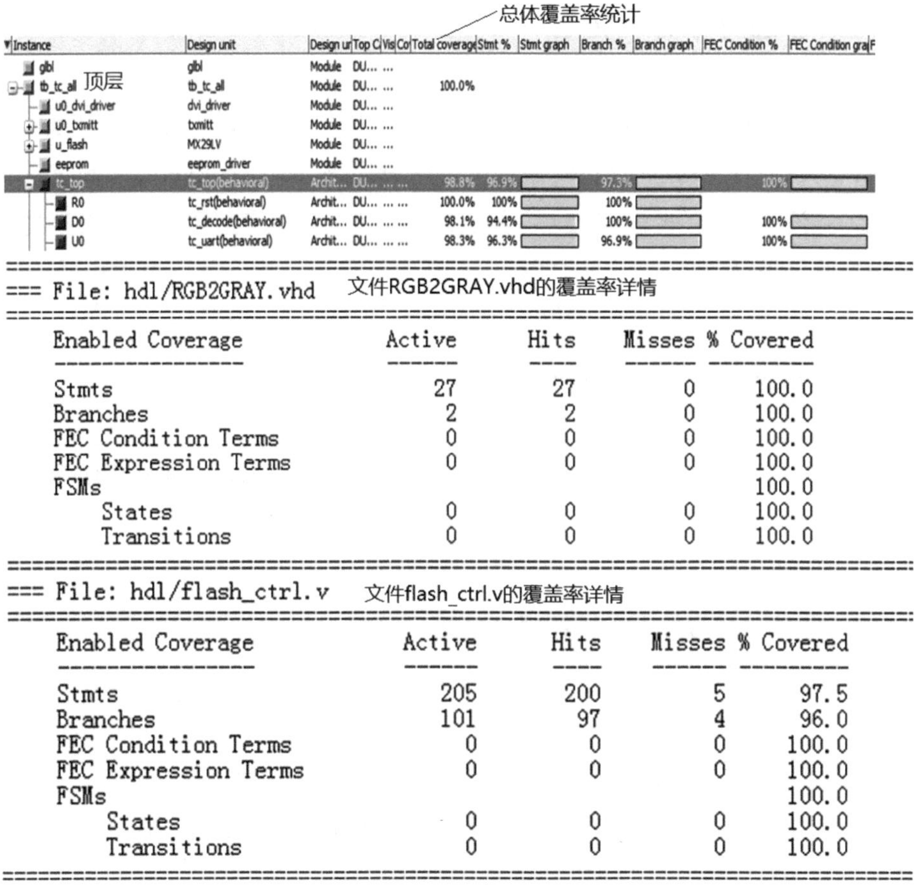

总体覆盖率统计

▼ Instance	Design unit	Design u	Top C	Vis	Co	Total coverage	Stmt %	Stmt graph	Branch %	Branch graph	FEC Condition %	FEC Condition gra	F
gbl	gbl	Module	DU	...									
tb_tc_all 顶层	tb_tc_all	Module	DU	...		100.0%							
u0_dvi_driver	dvi_driver	Module	DU	...									
u0_txmitt	txmitt	Module	DU	...									
u_flash	MX29LV	Module	DU	...									
eeprom	eeprom_driver	Module	DU	...									
tc_top	tc_top(behavioral)	Archit...	DU	...		98.8%	96.9%		97.3%		100%		
R0	tc_rst(behavioral)	Archit...	DU	...		100.0%	100%		100%				
D0	tc_decode(behavioral)	Archit...	DU	...		98.1%	94.4%		100%		100%		
U0	tc_uart(behavioral)	Archit...	DU	...		98.3%	96.3%		96.9%		100%		

```
==========================================================
=== File: hdl/RGB2GRAY.vhd   文件RGB2GRAY.vhd的覆盖率详情
==========================================================

   Enabled Coverage          Active      Hits     Misses  % Covered
   ----------------          ------      ----     ------  ---------
   Stmts                        27        27          0    100.0
   Branches                      2         2          0    100.0
   FEC Condition Terms           0         0          0    100.0
   FEC Expression Terms          0         0          0    100.0
   FSMs                                                     100.0
       States                    0         0          0    100.0
       Transitions               0         0          0    100.0
==========================================================
=== File: hdl/flash_ctrl.v   文件flash_ctrl.v的覆盖率详情
==========================================================

   Enabled Coverage          Active      Hits     Misses  % Covered
   ----------------          ------      ----     ------  ---------
   Stmts                       205       200          5     97.5
   Branches                    101        97          4     96.0
   FEC Condition Terms           0         0          0    100.0
   FEC Expression Terms          0         0          0    100.0
   FSMs                                                     100.0
       States                    0         0          0    100.0
       Transitions               0         0          0    100.0
==========================================================
```

图 5-3　逻辑测试覆盖率

通过测试可以看到该模块的所有语句、分支的覆盖率，未被覆盖的语句、
分支经代码走查确认均为保护性代码，无须统计其覆盖情况，因此本次测试充
分且正确。

5.4　静态时序分析

FPGA 的静态分析主要是对时钟及时序的分析，可以在运行程序时将时钟的关系及组合逻辑等易出现问题的地方找出来进行更改，为后面的仿真验证打下基础。

5.4.1　静态时序分析内容

静态时序分析主要是在最大、典型、最小 3 种工况下，利用专业静态分析工具，对各路时钟的工作频率、抖动及最大延迟进行检查，要求时序均应满足要求，且没有违规的时序路径，并给出时序分析的覆盖率结果，对于未能覆盖的时序路径给出说明。

5.4.2　静态时序分析案例

静态时序分析就是检查相关时序的时序弧，如建立时序弧、保持时序弧等。下面举出几个案例，分别介绍静态时序分析在实际流程中的应用。

1. 案例 1：信号在不同路径上的延迟分析

如图 5-4 所示，信号从 A 点及 B 点输入，经由 4 个逻辑闸组成的电路到达输出 Y 点。套用的时序模型标识在各逻辑闸上，对于所有输入端到输出端都可以找到相对应的延迟时间。而使用者给定的时序约束为：

（1）信号从 A 点到达电路输入端的时间点为 2[表示 2 个时间单位，以下类似，AT =2，AT 为到达时间（Arrival Time）]；

（2）信号从 B 点到达电路输入端的时间点为 5（AT=5）；

（3）信号必须在时间点 10 之前到达输出端 Y 点 [RT=10，RT 为所需时间（Required Time）]。

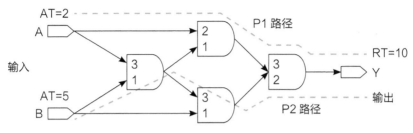

图 5-4　信号在不同路径上的延迟分析示意图

下面针对 P1 及 P2 两个路径进行分析。P1 的起始点为 A 点，信号到达时间点为 2，经过第 1 个逻辑闸（此闸的延迟时间为 2）后，信号到达此闸输出的时间点为 4（2+2）。依次类推，信号经由路径 P1 到达输出端 Y 点的时间点为 7（2+2+3）。和上述第 3 项时序约束比对可知，P1 这个路径能够满足时序要求。

按照上述同样的方式分析可以得到，信号经由路径 P2 到达输出端 Y 点的时间点为 11（5+1+3+2）。和上述第 3 项时序约束比对可知，P2 这个路径不能够满足时序要求。

2．案例 2：建立时间时序分析 1

对于触发器到触发器时序路径的建立时间的要求，转换成如下单一模式下建立时间的基本计算公式。

发送时钟最慢路径延迟 + 最慢数据路径延迟≤捕获时钟最快路径延迟 + 时钟周期 - 终止点时序单元建立时间

在进行建立时间检查时，始发点触发器的发送时钟路径延迟、终止点触发器的捕获时钟路径延迟和从始发点到终止点的数据路径延迟都是基于单一工作条件下所计算的路径延迟。这是工作单一的一个库中，也就是工具在同一个工艺进程、温度、电源下，调用其他不同的工艺参数，得到最慢、最快的时钟路径和数据路径。这时路径延迟是确定的。

建立时间时序分析 1 示意图如图 5-5 所示（时间单位为 ns，以下案例的时间单位也为 ns），假设该电路是在典型库中进行综合的，那么在分析建立时间时，

255

工具通过调用不同的工艺参数，得到

时钟周期 =4

发送时钟最慢路径延迟 = U1+U2 = 0.8+0.6 = 1.4

最慢数据路径延迟 =3.6

捕获时钟最快路径延迟 = U1+U3 = 1.3

时序单元 DFF2 的建立时间要求查库得到是 0.2，因此建立时间的 Slack 为 1.3 + 4-0.2 - 1.4 - 3.6 = 0.1。

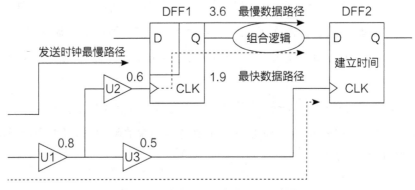

图 5-5　建立时间时序分析 1 示意图

3. 案例 3：建立时间时序分析 2

建立时间时序分析 2 示意图如图 5-6 所示，虚线表示时序路径，两个 D 触发器使用同一个时钟驱动，理想情况下 DFF1 的数据变化之后在下一个时钟沿能够准确到达 DFF2。DFF1 和 DFF2 的时序图如图 5-7 所示。

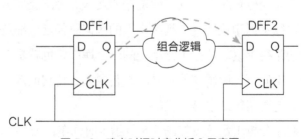

图 5-6　建立时间时序分析 2 示意图

在 DFF1 的时钟沿到来时，会把 DFF1 的 D 端的数据送入 DFF1。在经过一个 CLK-to-Q 的延迟之后，数据会送入 DFF1 的 Q 端。此过程叫作时序路径的 Launch Event。信号经过两个 DFF 之间的组合逻辑之后，到达组合逻辑的输出，也就是 DFF2 的输入端（DFF2.D），这个时间叫作 Arrival Time。然而，数据并不是在时钟沿到达 DFF2 的同时到达的，而是要比时钟沿早到那么一点点，早到的这个时间叫作 Required Time。不同器件的 Required Time 不一样。数据装载到 DFF2 叫作 Capture Event。器件的 Required Time 和 Arrival Time 两者之差则叫作 Slack。如图 5-7 所示，数据比时钟沿早到很多，则 Slack 为正。如果数据刚好在 Required Time 的时间点到达，则 Slack 为 0。若是数据晚到的话，则 Slack 为负。例如，Required Time 是 Launch Event 之后的 1.8ns，而 Arrival Time 是 Launch Event 之后的 1.6ns，则 Slack 为 1.8-1.6=0.2ns。

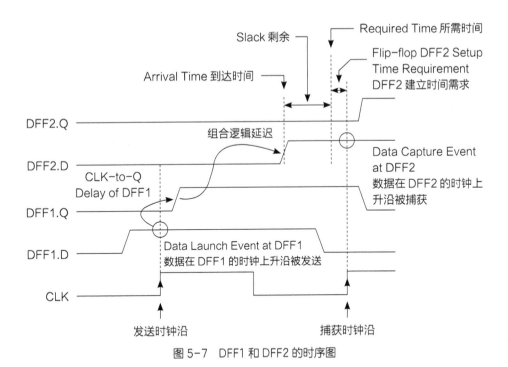

图 5-7　DFF1 和 DFF2 的时序图

4. 案例 4：建立时间时序分析 3

建立时间时序分析 3 示意图如图 5-8 所示。通过 report_timing 命令对该电路在典型工况下进行时序分析，相应的建立时间时序报告如图 5-9 所示（其中时序路径检查类型为 max，表示最大延迟或建立时间检查）。

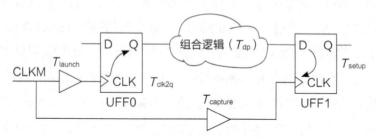

图 5-8　建立时间时序分析 3 示意图

```
Startpoint: UFF0 (rising edge-triggered flip-flop clocked by CLKM)
Endpoint: UFF1 (rising edge-triggered flip-flop clocked by CLKM)
Path Group: CLKM
Path Type: max
Point                                    Incr         Path
-----------------------------------------------------------------
clock CLKM (rise edge)                   0.00         0.00
clock network delay (ideal)              0.00         0.00
UFF0/CK (DFF )                           0.00         0.00 r
UFF0/Q (DFF ) <-                         0.16         0.16 f
UNOR0/ZN (NR2 )                          0.04         0.20 r
UBUF4/Z (BUFF )                          0.05         0.26 r
UFF1/D (DFF )                            0.00         0.26 r
data arrival time                                     0.26

clock CLKM (rise edge)                   10.00        10.00
clock network delay (ideal)              0.00         10.00
clock uncertainty                        -0.30        9.70
UFF1/CK (DFF )                                        9.70 r
library setup time                       -0.04        9.66
data required time                                    9.66
-----------------------------------------------------------------
data required time                                    9.66
data arrival time                                     -0.26
-----------------------------------------------------------------
slack (MET)                                           9.41
```

图 5-9　建立时间时序报告

时序报告中得到每个路径组（Path Group）中建立时间最差的时序路径。时序报告中首先显示时序路径起点（Startpoint）、时序路径终点（Endpoint）、时序路径组（Path Group）名称和时序路径检查类型。在本案例中，时序路径检查类型为 max，表示最大延迟或建立时间检查。min 表示最小延迟或保持时间检查。时序报告中显示了沿着路径的延迟计算，包含 Point 列、Incr 列和 Path 列，分别列出了沿着时序路径的点（引脚）、每个点对延迟的贡献和到那一点的累积延迟。Incr 列中的星号（＊）符号表示 SDF 反标延迟的位置。Path 列中的字母 r 和 f 表示在时序路径上的那个点上信号转换是上升还是下降。时序报告中显示的数据到达时间（data arrival time）是 Path Group 中最大的路径延迟。数据所需时间（data required time）是时序路径上数据的允许到达时间，考虑了捕获时钟沿时间、时钟网络延迟、时钟不确定性及库的建立时间要求，是沿着时钟路径的最小延迟。时序报告末尾显示的 slack 值是 data required time 减去 data arrival time。在本案例中，slack 是一个非常小的正值，这意味着时序约束恰好得到满足。slack 为负值时则需要改变设计来纠正时序违规。例如，时序路径上的驱动单元可以用更大的单元替换，以获得更大的驱动强度，这将减小线延迟。另外，对于 slack 是很大正值的情况，可以将时序路径上的驱动单元替换成较慢、较小的单元来减小面积，或者替换成较慢、较高阈值的单元来减小泄漏功耗。

5. 案例 5：保持时间时序分析 1

保持时间的计算思路与建立时间是相似的，单一模式下电路保持时间的要求如下。

发送时钟最快路径延迟 + 最快数据路径延迟 ≥ 捕获时钟最慢路径延迟 + 终止点时序单元保持时间

保持时间时序分析 1 示意图如图 5-10 所示。DFF1 和 DFF2 之间的建立时间分析如下。

时钟周期 = $2 \times 4 = 8$

发送时钟最慢路径延迟 = $C1_{max} + C2_{max} = 1$

最慢数据路径延迟 = $DFF1_{cqmax} + L1_{max} = 0.7 + 7 = 7.7$

捕获时钟最快路径延迟 = $C1_{min} + C2_{min} + C3_{min} = 0.6$

DFF2 的 D 端建立时间为 0.3，因此建立时间的 Slack 为 $8 + 0.6 - 0.3 - 1 - 7.7 = -0.4$（建立时间违规）。

DFF1 和 DFF2 之间的保持时间分析如下。

发送时钟最快路径延迟 $=C1_{min}+C2_{min}=0.4$

最快数据路径延迟 $=DFF1_{cqmin}+L1_{min}=3.2$

捕获时钟最慢路径延迟 $=C1_{max}+C2_{max}+C3_{max}=1.5$

DFF2 的保持时间为 0.1，因此保持时间的 Slack 为 $0.4+3.2-1.5-0.1=2$。

同理，可以分析单一模式下 DFF3 和 DFF4 之间的保持时间。

发送时钟最快路径延迟 $=C1_{min}+C2_{min}=0.4$

最快数据路径延迟 $=DFF3_{cqmin}+L2_{min}=0.4$

捕获时钟最慢路径延迟 $=C1_{max}+C2_{max}+C4_{max}+C5_{max}=2$

DFF2 的保持时间为 0.1，因此保持时间的 Slack 为 $0.4+0.4-2-0.1=-1.3$（保持时间违规）。

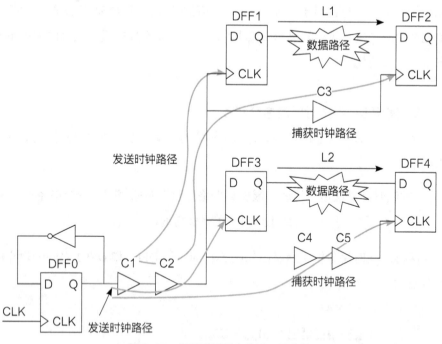

图 5-10　保持时间时序分析 1 示意图

6. 案例 6：保持时间时序分析 2

保持时间时序分析 2 示意图如图 5-11 所示，DFF1 和 DFF2 之间的组合逻辑很短，只有一个与非门，与此同时在两个 DFF 的时钟之间却有很长的延迟。

DFF1 和 DFF2 的时序图如图 5-12 所示。

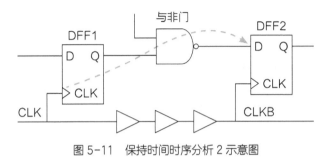

图 5-11 保持时间时序分析 2 示意图

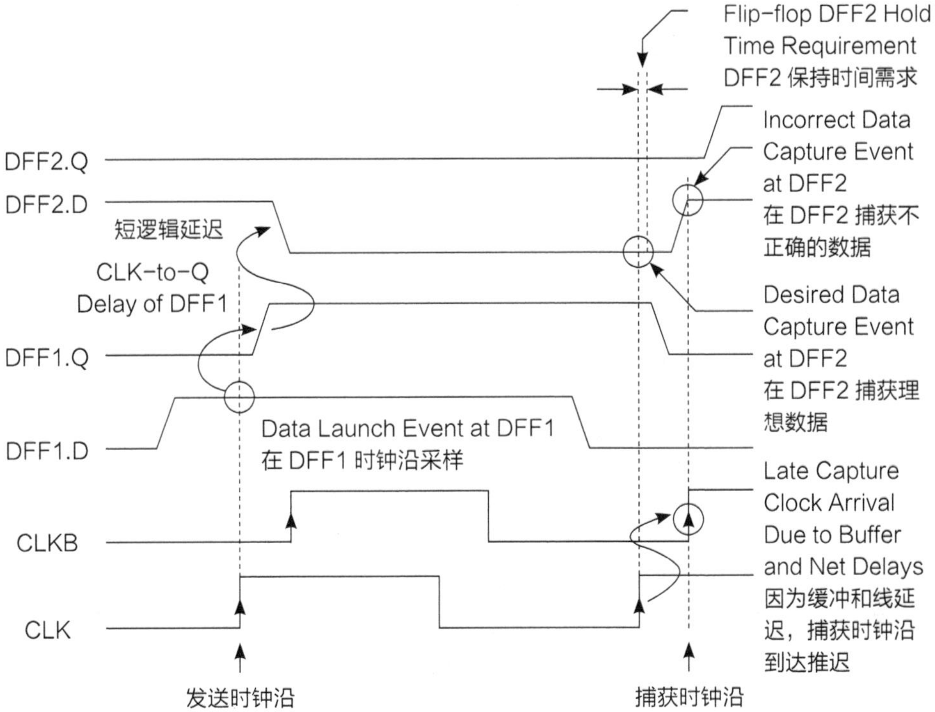

图 5-12 DFF1 和 DFF2 的时序图

和前面案例一样，在发送时钟沿到来时，DFF1.D 的内容载入 DFF1 中，经过 CLK-to-Q 的延迟之后到达 DFF1.Q。经过一个很短的组合逻辑（与非门）之后，数据到达了 DFF2.D。在此情况下，Setup Check 很容易满足，因为数据很早就到达了 DFF2.D。然而来看 DFF2，DFF2 应该在 CLK 信号的第二个上

261

升沿到来时捕获数据，但是数据并没有在捕获时钟沿到来之后保持足够的时间来满足 Hold Check，数据在延迟后的 CLKB 的上升沿之前产生了变化，捕获的数据并不是设计人员想要的数据。

7. 案例 7：路径延迟计算

路径延迟计算示意图如图 5-13 所示，每一个时序弧贡献了走线或逻辑单元的时间延迟。所有走线或逻辑单元对应的时序弧全部相加就得到整个路径的延迟，如图 5-14 所示。

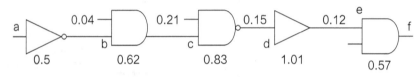

图 5-13　路径延迟计算示意图

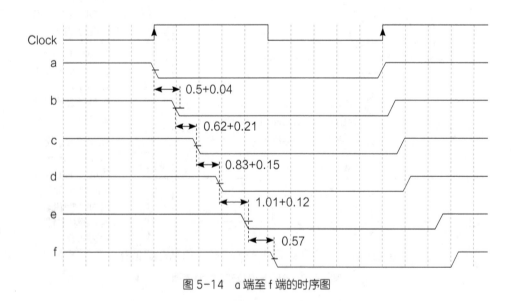

图 5-14　a 端至 f 端的时序图

因此，从输入 a 端到输出 f 端的整个路径的延迟为 0.5 + 0.04 + 0.62 + 0.21 + 0.83 + 0.15 + 1.01 + 0.12 + 0.57 = 4.05。

8. 案例 8：3 种工况下的时序分析

对于静态时序分析，主要分析的是网表文件，且温度和电压对延迟也存在一定的影响，因此通常还会考虑不同工况下的情况。对于如图 5-15 所示的示意图，可以通过 PrimeTime 工具得到对同一个路径在 3 种不同工况下的时序报告，分别如图 5-16、图 5-17、图 5-18 所示。

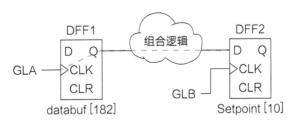

图 5-15　3 种工况下静态时序分析示意图

```
Startpoint: SPUAIDataFilter_0/databuf[182]
            (rising edge-triggered flip-flop clocked by GLA)
Endpoint: SPUSetpointCompareCalc_inst_0/Setpoint[10]
            (rising edge-triggered flip-flop clocked by GLB)
Path Group: GLB
Path Type: max

Point                                                    Incr        Path
------------------------------------------------------------------------------
clock GLA (rise edge)                                    0.00        0.00
clock network delay (propagated)                        0.66 *      0.66
SPUAIDataFilter_0/databuf[182]/CLK (DFN1E0)             0.00        0.66 r
SPUAIDataFilter_0/databuf[182]/Q (DFN1E0)               0.39 *      1.04 r
SPUSetpointCompareCalc_inst_0/un1_o_DataBuf_21t12_2/Y (NOR2B)
                                                         1.68 *      2.72 r
SPUSetpointCompareCalc_inst_0/un391to8_0/Y (NOR2B)      1.29 *      4.02 r
SPUSetpointCompareCalc_inst_0/Setpoint[10]/D (DFN1E0)
                                                         0.23 *     12.98 f
data arrival time                                                   12.98
clock GLB (rise edge)                                   40.00       40.00
clock network delay (propagated)                        0.65 *     40.65
SPUSetpointCompareCalc_inst_0/Setpoint[10]/CLK (DFN1E0)             40.65 r
library setup time                                      -0.38 *    40.27
data required time                                                  40.27
------------------------------------------------------------------------------
data required time                                                  40.27
data arrival time                                                 -12.98
------------------------------------------------------------------------------
slack (MET)                                                         27.29
```

图 5-16　最小工况下的时序报告

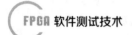

```
Startpoint: SPUAIDataFilter_0/databuf[182]
            (rising edge-triggered flip-flop clocked by GLA)
Endpoint: SPUSetpointCompareCalc_inst_0/Setpoint[10]
            (rising edge-triggered flip-flop clocked by GLB)
Path Group: GLB
Path Type: max

Point                                                   Incr        Path
------------------------------------------------------------------------
clock GLA (rise edge)                                   0.00        0.00
clock network delay (propagated)                        0.86 *      0.86
SPUAIDataFilter_0/databuf[182]/CLK (DFN1E0)             0.00        0.86 r
SPUAIDataFilter_0/databuf[182]/Q (DFN1E0)               0.51 *      1.38 r
SPUSetpointCompareCalc_inst_0/un1_o_DataBuf_2lt12_2/Y (NOR2B)
                                                        2.22 *      3.60 r
SPUSetpointCompareCalc_inst_0/un391to8_0/Y (NOR2B)      1.70 *      5.30 r
SPUSetpointCompareCalc_inst_0/Setpoint[10]/D (DFN1E0)
                                                        0.31 *     17.13 f
data arrival time                                                  17.13

clock GLB (rise edge)                                  40.00       40.00
clock network delay (propagated)                        0.86 *     40.86
SPUSetpointCompareCalc_inst_0/Setpoint[10]/CLK (DFN1E0)            40.86 r
library setup time                                     -0.51 *     40.35
data required time                                                 40.35
------------------------------------------------------------------------
data required time                                                 40.35
data arrival time                                                 -17.13
------------------------------------------------------------------------
slack (MET)                                                        23.22
```

图 5-17　典型工况下的时序报告

```
Startpoint: SPUAIDataFilter_0/databuf[182]
            (rising edge-triggered flip-flop clocked by GLA)
Endpoint: SPUSetpointCompareCalc_inst_0/Setpoint[10]
            (rising edge-triggered flip-flop clocked by GLB)
Path Group: GLB
Path Type: max

Point                                                   Incr        Path
------------------------------------------------------------------------
clock GLA (rise edge)                                   0.00        0.00
clock network delay (propagated)                        0.96 *      0.96
SPUAIDataFilter_0/databuf[182]/CLK (DFN1E0)             0.00        0.96 r
SPUAIDataFilter_0/databuf[182]/Q (DFN1E0)               0.59 *      1.55 r
SPUSetpointCompareCalc_inst_0/un1_o_DataBuf_2lt12_2/Y (NOR2B)
                                                        2.49 *      4.04 r
SPUSetpointCompareCalc_inst_0/un391to8_0/Y (NOR2B)      1.92 *      5.96 r
SPUSetpointCompareCalc_inst_0/Setpoint[10]/D (DFN1E0)
                                                        0.35 *     19.26 f
data arrival time                                                  19.26
clock GLB (rise edge)                                  40.00       40.00
clock network delay (propagated)                        0.96 *     40.96
SPUSetpointCompareCalc_inst_0/Setpoint[10]/CLK (DFN1E0)            40.96 r
library setup time                                     -0.58 *     40.38
data required time                                                 40.38
------------------------------------------------------------------------
data required time                                                 40.38
data arrival time                                                 -19.26
------------------------------------------------------------------------
slack (MET)                                                        21.11
```

图 5-18　最大工况下的时序报告

5.5 跨时钟域分析

5.5.1 跨时钟域分析内容

跨时钟域分析主要是采用跨时钟域分析工具对代码进行跨时钟域检查，确保 FPGA 设计中不存在对功能、性能或安全性有影响的跨时钟域问题。

5.5.2 跨时钟域分析案例

在前面的跨时钟域分析方法及工具的使用中已经详细介绍了跨时钟域分析的原理及如何进行跨时钟域分析。本小节通过一个简单的案例对跨时钟域分析的一种情况进行讲解。RTL 代码如下。

```
module xx_top(
        input har_clk,
        input har_rst_n,
        input vpx_rst_n,
        input syn_10ms,
        output o_fpv5_1,              //T28
        output o_fpv5_2,              //R28
        output o_fved1,               //U23
        output o_fved2,               //T25
        //dds interface
        input ddso_clk,               //AF22
        output o_dds_rst,             //AJ23
        output o_dds_refclk,          //AK25
        output o_dds_serd,            //AK23
        output o_dds_wclk,            //AH24
        output o_dds_fqud,            //AJ24
        //impact
        input[3:0]imp_cmd,
        input[8:0]impad_dout,
        output[3:0]o_impad_addr,
        output o_impad_conv_n,
        inout[7:0]isram_iodat,
```

```verilog
                output o_isram_ce1, //AG27
                …（此处省略代码）
                );
wire[3:0]my_test;
wire frm_clk;
clk_mang
        clk_mang_un(
                .clk(har_clk),
                .rst_n(har_rst_n),
                .o_sys_clk(sys_clk),
                .o_sys_rst_n (sys_rst_n),
                .o_my_test(my_test),
                .o_frm_clk(frm_clk),
                .o_frm_rst_n (frm_rst_n)
                );
task_sche   task_sche_un(
                .clk(sys_clk),
                .rst_n(sys_rst_n),
                .rdcfg_done(1'd1),
                .ddscfg_done(1'd1),
                .ldnvm_allow(1'd0),
                .ldnvm_wrd_req(1'd0),
                .ldnvm_wrd_done(1'd1),
                .o_ddscfg_ctrl(ddscfg_ctrl),
                .o_frame_ctrl(frame_ctrl),
                );
…（此处省略代码）
wire[31:0]frm_dat;
wire[7:0]cst_dat,bus_orgdat;
wire[15:0]yzfram_dat;
wire[5:0]o_rbus_maddr,o_rbus_acmaddr;
read_rom   read_rom_un(
                .clk(frm_clk),
                .rst_n(frm_rst_n),
                .frame_ctrl(frame_ctrl),
                .o_frm_zp(frm_zp),
                .o_fram_dat(frm_dat),
                .o_yzfram_dat(yzfram_dat),
                .o_yzfrm_zp(yzfrm_zp)
```

```
                        );
…（此处省略代码）
endmodule
//--------module task_sche--------
module  task_sche(
        input clk,
        input rst_n,
        input rdcfg_done,
        input ddscfg_done,
        input ldnvm_allow,
        input ldnvm_wrd_req,
        input ldnvm_wrd_done,
        output reg o_rdcfg_ctrl,
        output reg o_ddscfg_ctrl,
        output reg o_frame_ctrl,
        output reg o_ldnvm_ctrl
        );
//=========================================================
localparam  idle=3'd0,
            rdcfg=3'd1,
            ddscfg=3'd2,
            rdfrm=3'd3,
            ldnvm=3'd4;
reg[2:0]cs;
reg[2:0]ldnvm_wrd_req_r,ldnvm_wrd_done_r,ldnvm_allow_r;
always @(posedge clk or negedge rst_n)
    if(!rst_n)begin
        ldnvm_wrd_req_r<=3'd0;
        ldnvm_wrd_done_r<=3'd0;
        ldnvm_allow_r<=3'd0;
    end
else begin
        ldnvm_wrd_req_r<={ldnvm_wrd_req_r[1:0],ldnvm_wrd_req};
        ldnvm_wrd_done_r<={ldnvm_wrd_done_r[1:0],ldnvm_wrd_done};
        ldnvm_allow_r<={ldnvm_allow_r[1:0],ldnvm_allow};
    end
always @(posedge clk or negedge rst_n)
    if(!rst_n)
        cs<=idle;
```

267

```
                else
        case(cs)
                idle:cs<=rdcfg;
                rdcfg:
                    if(rdcfg_done)
                        cs<=ddscfg;
                    else
                        cs<=rdcfg;
                ddscfg:
                    if(ddscfg_done)
                        cs<=rdfrm;
                    else
                        cs<=ddscfg;
                rdfrm:
                    if(ldnvm_wrd_req_r[2]&&ldnvm_allow_r[2])
                        cs<=ldnvm;
                    else
                        cs<=rdfrm;
                ldnvm:
                    if(ldnvm_wrd_done_r[2])
                        cs<=rdfrm;
                    else
                        cs<=ldnvm;
                default: cs<=idle;
            endcase
        always @(posedge clk or negedge rst_n)
            if(!rst_n)
                {o_rdcfg_ctrl,o_ddscfg_ctrl,o_frame_ctrl,o_ldnvm_ctrl}<=4'b00000;
            else
        case(cs)
        idle: {o_rdcfg_ctrl,o_ddscfg_ctrl,o_frame_ctrl,o_ldnvm_
ctrl}<=4'b0000;
        rdcfg: {o_rdcfg_ctrl,o_ddscfg_ctrl,o_frame_ctrl,o_ldnvm_
ctrl}<=4'b1000;
        default: {o_rdcfg_ctrl,o_ddscfg_ctrl,o_frame_ctrl,o_ldnvm_
ctrl}<=0;
            endcase
        endmodule
        //--------module read_rom--------
```

```
module read_rom(
        input clk,
        input rst_n,
        input frame_ctrl,
        output reg o_frm_zp,
        output reg[31:0]o_fram_dat,
        output reg[15:0]o_yzfram_dat,
        output reg o_yzfrm_zp
        );


reg[1:0]syn_frame_ctrl;
reg[3:0]cnt_bit;
wire[31:0]rom_dout;
reg[15:0]rom_rdaddr;
reg[15:0]yzrom_rdaddr;
wire[15:0]yzrom_dout;
wire rom_ce,yzrom_ce;
always @(posedge clk or negedge rst_n)
    if(!rst_n)
        syn_frame_ctrl<=2'd0;
    else
        syn_frame_ctrl<={syn_frame_ctrl[0],frame_ctrl};
always @(posedge clk or negedge rst_n)
    if(!rst_n)
        cnt_bit<=4'd0;
    else if(syn_frame_ctrl[1])
        cnt_bit<=cnt_bit+1'd1;
    else
        cnt_bit<=4'd0;
always @(posedge clk or negedge rst_n)
    if(!rst_n)
        rom_rdaddr<=16'd0;
    else if(syn_frame_ctrl[1]&&(&cnt_bit))begin
        if(rom_dout[31])
                rom_rdaddr<=16'd0;
        else
                rom_rdaddr<=rom_rdaddr+1'd1;
    end
always @(posedge clk or negedge rst_n)
```

269

```
    if(!rst_n)
            yzrom_rdaddr<=16'd0;
    else if(syn_frame_ctrl[1]&&(&cnt_bit[2:0]))begin
            if(rom_dout[31])
                    yzrom_rdaddr<=16'd0;
            else
                    yzrom_rdaddr<=yzrom_rdaddr+1'd1;
    end

assign   rom_ce=(cnt_bit==4'd7)?1'd1:1'd0;
assign   yzrom_ce=(cnt_bit[2:0]==3'd2)?1'd1:1'd0;

always @(posedge clk or negedge rst_n)
    if(!rst_n)begin
            o_fram_dat<=32'd0;
            o_frm_zp<=1'd0;
    end
    else if(frame_ctrl&&(&cnt_bit))begin
            o_fram_dat<=rom_dout;
            o_frm_zp<=1'd1;
    end
    else
            o_frm_zp<=1'd0;
always @(posedge clk or negedge rst_n)
    if(!rst_n)begin
            o_yzfram_dat<=32'd0;
            o_yzfrm_zp<=1'd0;
    end
    else if(frame_ctrl&&(&cnt_bit[2:0]))begin
            o_yzfram_dat<=yzrom_dout;
            o_yzfrm_zp<=1'd1;
    end
    else
            o_yzfrm_zp<=1'd0;
            …(此处代码省略)
endmodule
```

本案例中存在两个异步时钟信号,分别为 sys_clk、frm_clk 这两个时钟信号,通过跨时钟域分析工具 vChecker 查看跨时钟域分析结果,如图 5-19 所示。

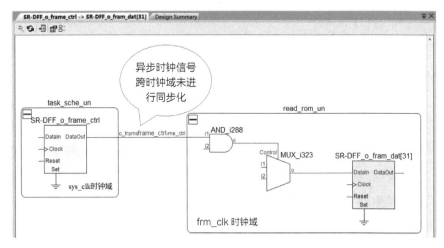

图 5-19 跨时钟域分析结果

由图 5-19 可以看出,sys_clk 时钟域的信号 frame_ctrl 同步到 frm_clk 时钟域的过程中,未进行两级同步,因此存在发生亚稳态的可能,违背了跨时钟域设计要求。

5.6 功能仿真

功能仿真主要是通过仿真验证工具对软件的功能、性能、接口、强度等测试内容进行测试的过程。

5.6.1 功能仿真内容

在功能仿真测试流程中需要搭建合适的测试环境,有效地输入激励来进行功能、性能、接口等方面的测试和验证。在实践中,针对被测软件进行功能仿真时,在编写测试用例和测试激励的过程中,经常会发现覆盖所有的场景是非常困难的，对重要技术指标的验证也缺乏行之有效的验证方法。本小节针对 FPGA 软件测试中的这些难点，提出采用仿真模型化的方法进行功能仿真，提高 FPGA 软件测试覆盖率，增强 FPGA 软件验证的广度和深度，提高 FPGA 软件验证的质量和可靠性。

5.6.2 功能仿真案例

1. 扩频接收仿真模型案例

扩频通信广泛应用于无线通信、蜂窝通信、卫星导航、雷达等领域。扩频通信中，高动态接收机是重点也是难点。常见的测试方式包括半实物测试（采用高动态模拟器 +DUT）、功能仿真、实物测试等，或者采用组合形式以全面覆盖所有测试项。

例如，在某所的扩频应答机、某所某扩频系统高动态接收机、某所 GNSS 模块 FPGA 软件等项目中，均通过 FPGA 软件实现扩频接收处理（如图 5-20 所示），主要包括信号的捕获和跟踪。本案例采用如图 5-21 所示的扩频通信高动态发送模型（MATLAB 程序）搭建仿真模型验证 FPGA 软件对扩频接收处理是否能够满足需求。

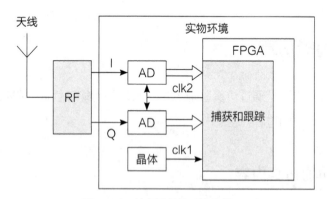

图 5-20　扩频接收处理示意图

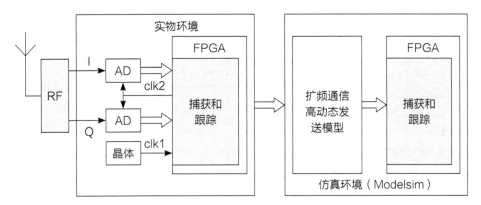

图 5-21　扩频通信高动态发送模型示意图

如图 5-21 所示的扩频通信高动态发送模型的 **MATLAB** 程序代码如下。

```
function sat_tx(SkipSmpls,fd,snr);
close all;
% parameters setting
msSetting = 100; %[ms]
N = 8; %quatilizaton to N Bits
% fd = -1700;   %[-60e3,60e3]
fdd = 0;   %fdd =[0,2000]
fL = 2000e6;
fc = 1e3;   %[Hz]
fs = 62e6; %[Hz]
ChipRate = 1.023e3;
OutPnRate =(1+fd/fL)*ChipRate; %外码频率（因为多普勒频率）
pncodeLength = 1024;
Gain_pilot = 127; %[10,64]
Gain_sync =  0;   %[10,64]
Gain_traf =  0;    %%62
snr = 5;  %[dB]
filter_open = 0;    %filter_open = 1 means open
fid_walsh = fopen('walsh_out.txt','r+t');
walsh = fscanf(fid_walsh,'%s');
fclose(fid_walsh);
% compute CodeRate and tc(spreading code)
CodeRate =(1+fd/fL)*ChipRate; %because Dopper frequency
tc = 1/CodeRate;
```

```
ts = 1/fs;
deta = 1e-9;
Len_y = floor(fs*msSetting/1000);
fid = fopen('m10_out_code1024.txt','rt');
sat_pncode_bin = fscanf(fid,'%d');
fclose(fid);
% pilot channel
% mapping 0→+1(pilot channel is all zeros)
% mapping 1→-1
% sample rate:fs
% walsh H0
sat_pncode = 1-2*sat_pncode_bin;
% sync channel
UW64bits =[1 1 0 0 0 1 1 0 0 0 0 0 1 0 1 1 …
           0 0 0 0 1 0 1 0 0 0 0 1 1 0 1 0 …
           1 0 0 1 0 1 1 0 0 0 1 0 1 1 1 0 …
           1 0 1 0 1 1 1 0 0 1 0 0 1 1 1 1 …
           ];
SYN224bits = zeros(1,224);
%total 288*4 = 576bits(480ms)
sync_msg=[UW64bits SYN224bits UW64bits SYN224bits UW64bits
SYN224bits UW64bits SYN224bits];
% convolution encoder replace the turbo
%(2,1,7), rate = 1/2
% encoder output:2.4kbps
sync_enc_bin = convenc(sync_msg,poly2trellis(7,[171 133]));
% mapping 0→+1(pilot channel is all zeros)
% mapping 1→-1
% walsh H32
x_sync_enc = 1-2*sync_enc_bin;
xRate =(1+fd/fL)*2.4e3; %should change for different channel
walsh_codeLength = 64;
Hnn = 32+1;%H32, Hnn = 33
H32 = walsh(64*Hnn-63:64*Hnn);
for n = 1:length(H32)
    H(n)= 1-2*str2num(H32(n));
end
%traffic channel
traf_head16 =[0 1 0 1 1 0 1 0 0 1 0 1 1 0 1 0];
```

274

```
traf_msg =[traf_head16 zeros(1,2096)]; %2112bits, 2.4kbps, 880ms
% convolution encoder replace the turbo
% (2,1,7), rate = 1/2
% encoder output:4.8kbps
% traf_enc_bin:2304bits
traf_enc_bin = convenc(traf_msg,poly2trellis(7,[171 133]));
%output bits:2304*4, 19.2kbps
for k = 1:4*length(traf_enc_bin)
    bk = floor((k-1+0.001)/4)+1;
    traf_rep(k,1)= traf_enc_bin(bk);
end
% H1 ~ H31,  H33 ~ H63
% mapping 0→+1(pilot channel is all zeros)
% mapping 1→-1
x_traf_enc = 1-2*traf_rep;
xRate_traf =(1+fd/fL)*19.2e3; %should change for different
channel
walsh_codeLength = 64;
% walsh H1, traffic channel, Hnn = 2 = 1 + 1
Hnn = 2;
TrH = walsh(64*Hnn-63:64*Hnn);
for n = 1:length(TrH)
    H_traff1(1,n)= 1-2*str2num(TrH(n));
end
% walsh H2, traffic channel
Hnn = 3;
TrH = walsh(64*Hnn-63:64*Hnn);
for n = 1:length(TrH)
    H_traff2(1,n)= 1-2*str2num(TrH(n));
end
% walsh H3, traffic channel
Hnn = 4;
TrH = walsh(64*Hnn-63:64*Hnn);
for n = 1:length(TrH)
    H_traff3(1,n)= 1-2*str2num(TrH(n));
end
outpn = 1-2*randint(1,10240);
for k = 1:Len_y
    fd = fd + 1/2*fdd*(1/fs);
```

```
        tc = 1/((1+fd/fL)*ChipRate);   %because Dopper frequency
        xRate =(1+fd/fL)*2.4e3; %should change for different channel
        xRate_traf =(1+fd/fL)*19.2e3;
        index_c = mod(floor((k-1)*ts/tc + deta),walsh_codeLength)+1;
        index_p = mod(floor((k-1)*ts/tc + deta),pncodeLength)+1;
        index_x = floor((k-1)*xRate/fs+deta)+1;
        index_x_traf = floor((k-1)*xRate_traf/fs+deta)+ 1;
        index_o = floor((k-1)*OutPnRate/fs+deta)+ 1;
        sread_pilot_k = Gain_pilot*1;
        spread_sync_k = Gain_sync*x_sync_enc(index_x)*H(index_c);
        spread_traff_k =(Gain_traf*0.9)*x_traf_enc(index_x_traf)*
H_traff1(index_c);
        spread_traff_2=-(Gain_traf*0.05)*x_traf_enc(index_x_traf)*
H_traff2(index_c);
        spread_traff_3=-(Gain_traf*0.05)*H_traff3(index_c);
        %sum:spreading signals are added(analog),sample rate:
        spread_sig_k = sread_pilot_k + spread_sync_k + spread_
        traff_k + spread_traff_2 + spread_traff_3;
        spread_sig_k = sread_pilot_k;
        ytmp_i = floor(spread_sig_k*outpn(index_o)*sat_
        pncode(index_p)*cos(2*pi*(k-1)*(fc+fd)/fs));
        ytmp_q = floor(spread_sig_k*outpn(index_o)*sat_
        pncode(index_p)*sin(2*pi*(k-1)*(fc+fd)/fs));
    end
```

当扩频接收仿真模型应用于 GNSS（全球导航卫星系统）时，要考虑多普勒频率对扩频通信高动态发送模型的影响，因此多普勒频率的范围计算就非常重要。以 GPS 为例，多普勒频率的范围计算方法如图 5-22 所示。

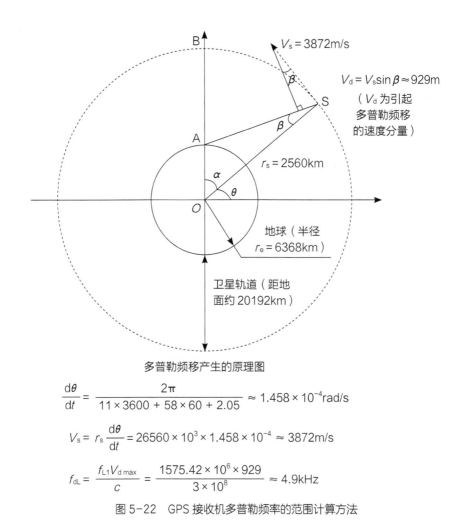

多普勒频移产生的原理图

$$\frac{\mathrm{d}\theta}{\mathrm{d}t} = \frac{2\pi}{11 \times 3600 + 58 \times 60 + 2.05} \approx 1.458 \times 10^{-4}\mathrm{rad/s}$$

$$V_\mathrm{s} = r_\mathrm{s}\frac{\mathrm{d}\theta}{\mathrm{d}t} = 26560 \times 10^3 \times 1.458 \times 10^{-4} \approx 3872\mathrm{m/s}$$

$$f_\mathrm{dL} = \frac{f_\mathrm{L1}V_\mathrm{d\,max}}{c} = \frac{1575.42 \times 10^6 \times 929}{3 \times 10^8} \approx 4.9\mathrm{kHz}$$

图 5-22　GPS 接收机多普勒频率的范围计算方法

由图 5-22 可以看到，在接收机相对地球静止时，多普勒频率的最大值为 4.9kHz。要验证静态、准静态、高动态条件（载体的运动速度、加速度、加加速度都比较大）下被测软件是否能够成功捕获并实现稳定跟踪，本方案分成 3 种仿真条件进行讨论。

（1）在准静态条件（多普勒频率为 200Hz）下，捕获成功后能够稳定跟踪，与需求一致，如图 5-23 所示。

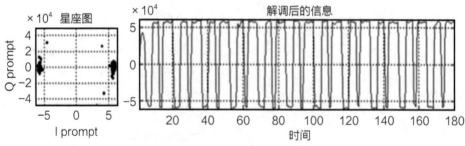

图 5-23　准静态条件下捕获成功后的跟踪结果

（2）当高动态扩频信号载波变化率加速度小于 30Hz/s² 时，被测软件能够对信号成功捕获并跟踪，与需求一致。

（3）当高动态扩频信号载波变化率加速度等于 30Hz/s² 时，被测软件能够对信号成功捕获，但跟踪失败，与需求不一致。经功能仿真并结合代码走查发现，被测软件在捕获成功后切换到跟踪的过程中，对切换的条件判断出现错误导致跟踪失败。

2. QPSK 调制解调仿真模型案例

数字通信最常见的调制方式是 PSK（尤其是 BPSK 和 QPSK），在卫星通信和导航中均有广泛应用。这里主要讨论 QPSK 调制解调仿真模型。QPSK 调制解调模型（MATLAB 程序）搭建仿真模型的代码如下。

```
function PSK_costas;
clear;
close all;
clc;
data_length=5000;
fc=120000;  %120000Hz
fb=10*10^6;%10MHz
fs=40*10^6;%40MHz
SNR=21;
rand_data=(randn(1,data_length)>0.5)*2-1;
%seriel to parallel
for i=1:data_length
    p=floor((i-1)/2)*2;
    a(i)=rand_data(p+1);
```

```
    b(i)=rand_data(p+2);
end
Delta_Freq=fc;
Simulation_Length=floor((data_length*1/fb)*fs);
for i=1:Simulation_Length-1
    temp=floor((i*1/fs)*fb);
    I_Data(i)=a(temp+1);
    Q_Data(i)=b(temp+1);
end
Simulation_Length=Simulation_Length-1;
Signal_Source=I_Data + j*Q_Data;
Carrier=exp(j*(2*pi*Delta_Freq/fs*(1:Simulation_Length)));
Signal_Channel_1=Signal_Source.*Carrier;
Signal_Channel=awgn(Signal_Channel_1,SNR);
close all;
Time_Sample=1/fs;

Signal_PLL=zeros(Simulation_Length,1);
NCO_Phase = zeros(Simulation_Length,1);
Discriminator_Out=zeros(Simulation_Length,1);
Freq_Control=zeros(Simulation_Length,1);
PLL_Phase_Part=zeros(Simulation_Length,1);
PLL_Freq_Part=zeros(Simulation_Length,1);

C1=0.22013;
C2=0.0024722;
for i=2:Simulation_Length
    Signal_PLL(i)=Signal_Channel(i)*exp(-j*mod(NCO_Phase(i-1),2*pi));
    I_PLL(i)=real(Signal_PLL(i));
    Q_PLL(i)=imag(Signal_PLL(i));
    Discriminator_Out(i)=(sign(I_PLL(i))*Q_PLL(i)-sign(Q_
    PLL(i))*I_PLL(i))/(sqrt(2)*abs(Signal_PLL(i)));
    PLL_Phase_Part(i)=Discriminator_Out(i)*C1;
    Freq_Control(i)=PLL_Phase_Part(i)+PLL_Freq_Part(i-1);
    PLL_Freq_Part(i)=Discriminator_Out(i)*C2+PLL_Freq_Part(i-1);
    NCO_Phase(i)=NCO_Phase(i-1)+Freq_Control(i);
end
figure(1);
subplot(2,2,1);
```

279

```
plot(-PLL_Freq_Part(2:Simulation_Length)*fs/(2*pi));
grid on;
% axis([1 Simulation_Length -100 100]);
subplot(2,2,2);
plot(PLL_Phase_Part(2:Simulation_Length)*180/pi);
axis([1 Simulation_Length -2 2]);
grid on;
Show_D=1;
Show_U=Simulation_Length;
% Show_D=300;
% Show_U=900;
Show_Length=Show_U-Show_D;
subplot(2,2,3);
plot(Signal_Channel(Show_D:Show_U),'k*');
axis([-2 2 -2 2]);
grid on;
hold on;
subplot(2,2,3);
plot(Signal_PLL(Show_D:Show_U),'r*');
grid on;
subplot(2,2,4);
plot(Signal_PLL(Show_D:Show_U),'r*');
axis([-2 2 -2 2]);
grid on;
figure(2);
Show_D=Simulation_Length-200;
Show_U=Simulation_Length-1;
Show_Length=Show_U-Show_D;
subplot(2,2,1);
plot(I_Data(Show_D:Show_U));
grid on;
title('I');
axis([1 Show_Length -2 2]);
subplot(2,2,2);
plot(Q_Data(Show_D:Show_U));
grid on;
title('Q');
axis([1 Show_Length -2 2]);
subplot(2,2,3);
```

```
plot(I_PLL(Show_D:Show_U));
grid on;
axis([1 Show_Length -2 2]);
subplot(2,2,4);
plot(Q_PLL(Show_D:Show_U));
grid on;
axis([1 Show_Length -2 2]);
figure(3);
plot(NCO_Phase(Show_D:Show_U));
```

例如，在某所的 QPSK 信号解调 FPGA 软件中，利用 QPSK 调制解调模型，产生激励数据输入被测 FPGA 软件中进行功能仿真，验证 QPSK 解调的功能和性能是否满足需求。通过功能仿真发现，在载波变化边界条件（载波变化率为 800Hz/s）下，QPSK 解调失败。经功能仿真并结合代码走查发现，这是由于在设计中计算公式存在重大缺陷导致的。QPSK 解调采用的数字锁相环原理如图 5-24 所示。

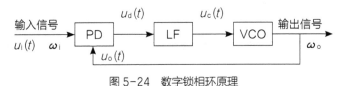

图 5-24　数字锁相环原理

数字锁相环的环路滤波器（对应图 5-24 中的 LF 和 VCO）的数字化系统函数为

$$F(z)=C1+\frac{C1z^{-1}}{1-z^{-1}}$$

设计代码中 C1、C2 的值错误，导致 QPSK 解调失败。C1、C2 的值重新设计后，在载波变化边界条件（载波变化率为 800Hz/s）下，QPSK 解调成功，仿真波形图如图 5-25 所示，其中 iq_de 为 QPSK 解调之后的信息。

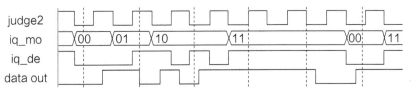

图 5-25　QPSK 解调仿真波形图

3. FSMC 接口仿真模型案例

在本案例中，单片机（型号为 STM32）与 FPGA 通过 FSMC 接口实现数据交互。FSMC 接口示意图及定义分别如图 5-26 和表 5-4 所示。FSMC 接口写操作和读操作时序图分别如图 5-27 和图 5-28 所示。

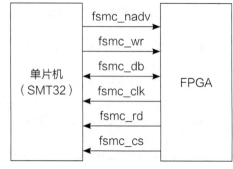

图 5-26　FSMC 接口示意图

表 5-4　FSMC 接口（FPGA）定义

名　　称	输入 / 输出	功　能　描　述
fsmc_nadv	输入	地址锁存信号，对应图 5-27 和图 5-28 中的 NEx 取反
fsmc_wr	输入	写信号，对应图 5-27 中的 NWE 信号
fsmc_db	输入、输出	总线数据，对应图 5-27 和图 5-28 中的 D 信号
fsmc_clk	输出	HCLK 信号
fsmc_rd	输出	读信号，即对应图 5-28 中的 NOE 信号
fsmc_cs	输出	片选信号，对应图 5-27 和图 5-28 中的 NEx 信号

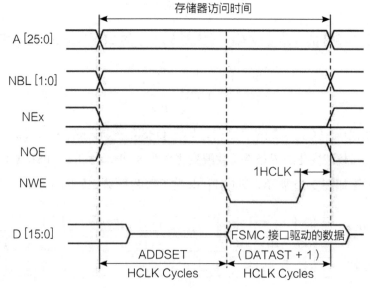

图 5-27　FSMC 接口写操作时序图

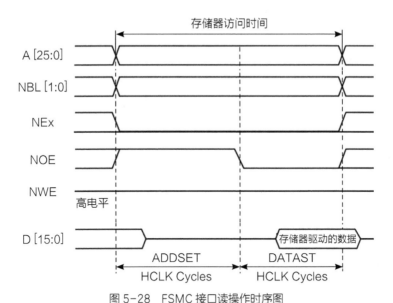

图 5-28 FSMC 接口读操作时序图

根据该模块的功能进行分析，具体测试激励代码如下。

```
`timescale 1ns/10ps
module tb(inout[15:0]fsmc_db);
reg clk=0;
reg dva1=0;
reg dvb1=1;
reg dvb2=1;
always #20 clk=~clk;//25MHz
always #50 dva1=~dva1;//10MHz
always #50 dvb1=~dvb1;//10MHz
always #50 dvb2=~dvb2;//10MHz
reg[11:0]ads5231_dba1=12'ha10;
reg[11:0]ads5231_dbb1=12'hb10;
reg[11:0]ads5231_dbb2=12'hb20;
integer i;

reg rst_n;
reg en_in=0;
reg[7:0]fsmc_ab=0;
reg fsmc_nadv=0;
reg fsmc_wr=1;
```

```
reg fsmc_rd=1;
reg fsmc_cs=1;
reg[15:0]db_wr=0;
initial begin
   rst_n=1'bx;
   #220 rst_n=1'b0;
   #520 rst_n=1'b1;
   //generate en_in
   en_in=0;
   #1803 en_in=1;
   #1933 en_in=0;
   #1823 en_in=1;
   #1943 en_in=0;
   cpu_fsmc_write(16'h10);
   cpu_fsmc_write(16'h11);
   cpu_fsmc_write(16'h12);
   cpu_fsmc_write(16'h13);
   cpu_fsmc_write(16'h14);
   //when en_in=0, can do cpu_fsmc_read operation
   cpu_fsmc_read(16'h200);   // 读计数器清零
   cpu_fsmc_read(16'h201);   // 启动读计数器
   // 循环读
   for(i=0; i< 20; i=i+1)
   begin
   cpu_fsmc_read(16'h102);
   end
   cpu_fsmc_read(16'h200); // 读计数器清零
   cpu_fsmc_read(16'h201); // 启动读计数器

   for(i=0; i< 20; i=i+1)
   begin
     cpu_fsmc_read(16'h103);
   end
   cpu_fsmc_read(16'h111);
   cpu_fsmc_read(16'h112);
    #1100 $finish;
end
always @(posedge dva1)begin
   #(46.3)ads5231_dba1<=ads5231_dba1+1;
```

```
end
always @(posedge dvb1)begin
    #(46.3)ads5231_dbb1<=ads5231_dbb1+1;
end
always @(posedge dvb2)begin
    #(46.3)ads5231_dbb2<=ads5231_dbb2+1;
end
 ds_FPGA dut(
    .clk(clk),// 输入时钟 25MHz
    .rst_n(rst_n),
    //fpga_led 控制，用作程序运行标识
    .fpga_ledr(fpga_ledr),
    //fsmc 总线相关信号
    .fsmc_clk(fsmc_clk),
    .fsmc_nadv(fsmc_nadv),
    .fsmc_wr(fsmc_wr),
    .fsmc_rd(fsmc_rd),
    .fsmc_cs(fsmc_cs),
    .fsmc_ab(fsmc_ab),
    .fsmc_db(fsmc_db),
   .en_in(en_in),
    //ads5231:12 位、40MHz 高速率双通道数据采样
    //ads5231 相关信号
    .ads5231_dba1(ads5231_dba1),
    .ads5231_dbb1(ads5231_dbb1),
    .ads5231_clk1(ads5231_clk1),
    .dva1(dva1),
    .dvb1(dvb1),
    .ads5231_dba2(ads5231_dba2),
    .ads5231_dbb2(ads5231_dbb2),
    .ads5231_clk2(ads5231_clk2),
    .dva2(dva2),
    .dvb2(dvb2)
);
assign fsmc_db =((gkds_sys.rdn==1'b1))? db_wr:16'hzzzz;
task cpu_fsmc_write;
input[15:0]db_in;
begin
    #2 fsmc_cs=1;
```

```
        #2 fsmc_wr=1;
        fsmc_nadv=0;
        @(posedge clk)fsmc_cs=0;
        #1 db_wr=db_in;
        @(posedge clk)fsmc_nadv=1;
        @(posedge clk)fsmc_wr=0;
        @(posedge clk)fsmc_wr=1;
        @(posedge clk)fsmc_cs=1;
        fsmc_nadv = 0;
    end
    endtask

    task cpu_fsmc_read;
      input[15:0]db_in;
      begin
        #2 fsmc_cs=1;
        #2 fsmc_rd=1;
        fsmc_nadv=0;
        @(posedge clk)fsmc_cs=0;
        #1 db_wr=db_in;
        @(posedge clk)fsmc_nadv=1;
        @(posedge clk)fsmc_rd=0;
        @(posedge clk)fsmc_rd=1;
        @(posedge clk)fsmc_cs=1;
        fsmc_nadv=0;
      end
    endtask
    endmodule
```

通过 FSMC 接口从 FPGA 中读取数据时，数据需要在 dva1 的下降沿进行锁存，但是考虑硬件与 FPGA 布线差异，在 dva1 的下降沿采集数据时可能发生数据不稳定的情况（即建立时间不满足大于 0 的情况）。ads5231_dataa1 为 ads5231_dba1 按位取反后的结果，在经过代码修改后，能够满足建立时间大于 0，能够稳定采集数据。FPGA 通过 FSMC 接口读取数据的仿真波形图如图 5-29 所示。

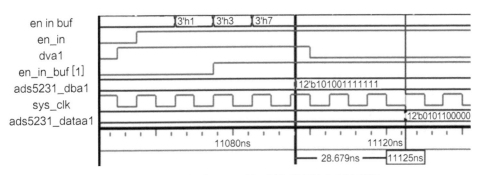

图 5-29 FPGA 通过 FSMC 接口读取数据的仿真波形图

4. SPI 仿真模型案例

SPI 一般指串行外设接口（Serial Peripheral Interface），是一种同步外设接口，它可以使单片机与各种外围设备以串行方式进行通信以交换信息。单片机与 FPGA 之间的 SPI 示意图如图 5-30 所示。

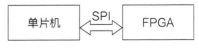

图 5-30 单片机与 FPGA 之间的 SPI 示意图

在本案例中，某所某通信模块中的 SPI 时序图如图 5-31 所示。SPI 通信协议如表 5-5 所示。

图 5-31 SPI 时序图

表 5-5 SPI 通信协议

位 序	码字（十进制）	说 明
0 ~ 3	5	控制帧头，4 位
4 ~ 12	0 ~ 511	H0 数据，9 位
13 ~ 27	0 ~ 32767	H1 数据，15 位
28 ~ 35	100 ~ 255	H2 数据，8 位
36 ~ 48	0 ~ 31	预留 13 位
49 ~ 52	A	控制帧尾，4 位

根据该模块的功能进行分析，具体测试激励代码如下。

```verilog
module tb;
integer i,j;
reg spi_clk=0;//SPI 时钟
reg sys_clk_80m=0;
reg in1=0,in2=0,in3=0;
reg rst_n=0;
reg spi_data=0; //SPI 数据
reg spi_sync=0;//SPI 使能
reg unsigned[7:0]H2;
reg unsigned[14:0]H1;
reg unsigned[8:0]H0;
parameter spiPeriod=125;
always #(spiPeriod/2)spi_clk=~spi_clk; //8MHz
always #(12.5/2)sys_clk_80m=~sys_clk_80m;
initial begin
    #(1000000); //delay for 1ms
    // 控制码字
    H2 = 8'd3;
    H1=15'd181;
    H0=9'hff;
    TxCode_Ctrl({4'hA,13'h0,H2,H1,H0,4'h5});
    // 控制码字
    H2=8'd1;
    H1=15'd101;
    H0=9'h1f;
    TxCode_Ctrl({4'hA,13'h0,H2,H1,H0,4'h5});
    #(1000000); //delay for 1ms
    #100  $finish;
end
frr_FPGA dut(
    .sys_clk_80m(sys_clk_80m),
    .spi_clk(spi_clk),
    .spi_data(spi_data),
    .spi_sync(spi_sync)
    );
task TxCode_Ctrl;
parameter TxBits=53;
```

```
input[TxBits-1:0]data;
begin
  //cpu writes only
  j=0;
  for(i=0; i<TxBits; i=i+1)begin
   @(posedge spi_clk)
   begin
          #(spiPeriod*0.06)spi_data<=data[TxBits-(i+1)]; j=j+1;
          #(spiPeriod*0.06)spi_sync<=1;
   end  //cpu writes only
  end
  #(spiPeriod*0.88)spi_sync<=0;
end
endtask
endmodule
```

根据上述模型，可以确认 SPI 功能与需求一致，FPGA 能够正确接收来自 SPI 的数据。SPI 仿真波形图如图 5-32 所示。

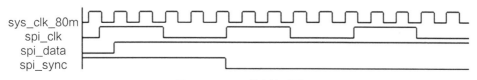

图 5-32　SPI 仿真波形图

5. UART 仿真模型案例

本案例的具体功能实现为：为利用开发板上的 UART 外设，搭建一个通用异步串口实现 FPGA 芯片与 PC（CMU）进行通信；PC（CMU）通过异步串口调试工具来实现数据的接收分析，并将数据分别以波形、码表、柱状图的形式动态显示出来；同时，用户也可以使用串口工具通过异步串口（UART 协议）给下位机（FPGA 芯片）发送指令。FPGA 芯片与 PC（CMU）之间的接口关系（也即 UART 模块实物测试环境示意图）如图 5-33 所示。

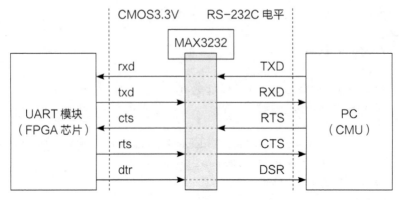

图 5-33　UART 模块实物测试环境示意图

在 FPGA 芯片中实现的 UART 模块划分如图 5-34 所示。其中，UART 接收和发送时序图分别如图 5-35 和图 5-36 所示。

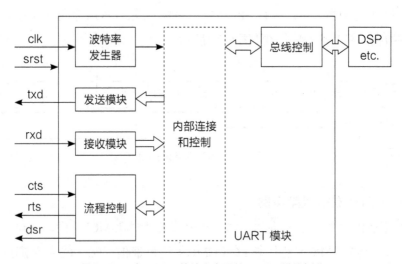

图 5-34　在 FPGA 芯片中实现的 UART 模块划分

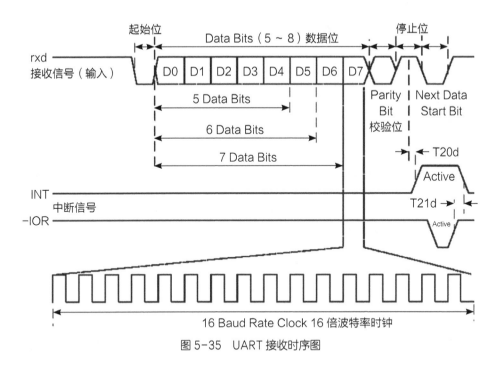

图 5-35　UART 接收时序图

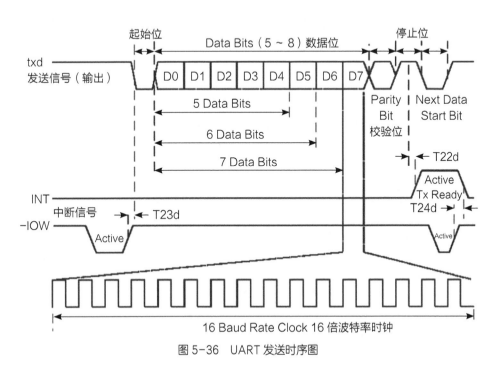

图 5-36　UART 发送时序图

根据该模块的功能进行分析，具体测试激励代码如下。

```verilog
`timescale 1ns/10ps
module uart_tb(data);
parameter BytesNum=10;
parameter NoiseSwitch=1'b0;
        // 1'b1: noise is added, 1'b0: not any noise
parameter[1:0]DataBits=2'b11;
parameter[1:0]StopBits=2'b00;
parameter ParityEnable=0;
        // \'1\'=parity bit enable, \'0\'=parity bit disable
parameter ParityEven = 1;
        // \'1\'=even parity selected, \'0\'=odd parity selected
parameter ParityStick = 0;      //no parity stick
inout[7:0]data;
//generate the signals for uart
reg read;
reg write;
wire reset;
reg rx;
reg[7:0]data2uart;
reg[7:0]data2uart_invert;
//files
integer fp_tx, fp_da, fp_rx;
initial begin
  fp_tx = $fopen("./pat/uart_txmitt.out");
  fp_da = $fopen("./pat/uart_datain.out");
  fp_rx = $fopen("./pat/uart_rxcver.out");
end
reg clk,srst;
reg clkx16;
initial begin //clock generator
  #2
  clk = 0;
  forever #(61.5/2)clk = !clk;
end
initial begin
  #2
  clkx16 = 0;
```

```
    forever #(542/2)clkx16 = !clkx16;
end
initial  begin          //test stimulus
  //generate srst
  srst = 0;
  #5 srst = 1;
  #(542*5)srst = 0;
  $fwrite(fp_tx,"DDi+Data2Uart+Txmitt_outUart");
  #(100*800)
  //finish the simulation
  #(100000*BytesNum)
  //close the files
  $fclose(fp_tx);
  $fclose(fp_da);
  $fclose(fp_rx);
  $finish;
end
reg[15:0]cnt;
always @(posedge clkx16)
begin
  if(reset == 1)
    cnt <= 0;
  else
    cnt <= cnt +1;
end
//output signals from U0_uart
wire tx;                //transmit data line
wire rxrdy;             //received data ready to be read
wire txrdy;             //transmitter ready for next byte
wire parityerr;         //receiver parity error
wire framingerr;        //receiver framing error
wire overrun;           //receiver overrun error
//three-state gates control
//drive data bus only during read
assign data =(~read)? data2uart:8'bzzzzzzzz;
assign reset = srst;
always @(posedge clkx16)
  rx <= tx;
//instances are from here
```

```verilog
//input signals to U0_txmitt
wire Reset = reset;
wire Clk16X = clkx16;
wire[7:0]THR = data;
wire ThrWRn_re = write;
//control bits to U0_txmitt
wire TxBreak = 0;
//output signals from U0_txmitt
wire SOUT;
wire THRE;
wire TEMT;
wire TxFlag;
//instances of U0_txmitt
txmitt U0_txmitt(
  .Reset(Reset),
  .Clk16X(Clk16X),
  .THR(THR),
  .ThrWRn_re(ThrWRn_re),
  .SOUT(SOUT),
  .DataBits(DataBits),
  .StopBits(StopBits),
  .ParityEnable(ParityEnable),
  .ParityEven(ParityEven),
  .ParityStick(ParityStick),
  .TxBreak(TxBreak),
  .THRE(THRE),
  .TEMT(TEMT),
  .TxFlag(TxFlag)
  );
//input signals to U0_rxcver
wire SIN;
reg RbrRDn_re;
reg LsrRDn_re;
//output signals from U0_rxcver
wire[7:0]RBR;
wire RxRDY;
wire OverrunErr;
wire ParityErr;
wire FrameErr;
```

```verilog
wire BreakInt;
wire[3:0]LSR;
rxcver U0_rxcver(
  .Reset(Reset),
  .Clk16X(Clk16X),
  .RBR(RBR),
  .RbrRDn_re(RbrRDn_re),
  .LsrRDn_re(LsrRDn_re),
  .SIN(SIN),
  .Databits(DataBits),
  .ParityEnable(ParityEnable),
  .ParityEven(ParityEven),
  .ParityStick(ParityStick),
  .RxRDY(RxRDY),
  .OverrunErr(OverrunErr),
  .ParityErr(ParityErr),
  .FrameErr(FrameErr),
  .BreakInt(BreakInt),
  .LSR(LSR)
  );
//output signals from U0_uart_self_ttop
wire txd;
wire rxd = SIN;
//for testing uart_self_ttop rxd and rxd_delay
parameter N = ParityEnable? 180:160;
reg[N-1:0]rxd_delay_array;
always @(posedge Reset or posedge Clk16X)
begin
  if(Reset)
     rxd_delay_array <= {N{1'b1}};
  else
     rxd_delay_array <= {rxd_delay_array[N-2:0],rxd};
end
wire rxd_delay = rxd_delay_array[N-1];
wire compare_ind_b=(U0_uart_self_ttop.TxClkEnA==1'b1&U0_uart_
self_ttop.TxFlag == 1'b0);
reg[7:0] compare_ind_arry;
always @(posedge Reset or posedge Clk16X)
begin
```

```
    if(Reset)
        compare_ind_arry <= {8{1'b0}};
    else
        compare_ind_arry <= {compare_ind_arry[6:0],compare_ind_b};
end
assign  compare_ind = compare_ind_arry[7];
reg  compare_out;
always @(posedge Reset or posedge Clk16X)
begin
  if(Reset)
    compare_out <= 0;
  else if(rxd_delay != txd && compare_ind == 1'b1)
    compare_out <= 1;
  else
    compare_out <= 0;
end
uart_self_ttop U0_uart_self_ttop(
  .clk(clk),
  .clk_x16(Clk16X),
  .n_reset(~Reset),
  .rxd(rxd),
  .txd(txd)
  );
//U0_txmitt testing begins
    parameter Datas2UartIn = 8'b0011_1101;
    reg[7:0]i;
    //negedge clkx16 input data to the Uart_txmitt module
    always @(negedge clkx16)
    begin
      if(cnt == 16'h7f && TxFlag == 1)
      begin
        WriteData2Uart(Datas2UartIn,data2uart,write,read);
        bit_invert(data2uart_invert,data2uart);
        i <= 0;
        #(542*0.9)write <= 0;
      end
      else if(cnt == 16'h1ff && TxFlag == 1)
      begin
        WriteData2Uart(Datas2UartIn+1,data2uart,write,read);
```

```
      bit_invert(data2uart_invert,data2uart);
      i <= 0;
      #(542*0.9)write <= 0;
   end
   else if(cnt > 16'h1ff && TxFlag == 1)
   begin
      WriteData2Uart(i,data2uart,write,read);
      bit_invert(data2uart_invert,data2uart);
      i <= i + 1;
      #(542*0.9)write <= 0;
   end
end
//define internal signals of U0_txmitt
wire TxClkEnA = U0_txmitt.TxClkEnA;
wire Tx_bgn = U0_txmitt.Tx_bgn;
reg TxClkEnA_r;
wire[2:0]Tx_State = U0_txmitt.Tx_State;
//generate SIN
reg[15:0]noise_cnt;
reg stop_bit_ind;
always @(posedge clkx16)
begin
   if(Reset == 1)
   begin
      stop_bit_ind <= 0;
      noise_cnt <= 0;
   end
   else if(Tx_State == 3 & TxClkEnA == 1)
   begin
      if(noise_cnt == 0 | noise_cnt == 4| noise_cnt == 8)
      begin
         stop_bit_ind <= NoiseSwitch; //open or not , is 1 or 0
      end
      noise_cnt <= noise_cnt + 1;
   end
   else if(Tx_State != 3 & TxClkEnA == 1)
      stop_bit_ind <= 0;
   else
      ;
```

```
end
assign SIN = SOUT^stop_bit_ind;
always @(posedge clkx16)
   TxClkEnA_r <= TxClkEnA;
 //output files
always @(posedge clkx16)
begin
   if(TxFlag == 1'b0 && Tx_bgn == 1'b1)
      $fwrite(fp_tx,"\n");
   else if(ThrWRn_re == 1'b1)
   begin
      $fwrite(fp_da,"%02h\n",data2uart);
      if(ParityEnable == 1'b1 & ParityEven == 1'b1)//parity even
         $fwrite(fp_tx,"%02h  %02h  %b",
         data2uart,data2uart_invert,{1'b0,data2uart_invert,
         ^data2uart_invert,1'b1});
      else if(ParityEnable == 1'b1 & ParityEven == 1'b0)//
      parity odd
         $fwrite(fp_tx,"%02h  %02h  %b",
         data2uart,data2uart_invert,{1'b0,data2uart_invert,
         ~^data2uart_invert,1'b1});
      else  //no parity
         $fwrite(fp_tx,"%02h  %02h  %b",
         data2uart,data2uart_invert,{1'b0,data2uart_invert,
         1'b1});
   end
   else if(TxFlag == 1'b0 && TxClkEnA_r == 1'b1)
      $fwrite(fp_tx,"%b",SOUT);
end
//U0_txmitt testing ends
//U0_rxcver testing begins
   //posedge clkx16 input data to the Uart_txmitt module
   reg RxRDY_r;
   always @(posedge clkx16)RxRDY_r <= RxRDY;
   wire #20 RxRDY_pos = RxRDY&(~RxRDY_r);
    //posedge detection for RxRDY
   wire Hunt_r = U0_rxcver.Hunt_r;
   wire RxClkEn = U0_rxcver.RxClkEn;
   reg[15:0]RxCnt;
```

```
    always @(posedge clkx16)
    begin
      if(Reset)
        RxCnt <= 0;
      else if(Hunt_r&RxClkEn)
        RxCnt <= RxCnt + 1;
    end
    always @(posedge clkx16)
    begin
      if(RxRDY_pos)
      begin
          RbrRDn_re = 1;
          LsrRDn_re = 1;
          $fwrite(fp_rx,"%02h\n",RBR);
      end
      else
      begin
          RbrRDn_re = 0;
          LsrRDn_re = 0;
      end
    end
//tasks are as follows
  task WriteData2Uart;
  input[7:0]datain; //inputs to the task
  output[7:0]dataout; //outputs from the task
  output write;
  output read;
  begin
    write = 1;
    read = 0;
    dataout = datain;
  end
  endtask
  integer k;
  //bit_invert
  task bit_invert(output[7:0]b, input[7:0]a );
  begin
      #(10*0.9)
      for(k =0; k < 8;k = k + 1)b[7-k]= a[k];
```

```
      end
    endtask
//all tasks end
endmodule

//top module
module uart_self_ttop(clk,clk_x16,n_reset,rxd,txd,error,tp);
//`define DCM_Not_Used
  `define DCM_Used
//control bits for U0_rxcver/U0_txmitt
parameter[1:0]DataBits = 2'b11;
parameter[1:0]StopBits = 2'b00;
parameter ParityEnable = 1'b0;
// \'1\'=parity bit enable, \'0\'=parity bit disable
parameter ParityEven = 1'b1;
// \'1\'=even parity selected, \'0\'=odd parity selected
parameter ParityStick = 1'b0;    //no parity stick
//control bits to U0_txmitt
parameter TxBreak = 1'b0;
input clk;            //frequency= 16.256MHz
input clk_x16;        //frequency = 1.8432MHz, from the 16C554.
                        PIN25(XTAL1)
input n_reset;        //can be from DSP or the FPGA_test_pins
input rxd;
//rx signal to U0_rxcver , from the computer PIN3(TXD)
output txd;           //tx signal from U0_txmitt , to the
                        computer PIN2(RXD)
output error;
//error = 1(one pulse)means find ParityErr or FrameErr
output[5:0]tp;        //test pins
//internal signals of self_top
reg RxRDY_r;
wire Clk16X;
//input signals to U0_rxcver
wire Reset;
reg RbrRDn_re;
wire LsrRDn_re;
wire SIN = rxd;
//output signals from U0_rxcver
```

```verilog
wire[7:0]RBR;
wire RxRDY;
wire OverrunErr;
wire ParityErr;
wire FrameErr;
wire BreakInt;
wire error =(ParityErr|FrameErr); //two clock pulses
///////////////////////////////////////////////////////////
//generate the signal "RbrRDn_re" to U0_rxcver
always @(posedge Clk16X)
begin:RxRDY_r_Proc
  if(Reset == 1'b1)
     RxRDY_r <= 0;
  else
     RxRDY_r <= RxRDY;
end
wire RxRDY_pos = RxRDY&(~RxRDY_r); //posedge detection for
RxRDY
always @(posedge Clk16X)
begin
  if(Reset == 1'b1)
     RbrRDn_re <= 0;
   else if(RxRDY_pos == 1'b1)//if find RxRDY has been high,then
   generate RbrRDn_re=1(One Pulse)
     RbrRDn_re <= 1;
  else
     RbrRDn_re <= 0;
end
assign LsrRDn_re = RbrRDn_re;
//output signals from U0_txmitt
wire SOUT;
assign txd = SOUT;
wire THRE;
wire TEMT;
wire TxFlag;
wire TxClkEnA;
//input signals to U0_txmitt
reg[7:0]THR;
reg ThrWRn_re;
```

```
always @(posedge Clk16X)
begin
  if(Reset == 1'b1)
      THR <= 0;
  else if(RxRDY_pos == 1'b1)
      THR <= RBR;
  else
      ;
end
always @(posedge Clk16X)
begin
  if(Reset == 1'b1)
      ThrWRn_re <= 0;
  else if(RxRDY_pos == 1'b1 & TxFlag == 1'b1 & THRE == 1'b1 &
  TEMT == 1'b1 & error == 1'b0)//judge if no error_detection
      ThrWRn_re <= 1;
  else
      ThrWRn_re <= 0; //if error has been detected,then no transmit
end
//instance of synch_reset
`ifdef DCM_Not_Used
    assign Clk16X=clk_x16;
    reset_proc U0_reset_proc(.clk(Clk16X),.reset(n_reset),
    .srst(Reset));
`endif
`ifdef DCM_Used
    wire dcm_out_clk;
    wire srst;
    //reset
      reset_proc U1_reset_proc(.clk(clk),.reset(n_reset),
      .srst(srst));
      dcm_baund U0_dcm_baund(.clk(clk),.srst(srst),.dcm_out_
      clk(dcm_out_clk),.reset(Reset));
    assign Clk16X =  dcm_out_clk;
`endif
//instances are as follows
rxcver U0_rxcver(
  .Reset(Reset),
  .Clk16X(Clk16X),
```

```
    .RBR(RBR),
    .RbrRDn_re(RbrRDn_re),
    .LsrRDn_re(LsrRDn_re),
    .SIN(SIN),
    .Databits(DataBits),
    .ParityEnable(ParityEnable),
    .ParityEven(ParityEven),
    .ParityStick(ParityStick),
    .RxRDY(RxRDY),
    .OverrunErr(OverrunErr),
    .ParityErr(ParityErr),
    .FrameErr(FrameErr),
    .BreakInt(BreakInt)
    );
//instances of U0_txmitt
txmitt U0_txmitt(
    .Reset(Reset),
    .Clk16X(Clk16X),
    .THR(THR),
    .ThrWRn_re(ThrWRn_re),
    .SOUT(SOUT),
    .DataBits(DataBits),
    .StopBits(StopBits),
    .ParityEnable(ParityEnable),
    .ParityEven(ParityEven),
    .ParityStick(ParityStick),
    .TxBreak(TxBreak),
    .THRE(THRE),
    .TEMT(TEMT),
    .TxFlag(TxFlag),
    .TxClkEnA(TxClkEnA)
    );
//test pins
assign tp[0]= TxClkEnA;
assign tp[1]= TxFlag;
assign tp[2]= RxRDY;
assign tp[3]= RbrRDn_re;
assign tp[4]= clk;
assign tp[5]= clk_x16;
```

```
endmodule
```

根据上述模型，可以确认 UART 功能与需求一致，FPGA 能够正确接收来自 UART 的数据，并将数据发送给 PC。UART 仿真波形图如图 5-37 所示。

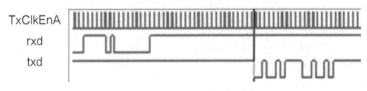

图 5-37　UART 仿真波形图

5.7　逻辑等效性检查

5.7.1　逻辑等效性检查内容

依据测试用例的要求，对设计代码、逻辑综合后的网表文件及布局布线后的网表文件开展逻辑等效性检查。一般包含以下工作内容。

（1）在逻辑等效性检查工具中加载被测文件。

（2）在逻辑等效性检查工具中人工对尚未匹配的比对点进行分析和匹配。

（3）执行逻辑等效性检查。

（4）人工对分析结果进行二次分析，对不等价点进行问题追踪和定位。

5.7.2　逻辑等效性检查案例

下面主要举例说明如何用 OneSpin 公司的 360 EC-FPGA 工具执行逻辑等效性检查。本案例中逻辑等效性检查主要是检查 RTL 代码与门级网表是否一致。在此，将设计的 RTL 代码文件 arbiter.vhd 导入工程名为"golden"的工程中，将门级网表文件 arbiter.edf 导入工程名为"nets"的工程中。

执行 Elaborate 和 Compile 命令，在 EC 模式下对上述两个工程包含的文件进行比较，结果如图 5-38 所示。

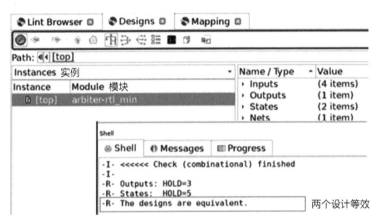

图 5-38　逻辑等效性检查执行结果

由图 5-38 可以看出，RTL 代码文件 arbiter.vhd 与门级网表文件 arbiter.edf 的逻辑是等效一致的。

5.8　本章小结

本章主要通过一些案例分别对不同的测试类型或测试方法进行分析。通过本章的学习，读者可以了解 FPGA 软件测试的具体测试内容及如何进行 FPGA 软件测试工作。

[1] 王诚，吴继华. Altera FPGA/CPLD 设计（高级篇）[M]. 北京：人民邮电出版社，2005：22-25.

[2] 田耕，徐文波. Xilinx FPGA 开发实用教程 [M]. 北京：清华大学出版社，2008：42-49.

[3] 中国电子信息产业发展研究院. FPGA 软件测试与评价技术 [M]. 北京：人民邮电出版社，2017：194-213.

[4] 中央军委装备发展部综合计划局. 军用可编程逻辑器件软件测试要求：GJB 9433—2018[S]. 北京：国家军用标准出版发行部，2018：1-12.

[5] 中央军委装备发展部综合计划局. 军用可编程逻辑器件软件开发通用要求：GJB 9432—2018[S]. 北京：国家军用标准出版发行部，2018：2-10.

[6] 全国信息技术标准化技术委员会. 可编程逻辑器件软件安全性设计指南：GB/T 37691—2019 [S]. 北京：中国标准出版社，2019：2-23.

[7] 全国信息技术标准化技术委员会. 可编程逻辑器件软件 VHDL 编程安全要求：GB/T 37979—2019 [S]. 北京：中国标准出版社，2019：3-43.

[8] 甘璐，李恺，黄忠. FPGA 软件测试技术研究 [J]. 通信技术，2017，50（8）：1877-1881.

反侵权盗版声明

电子工业出版社依法对本作品享有专有出版权。任何未经权利人书面许可，复制、销售或通过信息网络传播本作品的行为，歪曲、篡改、剽窃本作品的行为，均违反《中华人民共和国著作权法》，其行为人应承担相应的民事责任和行政责任，构成犯罪的，将被依法追究刑事责任。

为了维护市场秩序，保护权利人的合法权益，我社将依法查处和打击侵权盗版的单位和个人。欢迎社会各界人士积极举报侵权盗版行为，本社将奖励举报有功人员，并保证举报人的信息不被泄露。

举报电话：（010）88254396；（010）88258888

传　　真：（010）88254397

E-mail ：　dbqq@phei.com.cn

通信地址：北京市海淀区万寿路173信箱

　　　　　电子工业出版社总编办公室

邮　　编：100036

FPGA软件测试技术

FPGA Software Testing Technology

ISBN 978-7-121-44185-

责任编辑：陈韦凯

封面设计：田晨晨

9 787121 441851

定价：98.00元